21世纪高等学校计算机类专业
核心课程系列教材

Web程序设计
——Java Web实用网站开发

微课版

◎ 叶晓彤 沈士根 编著

清华大学出版社
北京

内 容 简 介

Java Web是Web应用程序开发中的主流技术之一。本书以IntelliJ IDEA为开发平台，以技术应用能力培养为主线，介绍Web的基础概念、开发环境、Web前端开发技术、jQuery、Servlet、JSP、网站会话管理、EL表达式与JSTL、JDBC技术、JDBCUtils工具，最后的PetStore项目综合开发全过程，提供基于MVC模式的Java Web项目开发的学习模板。书中包含的实例来自作者多年的教学积累和项目开发经验总结，颇具实用性。书中的实例和习题设计融入课程思政元素，让读者在技术学习过程中潜移默化地受到德育的熏陶。

为方便教师教学和读者自学，本书通过嵌入二维码的方式提供实例讲解等教材重点内容的微课，以及免费配套的课件、教学大纲、实例源代码等。

本书概念清晰、逻辑性强，内容由浅入深、循序渐进，适合作为高等学校计算机相关专业的“Web程序设计”“网络程序设计”“Web数据库应用”等课程的教材，也适合对Web应用程序开发有兴趣的人员自学使用。希望本书能成为初学者从入门到精通的阶梯。

图书在版编目（CIP）数据

Web程序设计：Java Web实用网站开发：微课版 / 叶晓彤，沈士根编著. —北京：清华大学出版社，2023.5（2024.7重印）
21世纪高等学校计算机类专业核心课程系列教材
ISBN 978-7-302-63175-0

Ⅰ. ①W… Ⅱ. ①叶… ②沈… Ⅲ. ①JAVA语言－程序设计－高等学校－教材 Ⅳ. ①TP312.8

中国国家版本馆CIP数据核字（2023）第052634号

责任编辑： 闫红梅 李 燕
封面设计： 刘 键
责任校对： 申晓焕
责任印制： 沈 露

出版发行： 清华大学出版社
网 址：https://www.tup.com.cn, https://www.wqxuetang.com
地 址：北京清华大学学研大厦A座 邮 编：100084
社 总 机：010-83470000 邮 购：010-62786544
投稿与读者服务：010-62776969，c-service@tup.tsinghua.edu.cn
质 量 反 馈：010-62772015，zhiliang@tup.tsinghua.edu.cn
课 件 下 载：https://www.tup.com.cn ,010-83470236
印 装 者： 三河市君旺印务有限公司
经 销： 全国新华书店
开 本： 185mm×260mm 印 张：20.75 字 数：505千字
版 次： 2023年6月第1版 印 次：2024年7月第2次印刷
印 数： 1501～2500
定 价： 69.00元

产品编号：101009-01

前 言

目前，Java Web 是进行 Web 应用程序开发中的主流技术之一，该技术易学易用，技术成熟度高，第三方插件丰富，适合团队开发。

IDEA 全称为 IntelliJ IDEA，是 Java 编程语言开发的集成环境。IDEA 在业界被公认为最好的 Java 开发工具，尤其在智能代码助手、代码自动提示、重构、Java EE 支持、各类版本工具（Maven）、JUnit、CVS 整合、代码分析、创新的 GUI 设计等方面，其功能非常强大。另外，IDEA 在项目管理、代码调试等方面优点突出，可以大幅提高开发人员的工作效率。

本书紧扣基于 IDEA 开发工具进行 Java Web 应用程序开发所需要的知识、技能和素质要求，以技术应用能力培养为主线构建内容。强调以学生为主体，覆盖基础知识和理论体系，突出实用性和可操作性，强化实例教学，通过实际训练加强对理论知识的理解。注重知识和技能结合，将知识点融入实际项目的开发中。在这种思想指导下，本书的内容组织如下。

第 1 章介绍网站开发的基础知识，包含网站的请求响应模式，以及客户端、Web 服务器、HTTP 通信协议等内容，同时介绍 Web 服务器软件 Tomcat 和开发工具 IDEA 的安装。

第 2 章以知识够用为原则，介绍 Web 前端开发技术，包括 HTML 标记语言、CSS 样式表和 JavaScript 脚本语言。

第 3 章介绍 Servlet 的生命周期与运行过程，以及编写和部署 Servlet 的方法。

第 4 章介绍 JSP 技术，包含 JSP 与 Servlet 的关系、JSP 页面的构成、JSP 内置对象等。

第 5 章介绍 Web 站点中会话的概念、Cookie 与 Session 两种会话技术。

第 6 章介绍如何在 JSP 页面中应用 EL 表达式与 JSTL 标签。

第 7 章介绍 JDBC 知识，使用 JDBC 实现对数据库的查询、新增等操作，重点说明以

Druid 数据源为基础的 JDBCUtils 工具类的设计和实现。

第 8 章介绍宠物商城项目 PetStore 的设计，包含需求分析、系统设计、数据库设计，并在 IDEA 开发工具中完成了项目架构的搭建。

第 9～12 章介绍基于 MVC 开发模式，按照功能模块实现的先后顺序，逐步完成宠物商城项目开发的过程。重点说明 Java Web 项目代码编写的基本流程：先编写模型代码和模型单元测试代码，再编写控制器代码和视图代码，最后进行功能测试。

本书以 IDEA 为开发平台，使用 Java 开发语言，提供大量来源于作者多年教学积累和项目开发经验的实例。PetStore 实例项目，从项目设计到代码实现，进行了详细、完整的描述说明，不仅让读者了解代码编写方法，而且让读者理解基于 MVC 模式项目开发的思维。

为方便教师教学和读者自学，本书通过嵌入二维码的方式提供了实例讲解等重点内容的微课，以及免费配套的课件、教学大纲、实例源代码等。有关课件、实例源代码等可到清华大学出版社网站下载。

本书概念清晰、逻辑性强，内容由浅入深、循序渐进，适合作为高等院校计算机相关专业的“Web 程序设计”“网络程序设计”“Web 数据库应用”等课程的教材，也适合对 Web 应用程序开发有兴趣的人员自学使用。

本书由叶晓彤负责统稿，其中，叶晓彤编写了第 1～8 章，沈士根编写了第 9～12 章。

希望本书能成为初学者从入门到精通的阶梯。由于作者水平有限，书中难免存在疏漏和不足之处，敬请广大读者批评指正。

作者

2023 年 3 月

目 录

第1章　Java Web开发基础

本章要点：

- 能知道网站的基础知识。
- 能理解请求响应模式的工作原理。
- 能知道三类动态页面技术的特点。
- 能熟悉 Web 服务器 Tomcat 的工作原理，会在 Tomcat 中部署 Java Web 网站。
- 能通过 IDEA 开发工具创建 Java Web 网站，会部署和测试网站。

1.1 网站的基础知识

Java Web 是用 Java 技术来解决网站开发领域相关技术的总和，这些技术包含 Java、Web 前端开发技术、Web 后端开发技术、Web 服务器等。Java Web 技术主要用于开发 Web 应用程序，也称为网站，Java Web 是政务网站、企事业单位网站和商业网站开发采用的主要技术之一。

1.1.1　万维网

WWW（World Wide Web）即全球广域网，也称为万维网。它是一种基于超文本和 HTTP（HyperText Transfer Protocol）的、全球性的、动态交互的、跨平台的分布式图形信息系统，是建立在 Internet 上的一种网络服务，为浏览者在 Internet 上查找和浏览信息提供了图形化的、易于访问的直观界面，其中的文档及超链接将 Internet 上的信息节点组织成一个互为关联的网状结构。

1.1.2　网站与网页

从表现形式上来看，网站（Website）是万维网提供服务的主要载体。网站是指根据一定的规则，用于展示特定内容的相关网页的集合。网页（Webpage）是网站中的一个页面，是承载各种网站应用的平台。网页是网站的基本信息单位，是万维网的基本文档。它由文字、图片、动画、声音等多种媒体信息以及链接组成，通过链接实现与其他网页或网站的关联和跳转。网页分为静态网页和动态网页。

■ 1.1.3 静态网页与动态网页

静态网页是网站建设的基础，早期的网站一般由静态网页制作而成。静态网页使用HTML进行编写，文件扩展名为.html或.htm。静态网页供用户浏览的内容始终不变，除非网页设计者修改了网页。静态网页不能实现和用户之间的交互，信息流向是单向的，即从Web服务器到浏览器，Web服务器不能根据用户的选择调整返回的内容。主要原因是静态网页仅包含文本、图像等少量信息，不包含Web服务器运行的程序代码。静态网页制作完毕后，按照一定的组织结构存放在静态网站的Web服务器上。用户使用浏览器请求Web服务器上的页面。Web服务器将接收到的用户请求处理后，直接发送页面给客户端浏览器，浏览器解析页面文件并显示给用户。静态网站的工作流程示意如图1-1所示。

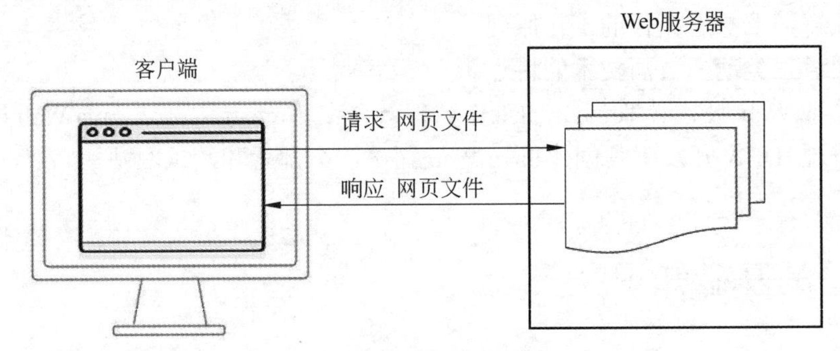

图1-1 静态网站的工作流程图

动态网页显示的内容能根据浏览页面的用户、时间、位置等情况的变化而发生变化。动态网页具有交互性，页面的内容可以动态更新。动态网页除了使用HTML编写外，还会使用动态脚本语言编写。编写完成的程序按照一定的组织结构存放在Web服务器上，由Web服务器对动态脚本代码进行处理，并转换为浏览器可以解析的HTML代码返回给客户端浏览器，最终显示给用户。动态网站的工作流程示意如图1-2所示。

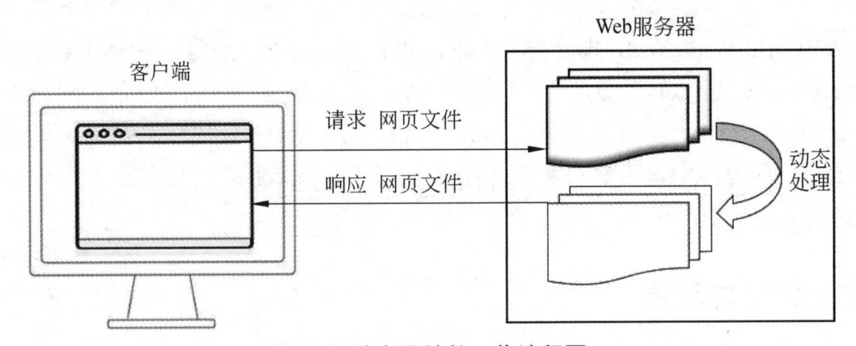

图1-2 动态网站的工作流程图

对于用户来说，两者的区别不大；对于开发人员来说，两者存在较大区别，主要表现在以下三方面：①在更新维护方面，静态网页没有数据库的支持，静态网站更新维护困难；而动态网页以数据库技术为基础，根据不同的需求动态地生成不同的网页内容，大大降低

了网站维护的工作量。②在交互性方面，静态网页的内容是固定不变的，交互性弱；而动态网页可以实现更多的功能，如用户的登录、注册、查询、统计等，交互性强。③在响应速度方面，静态网页内容相对固定，容易被搜索引擎检索，因此响应速度快；动态网页实际上并不是独立存在于 Web 服务器上的网页文件，只有当用户请求时 Web 服务器端才生成并返回一个完整的网页，其中涉及数据库的连接、访问、查询等一系列过程，响应速度相对较慢。主流门户网站为提高用户的浏览访问速度及让搜索引擎更加容易地检索到网站的关键词，通常在 Web 服务器上预先生成静态页面。

1.2 请求响应模式

静态网页和动态网页的浏览都是基于客户端与 Web 服务器之间的交互。该交互过程主要涉及两个角色，分别为客户端和 Web 服务器。客户端通常需要向 Web 服务器发送一个请求以获取相应的信息，Web 服务器负责处理请求并将结果返回给客户端，最终由客户端通过解析服务器返回的内容呈现给用户。这一交互过程是整个 Java Web 开发的核心，被称为请求响应模式。本书也将围绕请求响应模式来讲述整个 Java Web 开发中所涉及的技术，首先介绍请求响应模式中的几个术语。

1.2.1 客户端与 Web 服务器

请求响应模式中的客户端就是指浏览器，浏览器是可以解析并呈现 HTML 文件内容，并让用户与之交互的一种软件，常见的浏览器有 Google Chrome、Microsoft Edge、Firefox 等。浏览器不仅是用户浏览网页的工具，也是开发人员调试网页代码的工具。

请求响应模式中的 Web 服务器是指运行在服务器计算机上提供 Web 站点访问服务的软件，支持 Java Web 的服务器软件有 Tomcat、Resin、JBoss、WebSphere、WebLogic 等。

1.2.2 HTTP 通信协议

在请求响应模式中，为保证客户端与 Web 服务器两者的交互顺利进行，必须有一个规范性的协议来定义交互数据的细节，即 HTTP 通信协议。HTTP 通信协议是目前在 Internet 上应用最广泛的通信协议之一。HTTP 通信协议允许客户端向 Web 服务器提出基于 HTTP 报文格式的“请求”（Request），而 Web 服务器在解析请求和完成请求的处理后，将根据实际的处理结果向客户端传回基于 HTTP 报文格式的“响应”（Response）。根据 HTTP 通信协议，客户端和 Web 服务器之间的交互活动由以下四个步骤组成：①客户端向 Web 服务器发出请求，Web 服务器为请求开启一个新的连接；②通过这个连接，客户端可以将请求内容传送给 Web 服务器；③Web 服务器收到请求，根据请求内容进行相应的处理，并将处理结果封装成响应内容；④Web 服务器将响应内容传送给客户端。客户端接收到响应内容，Web 服务器就会关闭与客户端的连接，结束本次通信。

HTTP 通信协议采用“请求-响应”模式，最大的特点是无状态、无连接的。每次请求

都是独立的，它的执行情况和结果与前面的请求和之后的请求是无直接关系的，它不会受前面的请求响应情况直接影响，也不会直接影响后面的请求响应情况。这一特点是理解本书第 5 章介绍的 Cookie 和 Session 的基础。

■ 1.2.3 URL

在请求响应模式中，客户端通常需要向 Web 服务器发送一个请求（如在浏览器地址栏输入网址后按 Enter 键）以获取相应的信息。这个网址，如 http://www.xuexi.cn/index.html，就是指 URL（Uniform Resource Locator，统一资源定位符）。在 Internet 上的每个资源都有一个访问标记符，用于唯一标识它的访问位置，这个访问标识符称为 URL。URL 一般由三部分组成，分别为应用层协议、服务器的 IP 或域名加端口号以及资源所在的路径，具体如下所示。

http://pc.xuexi.cn:80/points/login.html

其中，http 表示传输数据所使用的应用层协议；pc.xuexi.cn 表示要请求的 Web 服务器主机名；80 表示请求的端口号；points 表示资源的路径；login.html 表示要请求的资源名。

注意：完整的 URL 请求必须包含端口号，在浏览器中访问网站资源时可以不加端口号，这是因为浏览器检测到 URL 中没有端口号，会默认添加 80 端口号。

1.3 动态页面技术

■ 1.3.1 ASP 及 ASP.NET 技术

ASP（Active Server Page，动态服务器页面），是一个基于 Web 服务器端的开发技术，利用它可以产生和执行动态的、互动的、高性能的 Web 应用程序。ASP 是 Microsoft 公司开发的用来代替 CGI（Common Gateway Interface，公共网关接口）脚本程序的一种应用技术，它采用脚本语言 VBScript 作为开发语言，借助于 COM＋技术，几乎可以实现所有 C/S 应用程序的功能。另外，ASP 可以通过 ADO（ActiveX Data Object，Microsoft 公司提出的一项高效访问数据库的技术）实现对各类数据库的访问。ASP 技术由于其语法简单，功能实用，再加上 Microsoft 公司的大力整合和支持，在 20 世纪 90 年代成为 Web 应用开发的主流技术之一。

2002 年以后，Microsoft 公司提出了全新的 ASP.NET，虽然名字都包含有 ASP，但是二者的编程模式完全不同。ASP.NET 是 Microsoft.Net 的一部分，它不仅仅是 ASP 的下一个版本，还提供了一个统一的 Web 开发模型，其中包括开发人员生成企业级 Web 应用程序所需要的各种服务。ASP.NET 的语法在很大程度上与 ASP 兼容，同时它还提供了一种新的编程模型和结构，可生成伸缩性和稳定性更好的应用程序，并提供更好的安全保护。可以通过在现有 ASP 应用程序中逐渐添加 ASP.NET 功能，增强 ASP 应用程序的功能。

ASP.NET 提供了一个已编译的，基于.NET 的技术环境，可以用任何与.NET 兼容的语言（包括 Visual Basic.NET 和 C#）协同开发应用程序。另外，任何 ASP.NET 应用程序都可以使用整个.NET Framework。开发人员可以方便地获得这些技术的支持，其中包括托管的公共语言运行库环境、类型安全、继承等。

Microsoft 公司为 ASP.NET 设计了一些策略，使开发者易于写出结构清晰的代码，且使代码易于重用和共享、可用编译类语言编写等，其目的是让程序员更容易地开发出 Web 应用程序，以满足向 Web 转移的战略需要。

与 ASP 相比，ASP.NET 具有以下明显的优势。

（1）程序代码和网页内容分离，使得开发和维护简单方便。Code-Behind 技术将程序代码和 HTML 标记分离在不同的文件中。通过引入服务器端控件，并且加入事件的概念，从而改变了脚本语言的编写模式。

（2）语言支持能力大幅提高。ASP.NET 支持完整的 Visual Basic，而不是 VBScript 脚本语言，此外还支持面向对象的 C#和 C++语言。

（3）执行效率大幅提高。ASP.NET 是编译执行的，比起 ASP 的解释执行在速度方面快了很多，并且提供了快速存取（Caching）的能力。

（4）易于配置。通过纯文本文件就可以完成对 ASP.NET 的配置，而且配置文件可以在应用程序运行时进行上传和修改，不需要重启服务器。

（5）更高的安全性。改变了 ASP 单一的基于 Windows 身份认证的方式，增加了 Forms 和 Passport 两种身份认证方式。

ASP.NET 不完全兼容早期的 ASP 版本，所有大部分旧的 ASP 代码必须进行修改才能在 ASP.NET 技术环境下运行。为了解决这个问题，ASP.NET 使用了一个新的文件扩展名“.aspx”，这样就使 ASP.NET 应用程序与 ASP 应用程序能够一起运行在同一个服务器上。

■ 1.3.2 PHP 技术

PHP 是超级文本预处理语言（Hypertext Preprocessor）的缩写，是一种 HTML 内嵌式的语言。PHP 与 ASP 有一些相似之处，都是一种在 Web 服务器上执行的嵌入 HTML 文档的脚本语言。PHP 语言的风格类似于 C 语言，PHP 独特的语法混合了 C、Java、Perl 及 PHP 自创新的语法。

用 PHP 作出的动态页面与其他的编程语言相比，PHP 是将程序嵌入 HTML 文档中去执行，执行效率比完全生成 HTML 标记的 CGI 要高许多；与同样是嵌入 HTML 文档的脚本语言 JavaScript 相比，PHP 在服务器端执行，充分利用了服务器的性能；PHP 执行引擎还会将用户经常访问的 PHP 程序驻留在内存中，其他用户再一次访问这个程序时就不需要重新编译程序了，只要直接执行内存中的代码就可以了，这也是 PHP 高效率的表现之一。PHP 具有非常强大的功能，所有的 CGI 或者 JavaScript 的功能 PHP 都能实现，而且支持几乎所有流行的数据库以及操作系统。

PHP 技术的特点如下。

（1）开源免费。使用 PHP 进行 Web 开发无须支付任何的费用。

（2）跨平台性强。由于 PHP 是运行在服务器端的脚本语言，可以运行在 UNIX、Windows 等操作系统下。

（3）语法结构简单。PHP 大量结合了 C 语言和 Perl 语言的特色，坚持以基础语言开发程序，开发人员只需了解 PHP 的基本语法，再掌握 PHP 独有的函数，就可以进行 PHP 应用开发。

（4）效率较高。和其他解释性语言相比，PHP 消耗较少的系统资源。当 PHP 作为 Web 服务器的一部分时，运行代码不需要调用外部二进制程序，Web 服务器解释脚本不需要承担任何额外负担。

（5）强大的数据库支持。PHP 支持多种主流数据库，如 Oracle、Sybase、MySQL、Microsoft SQL Server 等，其中 PHP 与 MySQL 是目前主流的技术组合，支持跨平台运行。

（6）支持面向对象编程。PHP 提供了类和对象。为了实现面向对象编程，PHP 4 及更高版本提供了新的功能和特性，包括对象重载、引用技术等。

1.3.3 Servlet 及 JSP 技术

Servlet 及 JSP 技术是 Sun 公司倡导的一种动态网页技术，为 Web 开发者提供快速、简单的创建 Web 动态内容的能力。Servlet 是用 Java 语言编写的，运行于 Web 服务器端的应用程序。Servlet 是一种能够扩展和加强 Web 服务器能力的 Java 平台技术，提供基于组件的平台独立的方法来创建 Web 应用程序。Servlet 组件部署在 Web 服务器上，担当客户端请求与 Web 服务器响应的中间层，由 Web 服务器进行加载，该 Web 服务器必须包含支持 Servlet 的 Java 虚拟机。与 CGI 应用不一样，Web 服务器在加载 Servlet 组件时，不会创建新的进程，而是分配线程，从而避免了 CGI 应用程序的性能缺陷。

JSP（Java Server Page）是基于 Java 的技术运行于 Web 服务器端的动态网页。从构成情况来看，JSP 页面代码由普通的 HTML 语句和特殊的基于 Java 语言的嵌入标记组成，所以它具有 Web 和 Java 功能的双重特性。Web 服务器在处理访问 JSP 网页的请求时，首先将 JSP 页面文件转换为 Servlet，然后将执行结果以 HTML 格式返回给客户端，所以 JSP 本质上与 Servlet 技术相关。

JSP 技术有如下特点。

（1）预编译。预编译是指在客户端第一次请求 JSP 页面时，Web 服务器将对 JSP 页面代码进行编译，并且仅执行一次编译。编译后的代码将被保存，在客户端下一次访问时会直接执行编译好的代码。这样不仅节约了服务器的 CPU 资源，还大幅度提升了客户端的访问速度。

（2）业务代码相分离。在使用 JSP 技术开发 Web 应用时，可以将界面的开发与应用程序的开发分离。

（3）组件重用。JSP 可以使用 JavaBean 编写业务组件，也就是使用一个 JavaBean 类封装业务处理代码或者将其作为一个数据存储模型，在 JSP 页面甚至整个项目中，都可以重复使用这个 JavaBean，同时，JavaBean 也可以应用到其他 Java 应用程序中。

（4）跨平台。由于 JSP 是基于 Java 语言的，它可以使用 Java API，所以它也是跨平台的，可以应用于不同的操作系统，如 Solaris、Linux、UNIX 和 Windows 平台。

■ 1.3.4　动态页面技术的比较

目前主流的三种 Web 开发技术是 Servlet 及 JSP、ASP.NET 和 PHP，它们之间的特点对比如表 1-1 所示。

表 1-1　三种动态页面开发技术特点的对比

属性名	Servlet 及 JSP	ASP.NET	PHP
运行速度	快	较快	较快
难易程度	容易掌握	简单	简单
运行平台	Linux、Windows、UNIX	Windows	Windows、UNIX
扩展性	好	较好	差
安全性	好	较差	好
支持面向对象	支持	支持	最新版本支持
数据库支持	多	多	多
厂商支持	多	较少	较多
对 XML 的支持	支持	支持	部分支持
对组件的支持	支持	支持	不支持
对分布式处理的支持	支持	支持	不支持
适用的 Web 领域	大、中、小型项目	大、中、小型项目	中、小型项目
框架支持	多	少	少

1.4 Web 服务器

Web 服务器是指运行在服务器计算机上提供 Web 站点访问服务的软件，也称为 Web 应用服务器，本书使用 Tomcat 9.0.29 版本，以及 JDK8 版本。

■ 1.4.1　Tomcat 的安装

Tomcat 的安装

Tomcat 是 Apache 软件基金会（Apache Software Foundation）的 Jakarta 项目中的一个核心项目，由 Apache、Sun 和其他一些公司及个人共同开发而成。由于有了 Sun 公司的参与和支持，最新版本的 Servlet 和 JSP 规范总在 Tomcat 中得到体现，Tomcat 9 支持最新的 Servlet 4.0 和 JSP 2.3 规范。因为 Tomcat 技术先进、性能稳定，而且免费，因而深受 Java 开发人员的喜爱并得到了部分软件开发商的认可，成为比较流行的 Web 应用服务器。

下面以操作系统 Windows 10 旗舰版为例说明 Tomcat 的安装。

首先下载并安装 JDK8，本书使用的安装文件为 jdk-8u321-windows-x64，其中数字 8 表示 JDK 主版本为 8，数字 321 表示子版本号。

在浏览器中输入网址 https://www.oracle.com/java/technologies/downloads/#java8-windows，

如图 1-3 所示，选择 Windows 平台的 64 位版本，然后按照网站提示注册并登录后完成下载。

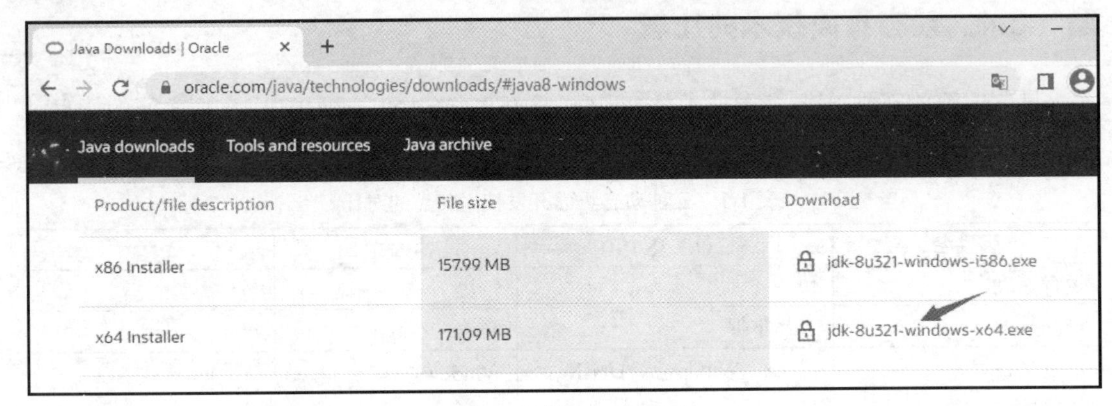

图 1-3　下载 JDK8 页面

双击下载后的安装文件，全部按照默认选项完成安装，安装后 JDK 文件的结构如图 1-4 所示，安装路径为 C:\Program Files\Java，包含 JDK 和 JRE 两部分内容。

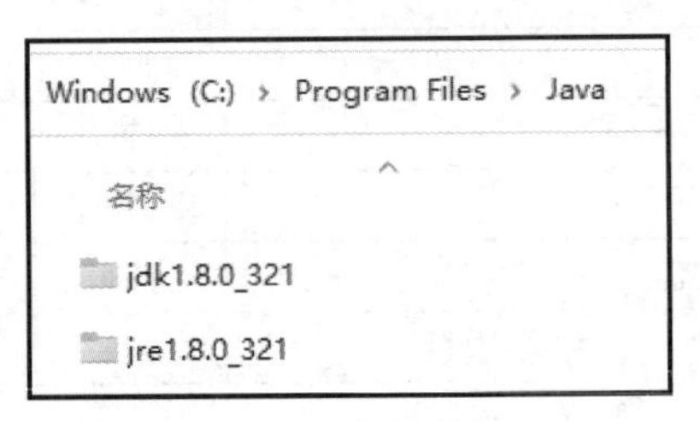

图 1-4　JDK8 文件结构

接下来下载并安装 Tomcat。本书使用 Tomcat 9.0.29，其中第一个数字 9 表示主版本为 9，数字 29 表示子版本号。

打开浏览器，输入网址 https://tomcat.apache.org/，如图 1-5 所示，选择 Tomcat 9，在下载页面中选择 Windows 平台的 64 位压缩版本——64-bit Windows zip，如图 1-6 所示。

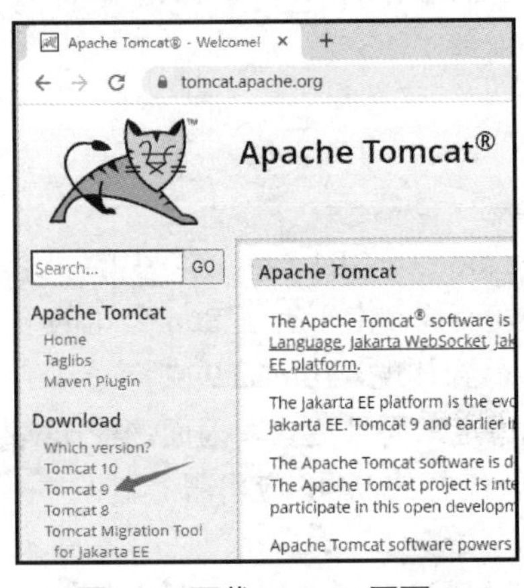

图 1-5　下载 Tomcat 页面 1

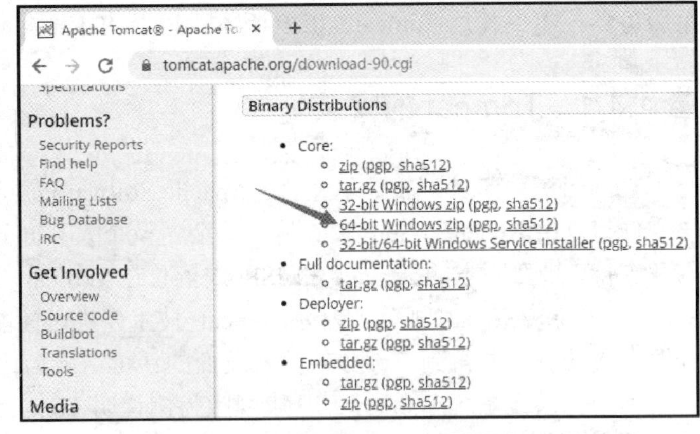

图 1-6　下载 Tomcat 页面 2

解压下载的文件至计算机驱动器 D 根目录中，解压后的文件结构如图 1-7 所示。

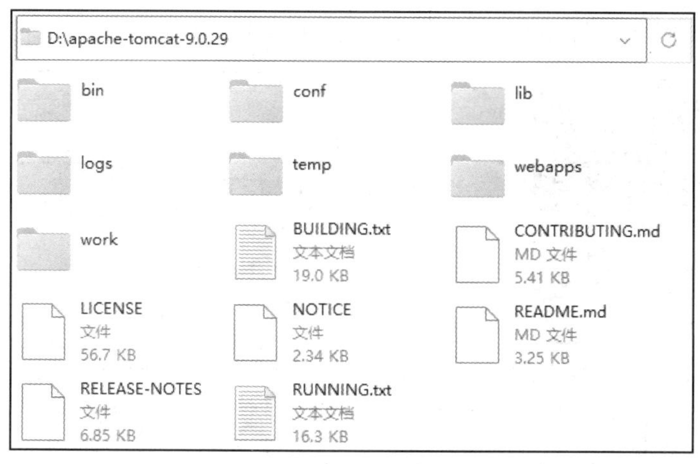

图 1-7　Tomcat 的文件结构

在 Tomcat 的文件结构中，主要文件夹和部分文件的简介见表 1-2。

表 1-2　Tomcat 的主要文件夹和部分文件的简介

文件夹和文件	内 容 说 明
bin	用于存放 Tomcat 的启动、停止等批处理脚本和 Shell 脚本
bin/startup.bat	用于 Windows 系统中启动 Tomcat
bin/shutdown.bat	用于 Windows 系统中停止 Tomcat
conf	用于存放 Tomcat 的相关配置文件
conf/context.xml	用于定义所有 Web 应用均需要加载的 Context 配置
conf/logging.properties	Tomcat 日志配置文件，可通过该文件修改 Tomcat 日志级别以及日志路径等
conf/server.xml	Tomcat 服务器核心配置文件
conf/web.xml	Tomcat 中所有应用默认的部署描述文件
lib	Tomcat 服务器依赖库目录，包含 Tomcat 服务器运行环境依赖 jar 包
logs	Tomcat 默认的日志存放路径
webapps	Tomcat 默认的 Web 应用部署目录
work	Web 应用 JSP 代码生成和编译临时目录

■ 1.4.2　Tomcat 的配置

Tomcat 的正常运行依赖系统环境的支持，需要在 Windows 系统中添加三个系统环境变量，分别是 JAVA_HOME、JRE_HOME 和 CATALINA_HOME，以及修改一个系统环境变量 Path，具体操作如下。

选择操作系统的“开始菜单”→“设置”命令，如图 1-8 所示。接下来在“设置”界面的搜索框中输入“环境变量”，选择“编辑系统环境变量”选项，如图 1-9 所示。

在“系统属性”对话框的“高级”选项卡中，如图 1-10 所示，单击“环境变量”按钮。

然后在呈现的对话框中设置系统变量 JAVA_HOME，操作步骤如图 1-11 所示。①单击“系统变量”中的“新建”按钮；②输入变量名 JAVA_HOME；③输入变量值：C:\Program

Files\ Java\jdk1.8.0_321，即 JDK8 的安装路径；④单击“确定”按钮，完成变量的添加。

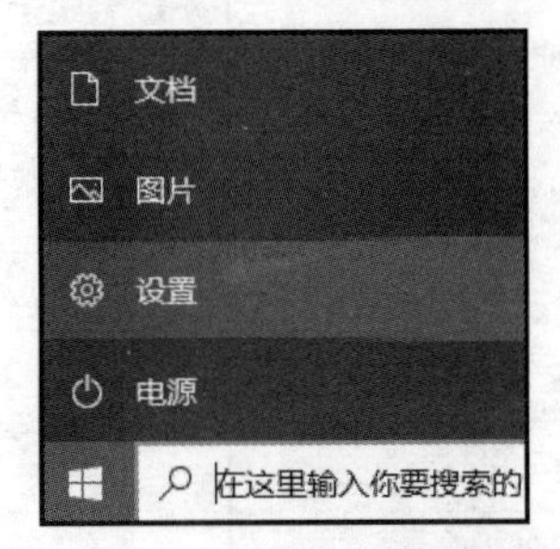

图 1-8　开始菜单中设置选项

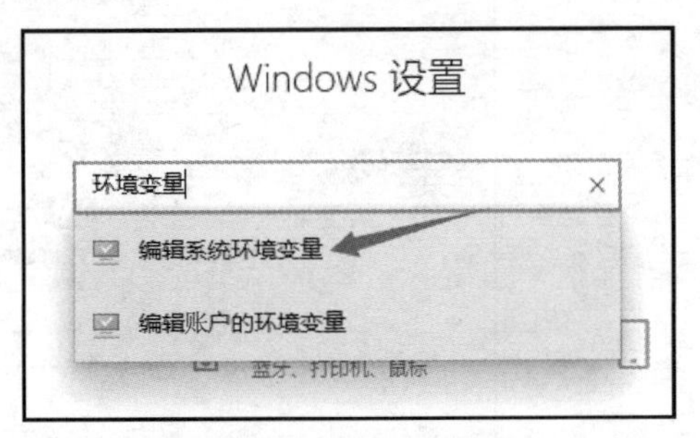

图 1-9　Windows 设置界面

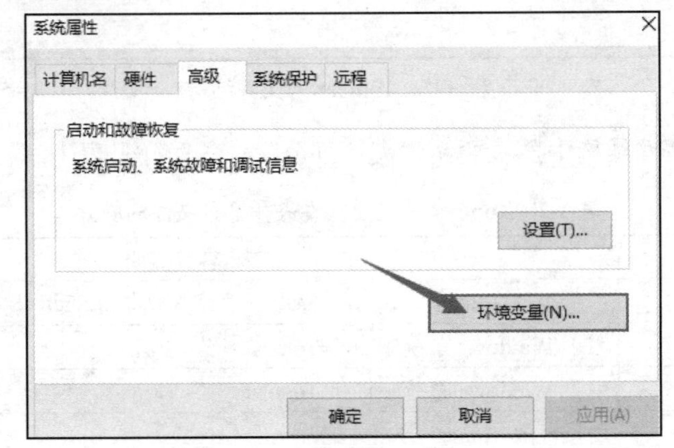

图 1-10　“系统属性”对话框

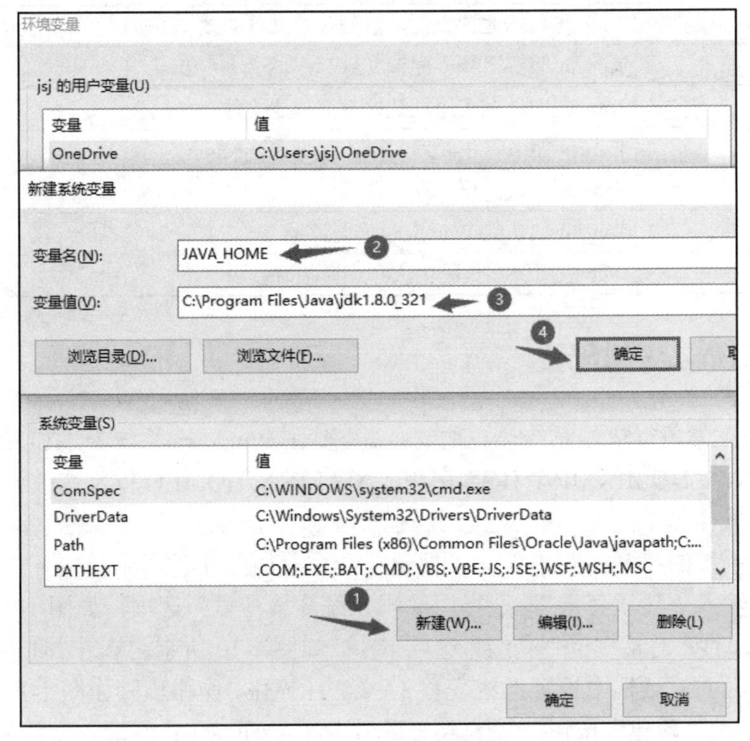

图 1-11　添加系统变量界面

按照与添加 JAVA_HOME 相同的操作步骤，添加系统变量 JRE_HOME，值为 C:\Program Files\Java\jre1.8.0_321；添加系统变量 CATALINA_HOME，值为 D:\apache-tomcat-9.0.29。如果读者的安装路径不同，把变量值中的安装路径相应修改即可。

最后修改系统环境变量 Path，操作步骤如图 1-12 所示。①单击选择“系统变量”中的 Path 变量；②单击“编辑”按钮；③在弹出的对话框中单击“新建”按钮；④输入%JAVA_HOME%\bin；⑤单击“确定”按钮，完成变量的修改。

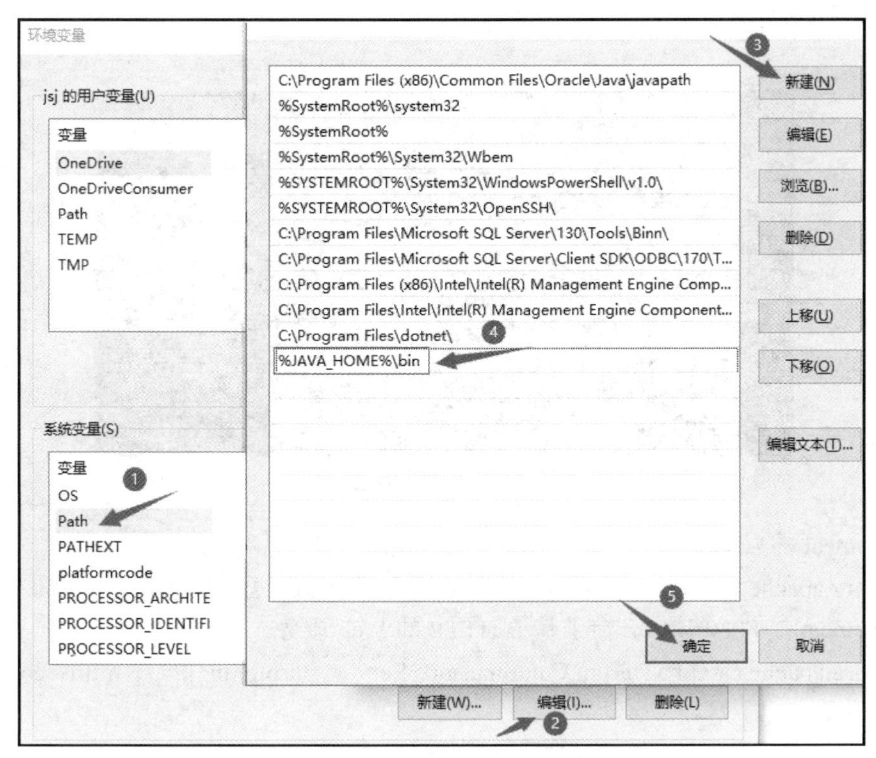

图 1-12　修改系统变量界面

Tomcat 启动界面中的中文信息提示，需要通过修改配置文件才能正常显示。用记事本软件打开 D:\apache-tomcat-9.0.29\conf 路径中的 logging.properties 文件，如图 1-13 所示。把“java.util.logging.ConsoleHandler.encoding = UTF-8”中的 UTF-8 修改为 GBK，如图 1-14 所示。

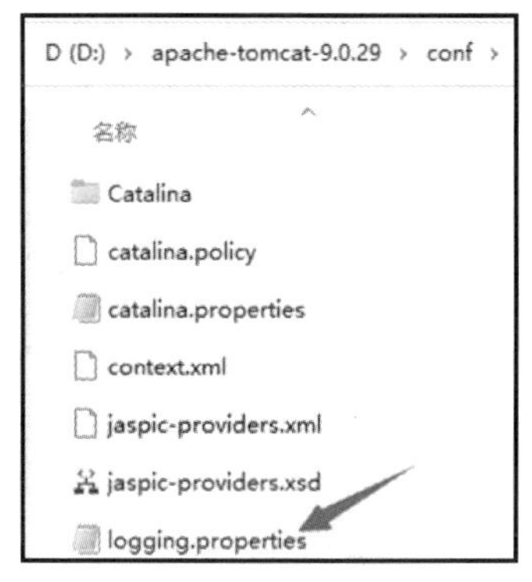

图 1-13　选择 logging.properties 文件

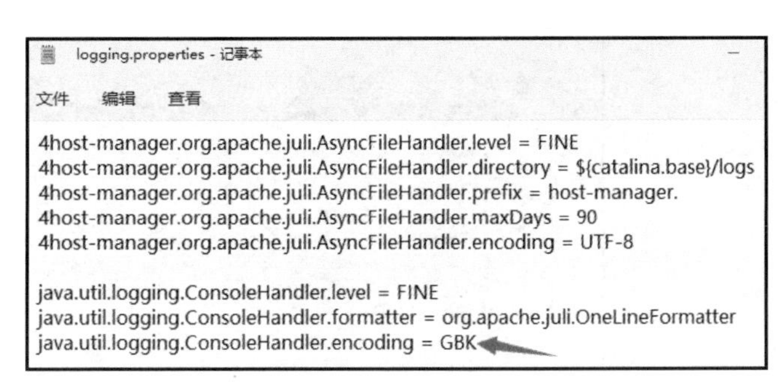

图 1-14　配置 Tomcat 启动信息编码

■ 1.4.3 Tomcat 的运行

Tomcat 安装配置完成后，需要测试是否能够正常运行。在“文件资源管理器”中打开文件夹 D:\apache-tomcat-9.0.29\bin，双击 startup.bat 文件，出现如图 1-15 所示的控制台界面，表示 Tomcat 正常运行成功；若控制台界面一闪而过，未出现如图 1-15 所示控制台界面，表示前面小节中的安装配置未正确完成。

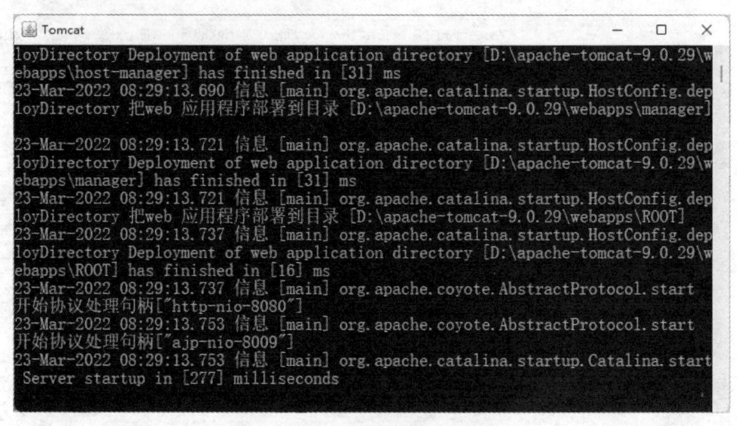

图 1-15　Tomcat 启动界面

在 Tomcat 的启动信息中包含了以下重要信息。

- “org.apache.coyote.AbstractProtocol.start 开始协议处理句柄["http-nio-8080"]”提示 Tomcat 在 8080 端口开启了基于 HTTP 的 Web 服务。
- “org.apache.catalina.startup.Catalina.start Server startup in [277] milliseconds”提示 Tomcat 耗时 277ms 启动完成。

Tomcat 正常启动后，测试访问默认已经部署的管理网站。打开浏览器，在浏览器的地址栏中输入 http://localhost:8080/index.jsp，发送请求给 Tomcat，浏览器接收到的响应如图 1-16 所示。

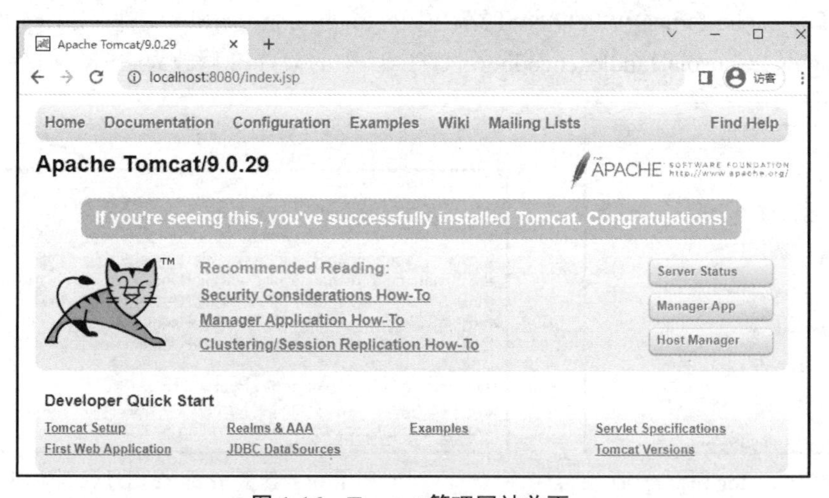

图 1-16　Tomcat 管理网站首页

本网站管理 Tomcat 的 Web 应用程序，物理文件位于 D:\apache-tomcat-9.0.29\webapps 路径中的 ROOT 文件夹中。它的主要功能有：Server Status 查看 Tomcat 的运行状态；Manager App 管理部署在 Tomcat 中的各个网站；Host Manager 管理 Tomcat 中的虚拟主机。

■ 1.4.4 在 Tomcat 中部署网站

在 Tomcat 上部署网站有三种方式：①利用 webapps 文件夹自动部署；②利用 server.xml 进行项目映射的部署；③利用 Manager App 方式部署。下面使用第一种方式部署名为 site 的网站。首先准备一个最简单的网站，它只包含一个网页。创建 site 文件夹作为网站文件夹，在该文件夹中创建 index.html 文件，其代码如图 1-17 所示。

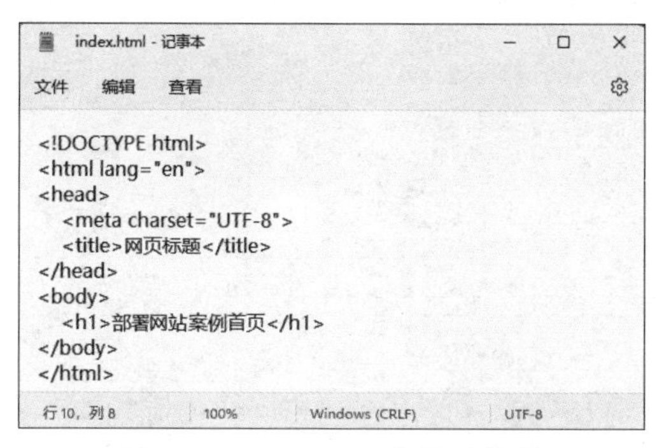

图 1-17 index.html 文件的代码

复制 site 文件夹至 D:\apache-tomcat-9.0.29\webapps 路径中，部署网站完成。接下来打开浏览器，在浏览器的地址栏中输入 http://localhost:8080/site/index.html，向 Tomcat 请求 site 网站的 index.html 网页资源，浏览器接收到的响应如图 1-18 所示。

图 1-18 部署网站案例的访问效果

1.5 开发工具

本书采用 IDEA 作为开发工作，IDEA 的全称为 IntelliJ IDEA，是 Java 编程语言开发的集成环境。IDEA 在业界被公认为是最好的 Java 开发工具，包含智能代码助手、代码自动提示、重构、JavaEE 支持、JUnit、CVS 整合、代码分析、创新的 GUI 设计等实用功能。

■ 1.5.1　IDEA 的安装与注册

首先下载 IDEA，本书使用的安装文件为 ideaIU-2021.3.2.win.zip，其中数字 2021.3 表示 IDEA 的主版本为 2021.3，数字 2 表示子版本为 2，建议读者在下载时使版本号与本书保持一致。

在浏览器地址栏中输入网址 https://www.jetbrains.com/idea/download/other.html，如图 1-19 所示，在页面上定位到 Version 2021.3，从其右侧的下拉列表中选择子版本为 2021.3.2，最后单击 Windows ZIP 版本链接进行下载。

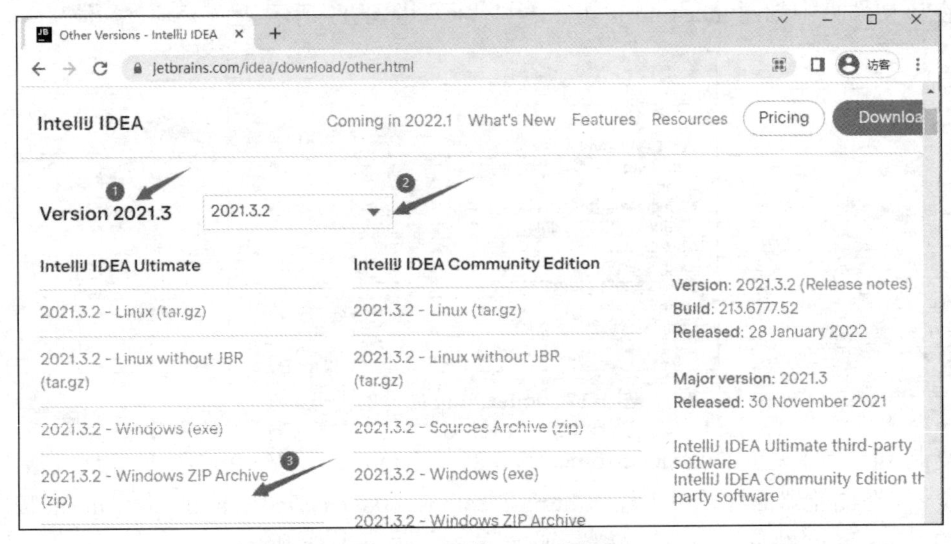

图 1-19　下载 IDEA 页面

解压下载的文件至驱动器 D 的根路径中，解压后的文件结构如图 1-20 所示。

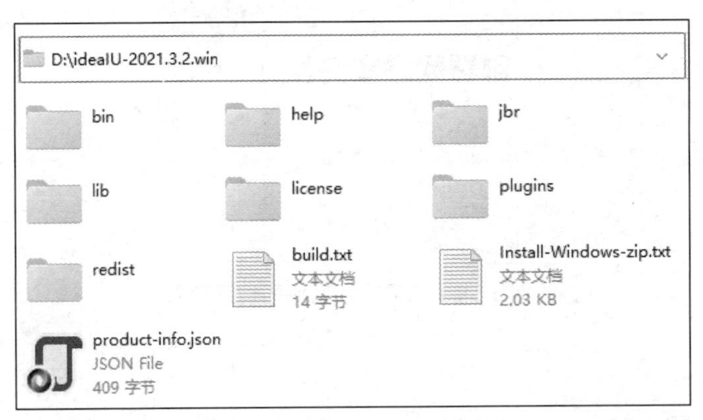

图 1-20　IDEA 的文件结构

双击 D:\ideaIU-2021.3.2.win\bin 路径中的 idea64.exe 文件即可启动 IDEA 开发工具，如图 1-21 所示。

IDEA 旗舰版提供了教育注册码，高校教师和学生可以免费申请。

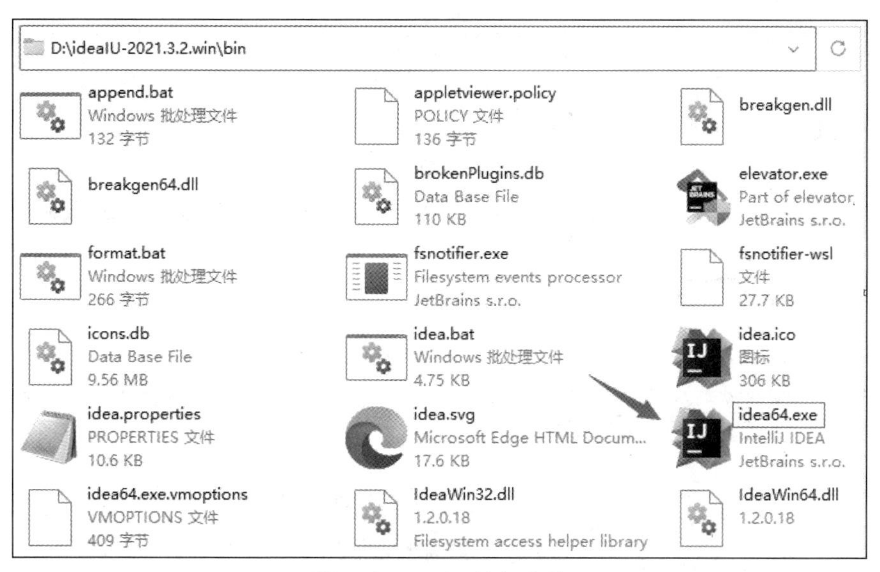

图 1-21　IDEA 执行文件

方法一：使用后缀为 edu.cn 的教育电子邮箱申请。①使用教育电子邮箱在 IDEA 官方网站注册新用户，在浏览器地址栏中输入 https://account.jetbrains.com/login，如图 1-22 所示。②申请教育注册码，在浏览器地址栏中输入 https://www.jetbrains.com/shop/eform/students，在页面中选择教师或者学生，填写教育电子邮箱以及姓名，提交后通常在一小时内就会收到官方回复邮件，根据回复邮件中的链接即可获取注册码，如图 1-23 所示。

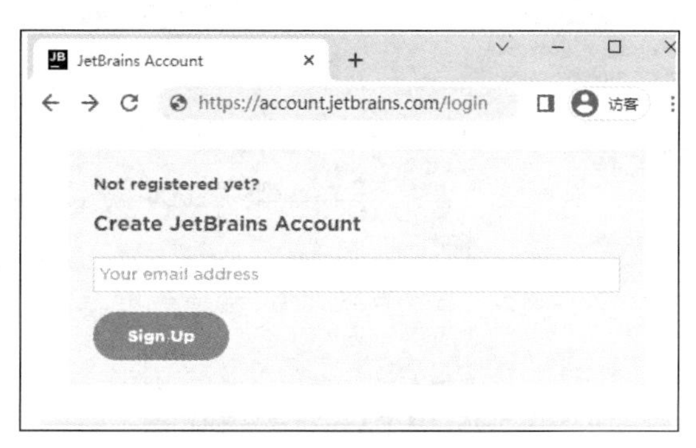

图 1-22　IDEA 注册页面

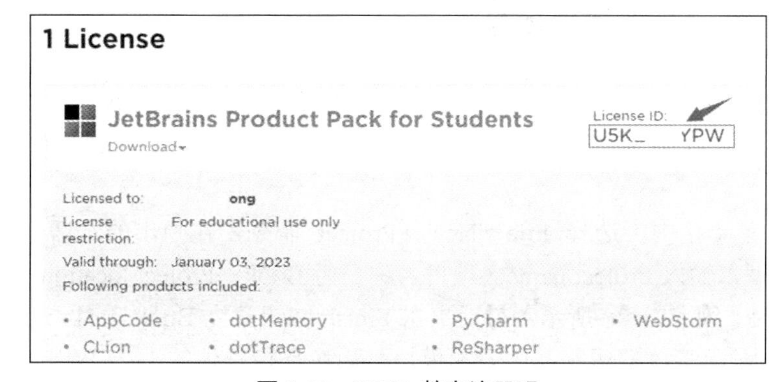

图 1-23　IDEA 教育注册码

方法二：高校学生使用“学信网”的电子学籍文件申请。在方法一的第②步中，在页面上选择“官方文件”，填写学生信息并上传电子学籍文件，提交后通常会在两周内收到官方回复。后续步骤与方法一相同，不再赘述。

有了账号和注册码后，即可登录 IDEA。第一次运行 IDEA，会显示如图 1-24 所示的登录页面，单击 Log In to JetBrains Account 按钮，在弹出的浏览器页面中输入账号密码，登录成功后如图 1-25 所示，在页面上显示了账号和注册码，单击 Activate 按钮激活账号，在后续页面中单击 Continue 按钮，然后进入 IDEA 主界面。

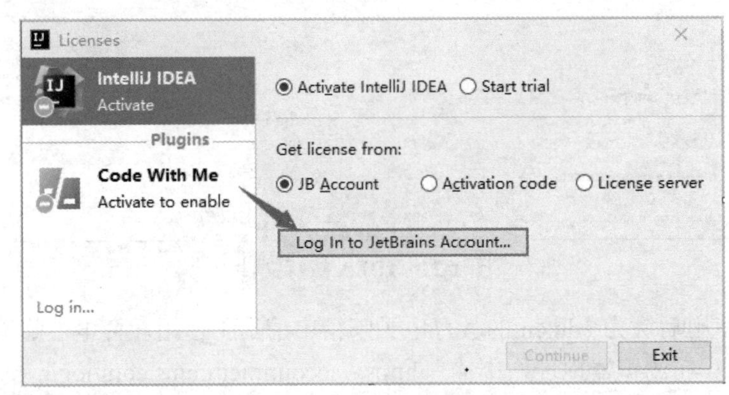

图 1-24　IDEA 登录页面

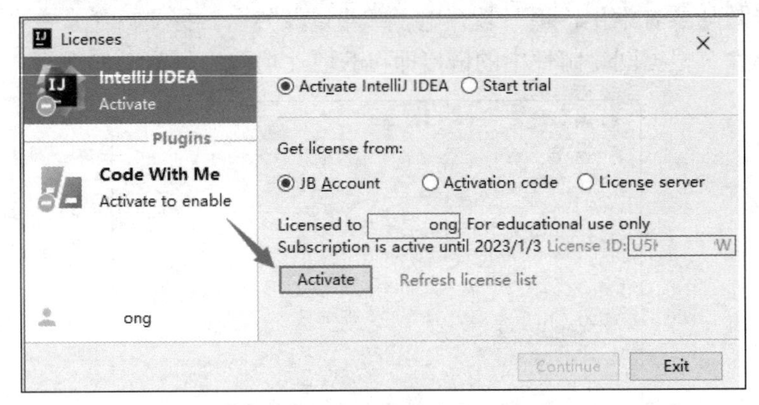

图 1-25　IDEA 激活注册码页面

在 IDEA 中创建项目

■ 1.5.2　在 IDEA 中创建项目

在 IDEA 开发网站的过程中，建议使用项目内包含多个模块的项目组织方式，可以有效管理多个 Java Web 网站。接下来以在 D:\ideaProj 文件夹中建立 Book 项目为例说明项目的建立过程。

在 IDEA 菜单栏中，选择 File→New→Project 命令，在弹出的对话框中选择 Empty Project 项目类型，输入 Project name（项目名称）为 Book，Project location（项目位置）为 D:\ideaProj\Book，如图 1-26 所示。最后单击 Finish 按钮建立 Book 项目。

建立 Book 项目后，即可在其中添加模块，模块是指具体的 Java Web 网站。接下来以在 Book 项目中新建 Java Web 网站 ch01 为例，说明如何在项目中新建 Java Web 网站，操

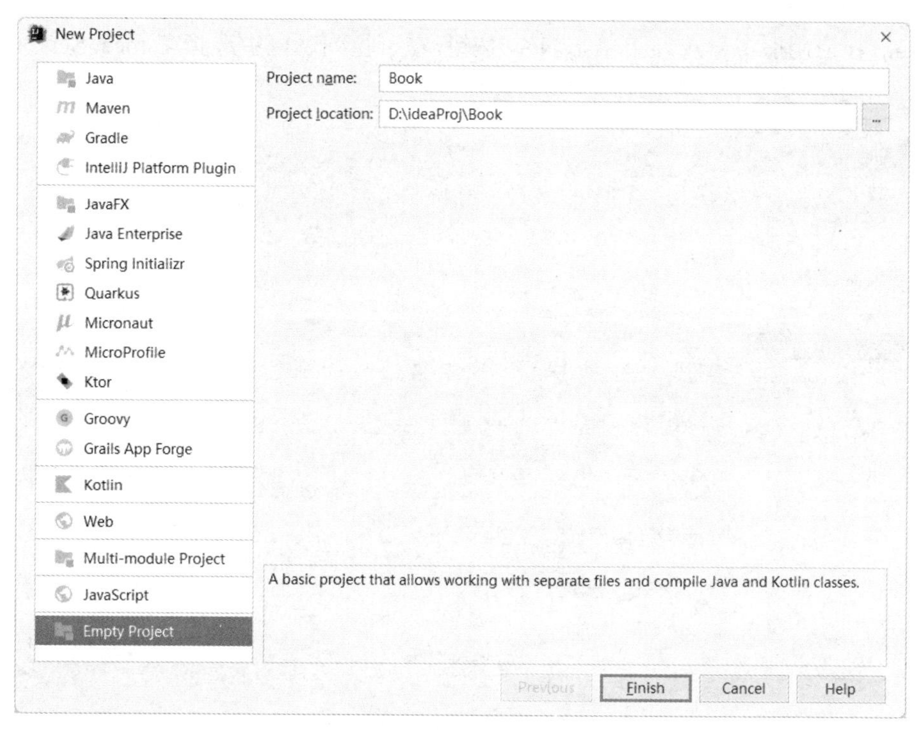

图 1-26　建立空白项目页面

作步骤分为以下四步。

（1）在 Book 项目上右击，在弹出的快捷菜单中选择 New→Module 命令，如图 1-27 所示。

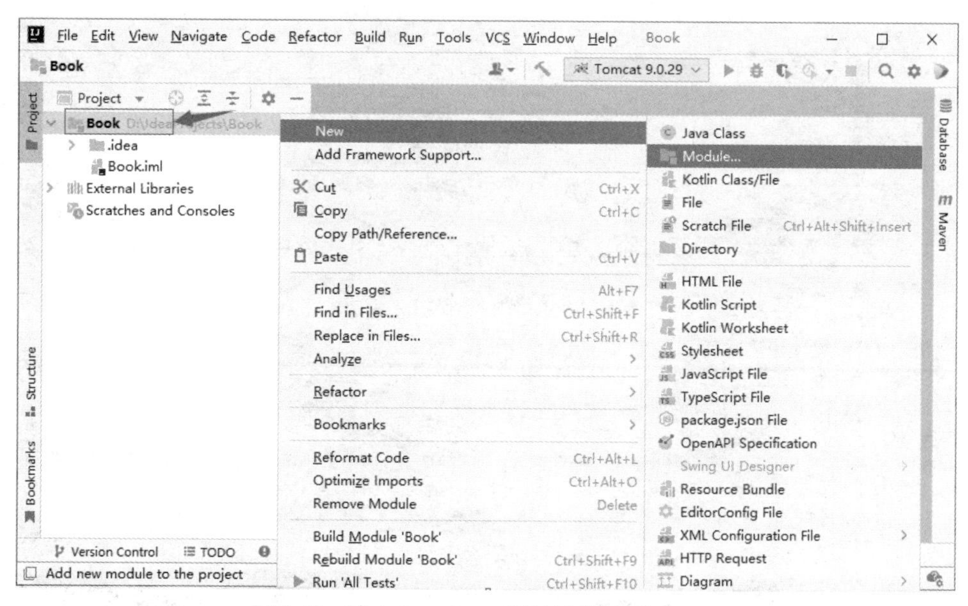

图 1-27　建立 Java Web 网站模块页面 1

（2）在弹出的对话框中选择模块类型为 Java Enterprise，输入模块 Name（名称）为 ch01，Location（位置）为 D:\ideaProj\Book\ch01，选择 Project template（模块结构）为 Web application，在应用服务器选项上单击 New 按钮，在下拉列表框中选择 Tomcat Server 选项，如图 1-28 所示。

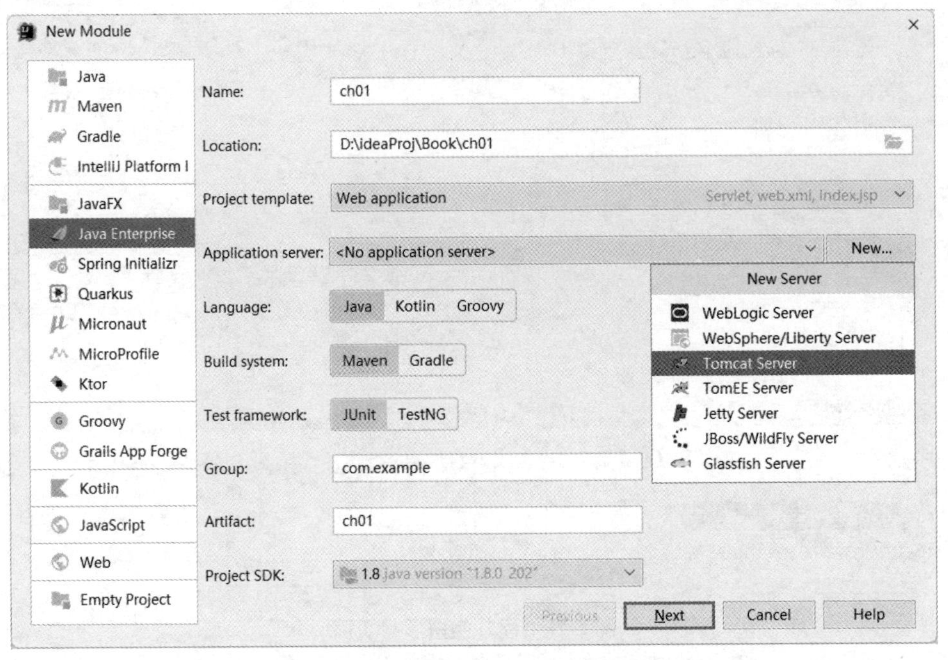

图 1-28　建立 Java Web 网站模块页面 2

（3）在弹出的 Tomcat Server 配置对话框中选择 D:\apache-tomcat-9.0.29，然后单击 OK 按钮，弹出如图 1-29 所示的页面。

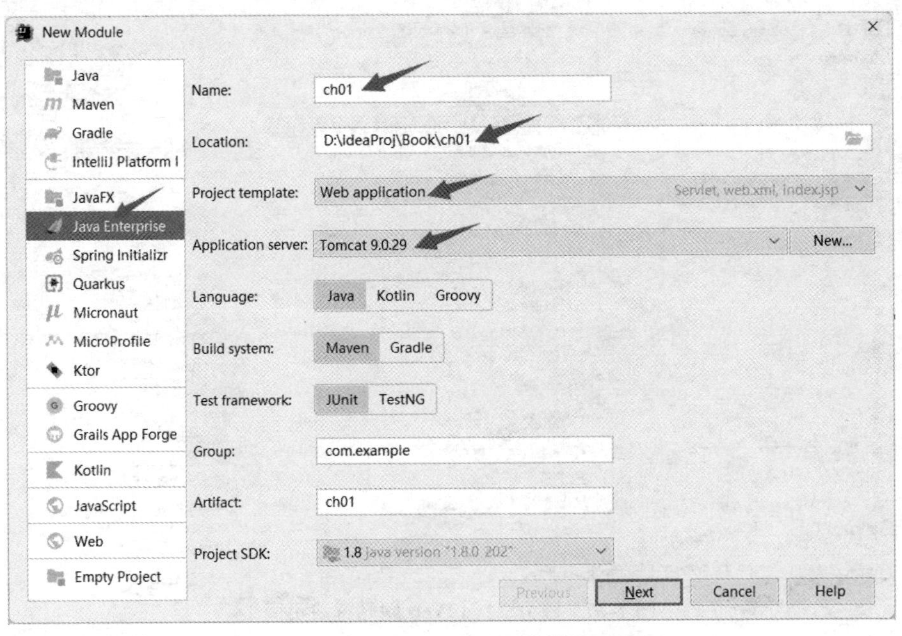

图 1-29　建立 Java Web 网站模块页面 3

（4）单击 Next 按钮，在弹出的对话框中单击 Finish 按钮，完成 ch01 模块建立，项目

Book 和模块 ch01 的文件结构如图 1-30 所示。

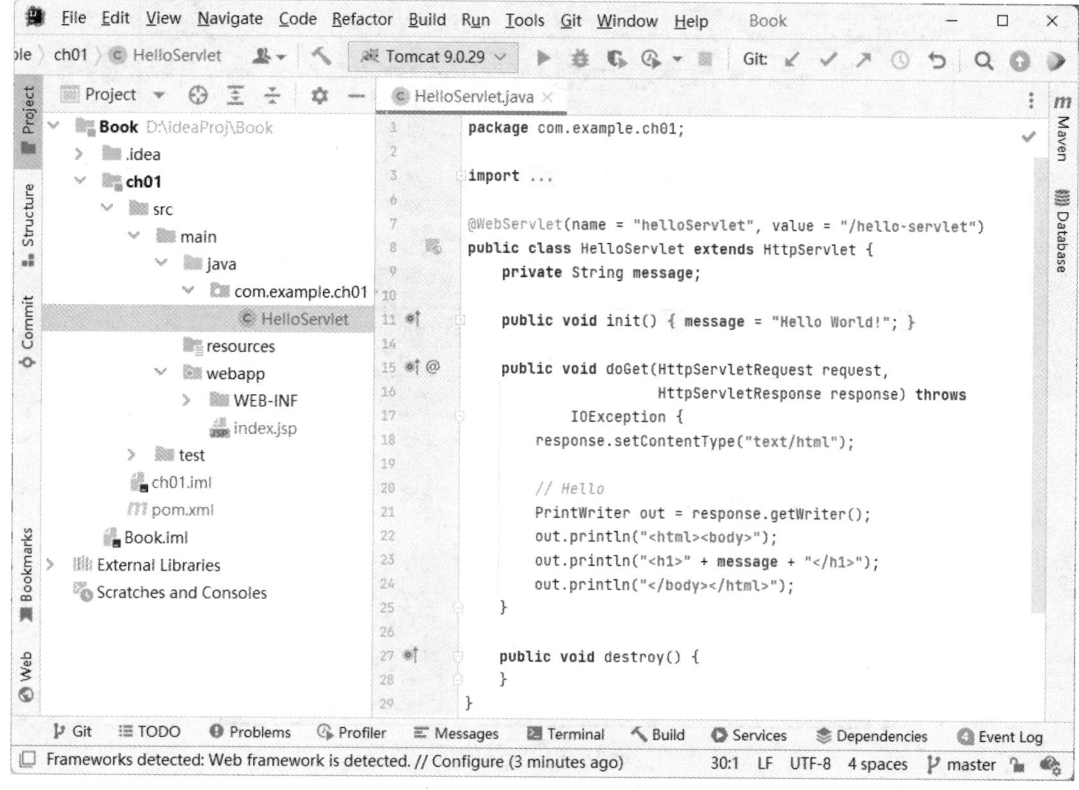

图 1-30 项目 Book 和模块 ch01 的文件结构

项目和模块建立完成后，接下来进行网站项目部署配置和测试运行，操作步骤如下。

（1）配置 IDEA 开发工具中的 Tomcat，单击 IDEA 页面上的运行工具条，选择 Edit Configurations 选项，如图 1-31 所示。

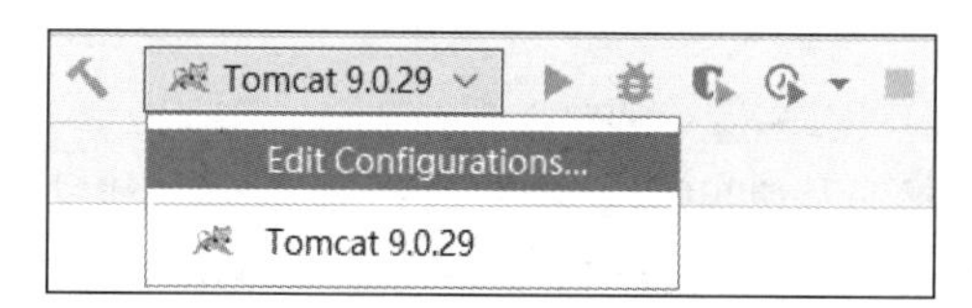

图 1-31 选择配置 Tomcat

（2）在弹出的 Run/Debug Configurations 对话框中，选择 Deployment（部署）页面，在页面的底部修改 Application context（应用上下文）的值为“/ch01”，如图 1-32 所示，单击 OK 按钮完成配置。本步骤是把网站的虚拟路径由默认的“/ch01_war_exploded”简化为“/ch01”，本书后续创建的模块都将按照此规则修改。

（3）单击 IDEA 工具栏中的“运行”按钮 ▶，启动 Tomcat，然后在浏览器中输入 http://localhost:8080/ch01/index.jsp 访问网站，预览效果如图 1-33 所示。

程序说明：

- 新建模块时，Tomcat 9.0.29 的选择步骤，仅在添加第一次操作时需要，后续在 IDEA 中新建 Java Web 网站时，默认自动选择。

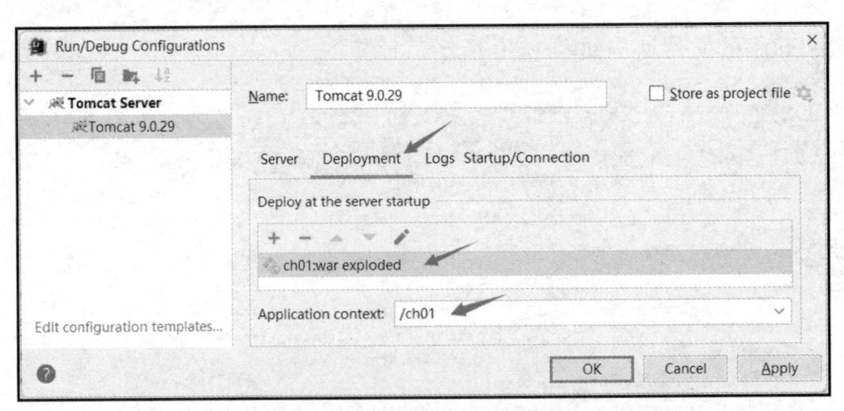

图 1-32　网站虚拟路径配置

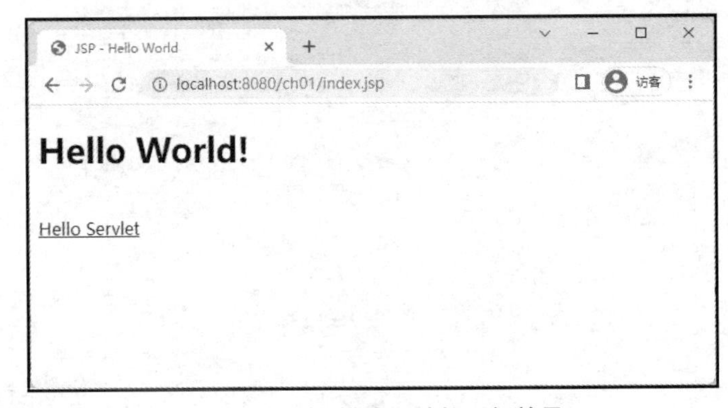

图 1-33　ch01 模块网站的运行效果

- 本书配套源代码采用 Book 项目内包含多模块的项目组织方式，每个章节对应一个模块，例如第 2 章的源代码对应为 Book 项目的 ch02 模块。

1.6 小结

本章主要介绍网站开发的基础知识，主要有：静态页面和动态页面；网站的请求响应模式原理，以及客户端、Web 服务器、HTTP 通信协议和 URL 内容；ASP.NET、PHP、Servlet 及 JSP 三类动态页面技术，以及它们之间的比较；Web 服务器软件 Tomcat 的安装、配置、运行以及如何部署网站；开发工具 IDEA 的安装注册，并以项目包含多模块的项目组织方式创建了第一个 Java Web 网站。

1.7 习题

1．填空题

（1）WWW 即全球广域网，也称为________。它是一种基于超文本和________协议的、全球性的、动态交互的、跨平台的分布式图形信息系统。

（2）静态网页和动态网页的浏览都是基于客户端与 Web 服务器之间的交互，这一交互过程是整个 Java Web 开发的核心，被称为_______。

（3）一台 Web 服务器的 IP 地址为 201.68.66.16，网站端口号为 8080，则要访问 Web 应用程序 user 中 index.html 的 URL 为_______。

（4）HTTP 通信协议采用“请求-响应”模式，最大的特点是_______、_______。

（5）支持 Java Web 开发的工具软件主要有_______和 Eclipse。

2．选择题

（1）下列选项中不属于 JSP 技术特点的是（　　）。

A．跨平台　　B．业务代码相分离

C．基于 Windows 的身份认证　　D．预编译

（2）下列选项中不属于动态页面技术的是（　　）。

A．ASP　　B．PHP　　C．JSP　　D．HTML

（3）下列选项种不属于支持 Java Web 的服务器软件的是（　　）。

A．ASP.NET　　B．Tomcat　　C．JBoss　　D．WebLogic

3．简答题

（1）查找资料，说明 IP 地址与域名之间的关系。

（2）说明请求响应模式的过程。

（3）说明静态页面和动态页面的区别。

（4）查找资料，说明如何在阿里云的虚拟机上部署 JavaWeb 网站。

4．上机操作题

（1）在学生个人计算机上，安装 JDK、Tomcat 和 IDEA，从而建立基于 IDEA 的 Java Web 网站开发平台。

（2）在 Tomcat 中利用 webapps 文件夹部署一个名为 myweb 的站点，并测试访问该站点的首页 index.html。

（3）参考本书提供的 Book 项目，建立一个空白项目并在其中添加网站模块。

第2章　Web前端开发技术

本章要点：

- 能知道 Web 前端开发技术的内容、代码编写方式、代码运行方式。
- 会用 IDEA 开发工具进行 Web 网站的开发和部署。
- 会编写 HTML 代码，会建立.html 文件。
- 会编写 CSS 代码，会建立独立的.css 文件，并能以链接外部样式文件应用于网页。
- 会编写 JavaScript 代码，会建立独立的.js 文件，会调用 JavaScript 函数实现相应的功能。
- 能熟悉 jQuery 语法，会调用 jQuery 提供的 JavaScript 库函数实现相应的功能。

2.1 HTML 标记语言

HTML 是用来描述网页的一种语言——标记语言，而不是编程语言。它是制作网页的基础语言，主要用来描述超文本中内容的显示方式。标记语言经过浏览器的解释，能正确显示 HTML 标记的内容，但它本身不显示在浏览器中。HTML 语言从 HTML 1.0～HTML 5.0 经历了巨大改进，从单一的文本显示功能到图文并茂的多媒体显示功能，许多特性经过多年完善，已经成为一种标准的标记语言。完整的 HTML 文档可以说就是一个网页，在该文档中包括 HTML 标签和纯文本，而浏览器的作用就是读取 HTML 文档，并以网页的形式显示出来。

2.1.1　HTML 文档结构

在 IDEA 中建立的 HTML5 文件的基本结构如图 2-1 所示。

HTML5 文档各元素的具体含义如下：①文档类型，它是 HTML 文档的起始元素，是指定文档类型的标记，早期版本的 HTML 中该元素代码较烦琐，在 HTML5 中得到简化。②HTML 文档的根元素是<html>标记，HTML 页面的所有标记都要放在<html>和</html>标记中。③HTML 文档的头元素是<head>标记，用于放置 HTML 文档本身的信息。图 2-1 中第 4 行代码指定当前页面字符编码为 UTF-8，第 5 行代码指定当前页面在浏览器窗体标签中显示的网页标题为 Title。④HTML 文档的主体元素为<body>标记，页面中所有的内容都定义在<body>和</body>标记中。

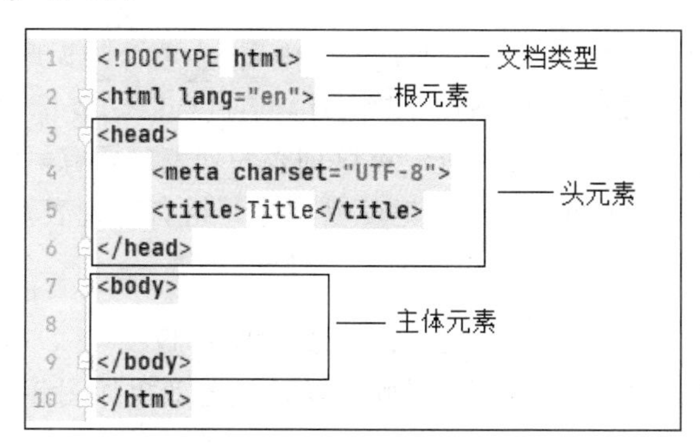

图 2-1　HTML5 文件的基本结构

■ 2.1.2　HTML 文字排版标记

在 HTML 页面中，文字排版标记是最基础的元素，常用的文字排版标记主要包括以下几个。

1. 文字与特殊符号

在 HTML 文档中，要显示文字只需在<body>主体标记或者其他子标记中输入文字即可，但是对于空格、版权、货币等一些特殊符号就不能直接输入，需要通过一个以“&”符号开头，以“;”符号结束的实体名称来代替。一些常用的实体符号如表 2-1 所示。

表 2-1　常用的实体符号

字符	表示方法	字符	表示方法	字符	表示方法
空格		<	<	>	>
"	"	'	'	&	&
©	©	®	®	¥	¥

2. 标题标记

在 HTML 标记中，设定了 6 个标题标记，分别为<h1>～<h6>，其中<h1>代表 1 级标题，数字越小表示级别越高，文字的字体也就越大。

3. 段落标记

段落标记以<p>标记开头，以</p>标记结束。段落标记在页面上呈现时段前和段后有空行效果，而定义在段落标记中的内容，不受该标记的影响。

4. 换行标记

换行标记
是一个自闭合标记，用于文字换行显示，没有对应的结束标记。HTML5 中不建议以
形式使用。

5. 文字列表标记

文字列表标记可以将文字以列表的形式依次排列，主要分为无序列表和有序列表两种。无序列表是在每个列表项前面添加一个圆点符号。通过<ul></ul>标记可以创建一组无序列表，其中每个列表项以<li></li>标记表示。有序列表的列表项是有一定顺序的，每个列表项前面添加阿拉伯数字。通过<ol></ol>标记可以创建一组有序列表，其中的每个列表项以<li></li>标记表示。

实例 2-1

实例 2-1　HTML 文字排版

本实例说明 HTML 文字排版标记的使用方法，浏览效果如图 2-2 所示。

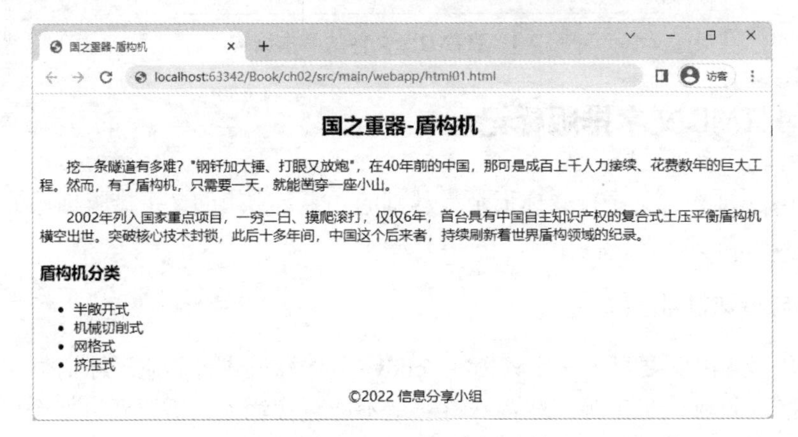

图 2-2　HTML 文字排版浏览效果

源程序：html01.html

```
<!DOCTYPE html>
<html lang="en">
<head>
    <meta charset="UTF-8">
    <title>国之重器-盾构机</title>
    <style>
        h2,p.footer{text-align: center}
        p{text-indent: 2em}
    </style>
</head>
<body>
    <h2>国之重器-盾构机</h2>
    <p>挖一条隧道有多难？&quot;钢钎加大锤、打眼又放炮&quot;，在 40 年前的中国，那可是成百上千人力接续、花费数年的巨大工程。然而，有了盾构机，只需要一天，就能凿穿一座小山。</p>
    <p>2002 年列入国家重点项目，一穷二白、摸爬滚打，仅仅 6 年，首台具有中国自主知识产权的复合式土压平衡盾构机横空出世。突破核心技术封锁，此后十多年间，中国这个后来者，持续刷新着世界盾构领域的纪录。</p>
    <h3>盾构机分类</h3>
    <ul>
        <li>半敞开式</li> <li>机械切削式</li> <li>网格式</li>  <li>挤压式</li>
    </ul>
```

```
    <p class="footer">&copy;2022 信息分享小组</p>
</body>
</html>
```

操作步骤：

（1）在 Book 项目中创建 ch02 模块，右击 Book 项目名称，在弹出的快捷菜单中选择 New→Module 命令，在弹出的对话框中选择模块类型为 Java Enterprise，输入 Name（模块名称）为 ch02、Location（位置）为 D:\ideaProj\Book\ch02，选择 Project template（模块结构）为 Web application，选择 Application server（应用服务器）为 Tomcat 9.0.29，然后单击 Next 按钮，在弹出的对话框中单击 Finish 按钮，建立 ch02 模块完成。（模块的创建过程可参考图 1-27～图 1-29）。

（2）右击 ch02 模块中的 webapp 文件夹，在弹出的快捷菜单中选择 New→HTML File 命令，输入文件名 html01.html，按 Enter 键确认建立文件。html01.html 与模块已有的 index.jsp 同在 webapp 文件夹中。

（3）在 html01.html 文件中输入源代码。

（4）在源代码页面上，单击浏览器图标 查看浏览效果，本书以 Google Chrome 浏览器为例。

程序说明：

- h2,p.footer{text-align: center} 为居中显示样式代码。
- p{text-indent: 2em} 为首行缩进 2 字符样式代码，样式代码将在 2.2 节介绍。

2.1.3　图片与超链接标记

在 HTML 页面中，图片是展示内容的重要形式，超链接是交互的主要形式。在 HTML 文档中，可以使用图片标记来插入图片，使用超链接标记来插入超链接。

1. 图片标记

在网页设计时，经常需要使用图片。例如，在电子商务网站中对商品进行展示，在网络相册中对照片进行展示等。在 HTML 文档中使用<img>标记来定义图片。<img>标记的语法格式如下：

```
<img src="url" alt="提示文字" />
```

其中，属性 src 用于指定图片的来源，其来源可以是本网站内部或者其他网站；属性 alt 用于指定图片无法显示时的提示文字。属性 src 可用于指定网站的内部图片，如 src="images/logo.png"，说明在与当前页面同级的文件夹 images 中存在 logo.png 图片。若当前页面为 show.html，它们在网站中的结构关系如图 2-3 所示。

2. 超链接标记

超链接是网页页面的重要元素，一个网站由多个页面组成，页面之间根据链接确定互相的导航关系，Internet 上网站之间也通过链接互相关联。在 HTML 文档中，使用<a>标记

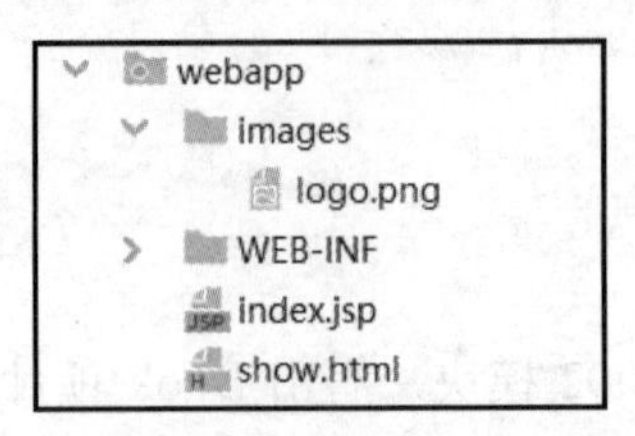

图 2-3　网页文件与图片文件的结构图

定义超链接。<a>标记的语法格式与常用属性如下：

```
<a href="url">文字或者图片标记</a>
```

其中，属性 href 用于指定超链接的地址，可以是绝对路径或者相对路径。绝对路径用于链接到 Internet 上的其他网页，如 href="http://www.baidu.com/index.html"；相对路径用于链接到网站内的其他网页，如 href="admin/login.html"，说明在与当前页面同级的文件夹 admin 中存在 login.html 页面，若当前页面为 show.html，它们在网站中的结构关系如图 2-4 所示。

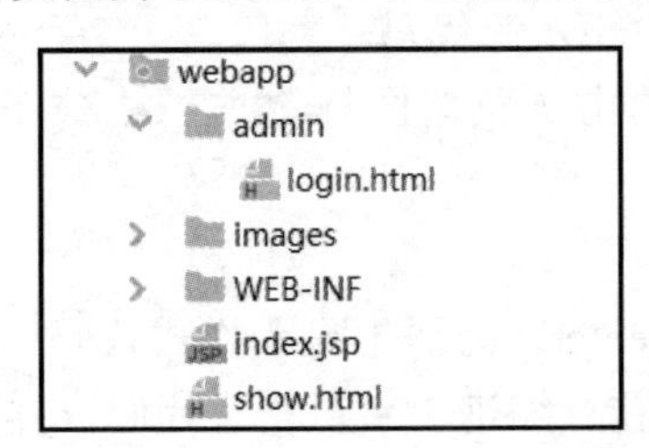

图 2-4　网页文件与超链接文件的结构图

实例 2-2

实例 2-2　HTML 图片与超链接

本实例说明 HTML 图片与超链接标记的使用方法，浏览效果如图 2-5 所示。

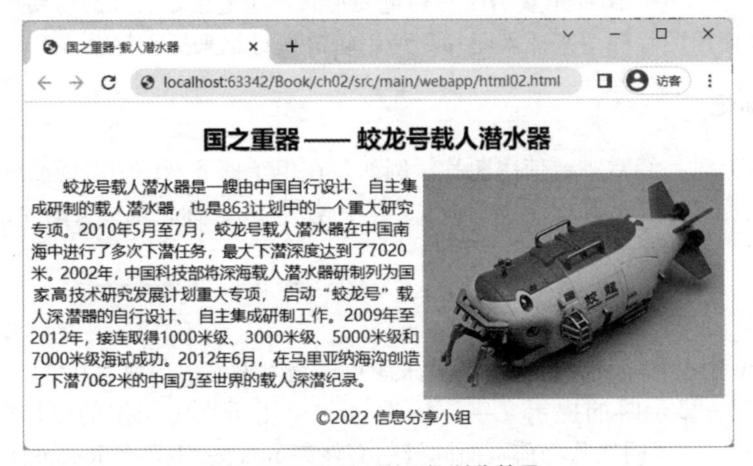

图 2-5　**html02.html** 的浏览效果

源程序：html02.html

```
<!DOCTYPE html>
<html lang="en">
<head>
    <meta charset="UTF-8">
```

```
        <title>国之重器-载人潜水器</title>
        <style>
            h2,p.footer{text-align: center}
            p{text-indent: 2em;clear:right}
            img{float:right}
        </style>
    </head>
    <body>
        <h2>国之重器-蛟龙号载人潜水器</h2>
        <p><img src="images/jiaolong.png" alt="蛟龙号图片">蛟龙号载人潜水器是一艘由
中国自行设计、自主集成研制的载人潜水器，也是<a href="http://www.htrdc.com/gjszx/">863
计划</a>中的一个重大研究专项。2010 年 5 月至 7 月，蛟龙号载人潜水器在中国南海中进行了多次下
潜任务，最大下潜深度达到了 7020 米。2002 年，中国科技部将深海载人潜水器研制列为国家高技术研
究发展计划重大专项，启动“蛟龙号”载人深潜器的自行设计、自主集成研制工作。2009 年至 2012 年，
接连取得 1000 米级、3000 米级、5000 米级和 7000 米级海试成功。2012 年 6 月，在马里亚纳海沟创
造了下潜 7062 米的中国乃至世界的载人深潜纪录。</p>
        <p class="footer">&copy;2022 信息分享小组</p>
    </body>
    </html>
```

操作步骤：

（1）右击 ch02 模块中的 webapp 文件夹，在弹出的快捷菜单中选择 New→HTML File 命令，输入文件名 html02.html，按 Enter 键确认建立文件。

（2）右击 ch02 模块中的 webapp 文件夹，在弹出的快捷菜单中选择 New→Directory 命令，输入文件夹名 images，按 Enter 键确认建立文件夹。

（3）复制 jiaolong.png 图片文件并粘贴至 images 文件夹中，此图片为模型图。

（4）在 html02.html 文件中输入源代码。

（5）在源代码界面上，单击浏览器图标 查看浏览效果。

2.1.4 HTML5 新增的语义标记

在 HTML5 中，为了使文档的结构更加清晰明确，增加了页眉、页脚、内容区块等文档结构相关联的语义标记。

1. <header>标记

<header>标记表示页面中一个内容区域或者整个页面的标题。通常情况下，它是页面主体元素中的第一个标记，可以包含站点的标题、Logo 和广告等。

2. <footer>标记

<footer>标记表示页面中一个内容区域块的脚注。脚注中包含日期、作者、相关文档的链接或版权信息等。

3. <section>标记

<section>标记表示页面文档中“节”或“段”的区块，<section>标记用于组织复杂文档。

4. <article>标记

<article>标记代表页面文档中的所有“正文”部分，它所描述的内容应该是独立的、完整的、可以独自被外部引用的。可以是一篇博文、一篇文章、一篇论坛帖子或一段用户评论。除了内容部分，一个<article>元素通常有自己的标题和脚注等内容。

5. <aside>标记

<aside>标记用来表示当前页面或文章的附属信息部分。可以包含与当前页面主要内容相关的引用、侧边栏、广告、导航条等信息。

6. <nav>标记

<nav>标记用来表示页面中的导航链接区域。一个页面中可以拥有多个<nav>标记，作为页面整体或不同部分的导航。

实例 2-3

实例 2-3　HTML5 语义标记

本实例说明 HTML5 语义标记的使用，浏览效果如图 2-6 所示。

图 2-6　html03.html 的浏览效果

源程序：html03.html

```
<!DOCTYPE html>
<html lang="en">
<head>
    <meta charset="UTF-8">
    <title>大国重器（第二季）</title>
    <style>
        header, footer {text-align: center;}
        section {margin-bottom: 10px;}
        ul {display: flex; list-style-type: none;}
        ul li {margin-right: 10px;}
    </style>
```

```
</head>
<body>
<header>
    <h2>热门影视网站</h2>
    <nav>
        <ul>
            <li><a href="#">首页</a></li>
            …
            <li><a href="#">红色经典</a></li>
        </ul>
    </nav>
</header>
<section>
    <img src="images/section1.png" alt="简介图片" >
</section>
<section>
    <h4>视频简介</h4>
    <article>
        中国特色社会主义进入新时代，我们需要怎样的重器？什么样的重器是建设现代化国家必
须拥有的“国之重器”？这正是大型电视纪录片《大国重器》（第二季）所要探寻的答案。
    </article>
</section>
<footer>
    &copy;2022 信息分享小组
</footer>
</body>
</html>
```

操作步骤：

（1）右击 ch02 模块中的 webapp 文件夹，在弹出的快捷菜单中选择 New→HTML File 命令，输入文件名 html03.html，按 Enter 键确认建立文件。

（2）复制 section1.png 图片文件并粘贴至 images 文件夹。

（3）在 html03.html 文件中输入源代码。

（4）在源代码界面上，单击浏览器图标 查看浏览效果。

程序说明：

- 美化页面显示，在<head>标记中增加了样式代码，样式代码将在 2.2 节介绍。
- 导航菜单项中的重复代码较多，篇幅原因，以“…”表示省略，实际代码不可省略。
- 本实例主要用于介绍语义标签，为简化代码，“立即观看”所在区域整体以图片示意。

2.1.5 表格标记

在 HTML 页面中，使用表格标记展示数据，如课程表、账单、成绩单等。表格通常由标题、表头、行和单元格组成。表格使用<table>标记来定义，定义表格时仅有<table>标记是不够的，还需要定义表格中的行、列、标题等内容。在 HTML 页面中定义表格，需要使

用以下几个标记。

1. <table>标记

<table>…</table>标记表示整个表格。<table>标记中的常用属性有：width 属性用来设置表格的宽度；border 属性用来设置表格的边框；align 属性用来设置表格的对齐方式。

2. <caption>标记

<caption>标记表示表格的标题。

3. <th>标记

<th>标记表示表头，默认字体加粗显示，需要与<tr>标记配合使用。

4. <tr>标记

<tr>标记表示行，一组<tr></tr>标记表示表格中的一行，通常<table></table>标记中包含若干行。

5. <td>标记

<td>标记表示单元格，<td></td>中为表格的单元格内容，通常<tr></tr>标记中包含若干单元格。

实例 2-4

实例 2-4　HTML 表格

本实例说明 HTML 表格标记的使用方法，浏览效果如图 2-7 所示。

型号（系列）	构造速度（单位：千米/小时）	备注
CRH1	250	原产：加拿大庞巴迪铁路运输设备有限公司
CRH2	350	原产：日本川崎重工业株式会社
CRH3	350	原产：德国西门子股份公司
CRH5	250	原产：法国阿尔斯通公司
CRH6	200	城市群、城市带短途列车专用
CRH380	380	最高运营速度强制降格至310km/h
CR400	400	中国标准动车组，运营速度350km/h
TR08	500	上海磁悬浮列车，运营速度431km/h

图 2-7　html04.html 的浏览效果

源程序：html04.html

```
<!DOCTYPE html>
```

```
<html lang="en">
<head>
    <meta charset="UTF-8">
    <title>中国高铁</title>
    <style>
        h2{text-align: center;}
        p{text-indent: 2em;}
        table {border-collapse:collapse;width: 100%;}
        th,td{border: 1px solid #000;padding: 5px;}
    </style>
</head>
<body>
<h2>中国高铁</h2>
<p>改革开放 40 年来，…… 使得中国高铁技术得以迅速应用，并引领世界。</p>
<table>
    <caption>中国高速铁路营运列车型号一览表</caption>
    <tr><th>型号(系列)</th><th>构造速度(单位：千米/小时)</th><th>备注</th></tr>
    <tr><td>CRH1</td><td>250</td><td>原产：加拿大庞巴迪铁路运输设备有限公司</td>
</tr>
    …
    <tr><td>CR400</td><td>400</td><td>中国标准动车组，运营速度 350km/h</td></tr>
    <tr><td>TR08</td><td>500</td><td>上海磁悬浮列车，运营速度 431km/h </td>
</tr>
</table>
</body>
</html>
```

操作步骤：

（1）右击 ch02 模块中的 webapp 文件夹，在弹出的快捷菜单中选择 New→HTML File 命令，输入文件名 html04.html，按 Enter 键确认建立文件。

（2）在 html04.html 文件中输入源代码。

（3）在源代码视图中，单击浏览器图标 查看浏览效果。

程序说明：

- 篇幅原因，部分行<tr></tr>源代码以省略号代替。
- table {border-collapse:collapse; }表示设置表格线为单线样式。

■ 2.1.6　表单标记

HTML 页面中，用户在表单中输入的信息提交到 Web 服务器，经 Web 服务器处理后再响应给客户端浏览器，从而实现网站与用户之间的交互。所以表单是进行动态网站开发必不可少的内容，下面对 HTML 中的表单标记进行介绍。

1. <form>标记

<form>标记用于在页面中定义表单，其主要属性有 method 和 action。method 用于指定

表单的提交方式，其可选项包括 POST 和 GET；action 用于指定表单提交的 URL 地址，也就是接收并处理表单程序（也称为后台程序）所在的位置。

2. <input>标记

<input>标记用于在表单内定义用户输入信息的元素，其主要属性有 name、type 和 value。name 用于指定输入元素的名称，是后台程序读取用户输入信息的依据，不可省略；type 属性用于指定输入元素的形式，常用的有：type="text"为文本框、type="password"为密码框、type="radio"为单选框、type="checkbox"为复选框以及 type="submit"为提交按钮。HTML5 新增了 number（数字）、email（电子邮件）、url（网址）、date（日期）、range（范围）5 个输入元素的类型。value 属性用于指定输入的元素值，是后台程序读取的用户输入信息。在文本框和密码框等用户键盘输入的表单元素中，value 值就是用户输入的内容，而在单选框和复选框等由用户用鼠标选择的表单元素中，value 值应由开发人员在设计表单时设定，并不是用户在网页上看到的描述表单元素的文字信息。

如图 2-8 所示，用户在页面上选择“运动”和“音乐”选项，表单提交后，后台程序读取到的值为 value 属性指定的 sport 和 music，而不是“运动”和“音乐”。所以在用户以鼠标选择方式输入的表单元素中，value 属性不可省略。

表单元素代码	表单页面效果
`<input type="checkbox" name="hobby" value="reading">阅读 `	☐阅读
`<input type="checkbox" name="hobby" value="sport">运动 `	☑运动
`<input type="checkbox" name="hobby" value="music">音乐 `	☑音乐

图 2-8　value 属性的应用

3. <select>标记

<select>标记用于在表单内定义下拉列表，使用<option>标记在下拉列表中添加内容。<select>标记中增加 multiple 和 size 属性后可以多选。<sclect>标记的常用方法如下所示。

```
<select name="province">
    <option value="jiangsu">江苏</option>
    <option value="zhejiang">浙江</option>
    <option value="shanghai">上海</option>
</select>。
```

4. <textarea>标记

<textarea>标记为多行文本标记，其主要属性有 name、cols 和 rows。cols 属性用于指定显示的列数（宽度），rows 属性用于指定显示的行数（高度）。

实例 2-5

实例 2-5　HTML 表单

本实例说明 HTML 表单标记的使用方法，浏览效果如图 2-9 所示。

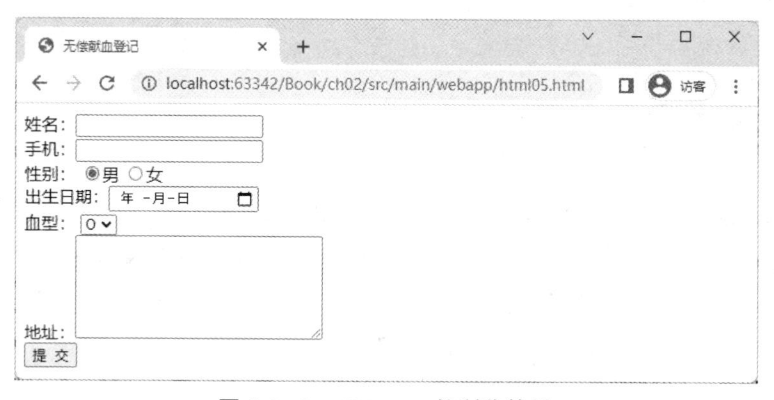

图 2-9　html05.html 的浏览效果

源程序：html05.html

```
<!DOCTYPE html>
<html lang="en">
<head>
    <meta charset="UTF-8">
    <title>无偿献血登记</title>
</head>
<body>
<form action="RegServlet" method="post">
  姓名：<input type="text" name="username" ><br>
  手机：<input type="number" name="phone" ><br>
  性别：<input type="radio" name="gender" value="male" checked>男
        <input type="radio" name="gender" value="female">女<br>
  出生日期：<input type="date" name="birthday" ><br>
  血型： <select name="bloodType" >
            <option value="A">A</option>
            <option value="B">B</option>
            <option value="O" selected>O</option>
        </select><br>
  详细地址：<textarea name="address" cols="30" rows="10"></textarea><br>
  <input type="submit" value="提  交">
</form>
</body>
</html>
```

操作步骤：

（1）右击 ch02 模块中的 webapp 文件夹，在弹出的快捷菜单中选择 New→HTML File 命令，输入文件名 html05.html，按 Enter 键确认建立文件。

（2）在 html05.html 文件中输入源代码。

（3）在源代码视图中，单击浏览器图标 查看浏览效果。

程序说明：

- action="RegServlet" 设定处理该表单的后台程序 Servlet 的 URL 为 RegServlet，本案例中仅示例，无须编写 RegServlet 代码。

2.2 CSS 样式表

CSS（Cascading Style Sheet，层叠样式表，简称为样式表）是 W3C 组织制定的用于控制网页内容显示效果的一套标准。CSS 通过结构语言控制页面中内容部分的显示效果。通过使用 CSS，可以控制页面中的背景、文本、布局方式等，并使页面更加美观。CSS 语言是一种解释型语言，不需要编译，可以直接由浏览器执行。

■ 2.2.1 CSS 的引入

在页面中使用 CSS 样式，有四种方法，即行内样式、内部样式、链接外部样式和导入外部样式。每种方法的添加位置和格式都有所区别，并且具有不同的优先级，其中实际开发推荐使用的方法是链接外部样式。

1. 行内样式

行内样式是比较直接的一种样式，就是将 CSS 样式添加在 HTML 元素标签中，通过 style 属性来实现，此时样式的作用范围为元素标签开始和结束之间。行内添加的 CSS 样式具有最高的优先级。

```
<p style="font-size: 16px; color: #f00;">段落文字</p>
```

以上的代码使用 style 属性将 CSS 样式添加在 p 元素中。其中 CSS 样式的含义为：字体大小为 16 像素，字体颜色为红色。

行内样式只对当前 HTML 标记内的元素有效，因其没有和内容相分离，所以不建议使用。

2. 内部样式

内部样式就是在 HTML 页面中使用<style></style>标记将 CSS 样式包含在页面中，也称为内嵌式。内嵌式应用 CSS 样式的优先级低于行内样式。

```
<!DOCTYPE html>
<html lang="en">
<head>
    <style>
        p {
            line-height: 30px;
            text-indent: 2em;
        }
    </style>
</head>
<body>
    <p>段落文字</p>
</body>
```

```
</html>
```

以上代码中，通过在head元素中定义style元素，完成CSS样式的定义。其中的CSS样式定义了段落的行高和首行缩进2字符的效果。

内部样式只能对本页面有效，不能作用于其他页面。

3. 链接外部样式

链接外部样式，就是将CSS样式定义在一个外部的文件中，然后通过使用link元素，在页面中调用这个外部文件。独立的CSS文件是扩展名为.css的文本文件，链接外部样式的优先级较低，低于行内样式。

```
<!DOCTYPE html>
<html lang="en">
<head>
    <link rel="stylesheet" href="base.css">
</head>
<body>
    <p>段落文字</p>
</body>
</html>
```

以上代码中，使用link元素链接了一个名为base.css的外部样式文件，该文件中定义的CSS代码如下。

```
p {
    line-height: 30px;
    text-indent: 2em;
}
```

这种形式是把CSS单独写到一个CSS文件内，然后在页面中以link方式链接。它的优点是不但本页可以应用，其他页面也可以应用，是最常用的一种形式。

4. 导入外部样式

导入外部样式是指在内部样式表的<style>标记里导入一个外部样式表，导入时使用@import实现。例如，存在一个名称为mystyle.css的样式表文件，要将该样式表文件导入当前的内部样式表中，可以使用下面的代码。

```
<style>
    @import "mystyle.css";
</style>
```

■ 2.2.2 CSS的语法

在CSS样式表中包含三部分内容：选择符、属性名和属性值。选择符又称为选择器，所有的HTML标记都通过不同的CSS选择符进行控制。属性主要包括字体属性、文本属性、背景属性、布局属性、边界属性、列表项目属性、表格属性等内容。属性值是某属性的有效值。属性名与属性值之间以“:”号分隔。当有多个属性时，使用“;”分隔。CSS 的语法如图 2-10 所示。

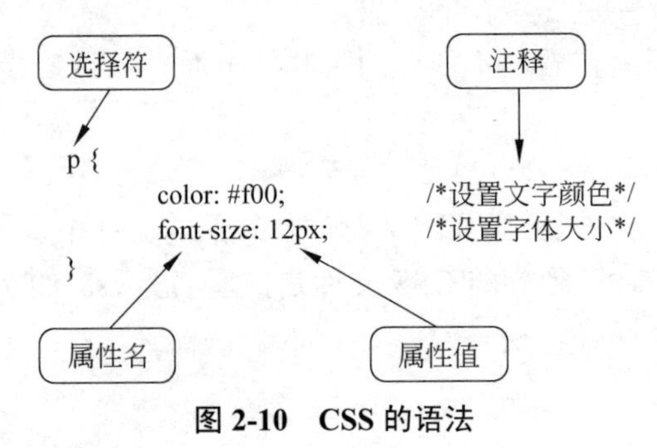

图 2-10　CSS 的语法

■ 2.2.3　基本 CSS 选择符

在 CSS 中，基本选择符有标记选择符、类选择符和 ID 选择符三种。使用选择符可对不同的 HTML 标记进行控制，从而实现多种页面的显示效果。

1. 标记选择符

HTML 文档是由多个标记通过一定的规则组成的，这些标记也称为网页元素。标记选择符用于确定要定义样式的网页元素对象。标记选择符是按照 HTML 中使用的相应元素名称来定义的 CSS 选择符，即选择符的名称是 HTML 标记之一。

例如，p、img 的标记选择符的定义如下。

```
p {font-size: 16px; background-color: #ccc; } /*字体大小 16 像素，字体颜色灰色*/
img {width: 120px; height: 80px} /*宽度 120 像素，高度 80 像素*/
```

标记选择符可实现对匹配的标记样式进行改变，快速、方便地控制页面基本样式。

2. 类选择符

在页面中，有部分标记的样式是完全一致的时，可以通过类选择符使页面中的这部分标记具有相同的样式。类选择符的定义格式为“.英文类名”。

例如，页面中显示人民币大写文字的<span>标记，需要设计 16 像素的微软雅黑字体，定义类选择符如下。

```
.cyn {font-size: 16px; font-family: "Microsoft YaHei", "微软雅黑"; }
```

在页面中，用“class="类名"”的方法为标记应用类选择符中定义的样式。类选择符.cyn 在 HTML 文档中的应用如下。

```
<p>商品的合计金额为：<span class="cyn">捌佰柒拾元整</span>，其中包含税费为：<span
class="cyn">伍拾贰元叁角陆分</span></p>
```

类样式可以在多个标记中被引用，因此类选择符可以控制页面中的一批元素对象，是常用的选择符之一。

3. ID 选择符

ID 选择符是通过 HTML 标记中的 id 属性为不同元素定义特定的样式。ID 选择符定义格式为“#英文 ID 名称”。

例如，在某购物页面中显示购物车内商品数量的文字的<span>标记，需要设计字体大小为 18 像素、粗体效果，定义 ID 选择符 count 如下。

```
#count {font-size: 18px; font-weight: bold;}
```

在 HTML 文档中使用“id="英文 ID 名称"”语法应用 ID 选择符。ID 选择符 count 在 HTML 文档中的应用如下。

```
<p>购物车内的商品数量：<span id="count">12</span> </p>
```

通常情况下，HTML 页面中不能包含两个相同 id 的标记，因此定义的 ID 选择符也就只能应用一次。ID 选择符也是常用的选择符之一。

2.2.4 CSS 的属性

在 CSS 中，通过属性的设置来实现美化页面的作用。CSS 的常用属性如表 2-2 所示。

表 2-2 CSS 的常用属性

属性名称	功能描述
font	用于设置字体样式、字体粗细、字体大小、行高和文字的字体等
color	用于指定文本的颜色
background	用于设置背景颜色、背景图片，包括排列方式、位置、是否固定等
text-align	用于指定文本的对齐方式
text-decoration	用于指定文本的显示样式，其属性值有 line-through（删除线）、overline（上画线）、underline（下画线）和 none（无效果）等
display	用于指定对象是否显示及如何显示，也就是设置对象的显示形式
position	用于指定对象的定位方式
float	用于指定对象是否浮动及如何浮动
clear	用于指定不允许有浮动对象的边，通常用于清除浮动效果
width	用于指定对象的宽度
height	用于指定对象的高度
list-style	用于指定项目符号的种类、指定图片作为项目符号和项目符号排列的位置
border	用于设置边框的宽度、边框的样式和边框的颜色。该属性可指定多个属性值，各属性值以空格分隔，没有先后顺序
margin	用于指定对象的外边距，也就是对象与对象之间的距离。该属性可指定上、右、下、左四个属性值，各属性值以空格分隔
padding	用于指定对象的内边距，也就是对象的内容与对象边框之间的距离。该属性可指定上、右、下、左四个属性值，各属性值以空格分隔

实例 2-6

实例 2-6　CSS 综合应用

本实例说明 CSS 在页面布局和页面效果上的综合应用，实例中采用链接外部样式，使用了三种选择符类型，结合 HTML5 语义元素和 CSS 浮动进行页面布局，浏览效果如图 2-11 所示。

图 2-11　实例 2-6 的浏览效果

源程序：css.html

```
<!DOCTYPE html>
<html lang="en">
<head>
    <meta charset="UTF-8">
    <title>港珠澳大桥</title>
    <link rel="stylesheet" href="styles/page.css">
</head>
<body>
<div id="wrap" >
    <header>
        <span id="title">港珠澳大桥</span>
    </header>
    <aside>
        <ul id="nav">
```

```
            <li><a href="#">建设历程</a></li>
            ……
            <li><a href="#">价值意义</a></li>
        </ul>
    </aside>
    <section>
        <p class="desc">
            <img src="images/bridge.png" alt="大桥图片">2018 年底，经过 6 年筹备、
            9 年建设，全长 55 公里的港珠澳大桥建成通车，……
        </p>
        <p class="desc">
            港珠澳大桥的建设创下多项世界之最，非常了不起，体现了一个国家逢山开路、
            遇水架桥的奋斗精神，体现了中国综合国力、自主创新能力，
            体现了勇创世界一流的民族志气。……
        </p>
    </section>
    <footer><div id="copyright">&copy;2022 信息分享小组</div></footer>
</div>
</body>
</html>
```

源程序：page.css

```
/*基础配置*/
*{margin:0;padding:0}
body{font-family:"Microsoft YaHei", "微软雅黑";font-size:14px;}
/*整体布局*/
#wrap {margin:0 auto; width:1080px;}
Header {height:100px; background:#1abc9c; margin-bottom:5px;
        position: relative;}
aside {float:left; width:200px;height:600px;background:#f2f2f2;}
section {float:right; width:875px; height:600px; background:#f2f2f2;
         margin-bottom: 5px;}
footer {clear:both; height:50px;background:#f2f2f2;text-align: center;}
/*页面效果*/
#title{position: absolute; top: 20px;left: 450px;font-size: 3em;color:#fff}
#nav{list-style: none;}
#nav li{margin: 15px 0 15px 45px;}
#nav li a{text-decoration: none;font-size: 1.3em;}
img{float: left;width: 350px;margin-right: 10px;}
.desc{text-indent: 2em; font-size: 1.2em; padding: 10px;}
#copyright{padding: 15px;}
```

操作步骤：

（1）右击 ch02 模块中的 webapp 文件夹，在弹出的快捷菜单中选择 New→HTML File 命令，输入文件名 css.html，按 Enter 键确认建立文件。

（2）右击 ch02 模块中的 webapp 文件夹，在弹出的快捷菜单中选择 New→Directory 命令，输入文件夹名 styles，按 Enter 键确认建立文件夹。

（3）右击 ch02 模块中的 styles 文件夹，在弹出的快捷菜单中选择 New→Stylesheet 命令，输入文件名 page.css，按 Enter 键确认建立文件。

（4）复制 bridge.png 图片文件并粘贴至 images 文件夹。

（5）在 css.html 文件中输入源代码。

（6）在 page.css 文件中输入源代码。

（7）在源代码视图中单击浏览器图标查看浏览效果。

程序说明：

- <link rel="stylesheet" href="styles/page.css">表示使用链接外部样式。
- 页面使用 HTML5 语义标记结合 CSS 中的浮动属性进行页面整体布局。

2.3 JavaScript 脚本语言

JavaScript 是网页中的一种脚本编程语言，被广泛用来开发支持用户交互并响应相应事件的网页。它还是一种通用的、跨平台的、基于对象和事件驱动并具有安全性的脚本语言。JavaScript 不需要进行编译，可以直接嵌入 HTML 页面中使用。在网站开发中，JavaScript 的应用场景有表单验证、动画效果和通过 Ajax 实现页面局部刷新等。

2.3.1 JavaScript 语言基础

JavaScript 语言基础包括基本语法、数据类型、变量等内容。

1. 基本语法

- 代码执行顺序。JavaScript 程序按照在 HTML 文件中出现的顺序逐行执行。通常建议将其编写在<body></body>标签内的最底部。
- 区分大小写。JavaScript 对字母大小写敏感，在输入语言的关键字、函数、变量以及其他标识符时，应严格区分字母的大小写。
- 分号。JavaScript 每行代码结尾可以加分号表示语句结束，也可以不加分号。
- 变量。JavaScript 变量是弱类型，在定义时使用 var 运算符可以将变量初始化为任意类型的值，在最新的规范中建议使用 let 代替 var。
- 注释。JavaScript 提供两种注释：以“//”开头的单行注释和以“/*”开头、以“*/”结尾的多行注释。

2. 数据类型

JavaScript 有 6 种数据类型，分别为数值型、字符串类型、布尔型、对象类型、空类型和未定义类型，如表 2-3 所示。

3. 变量

变量是指程序中一个已经命名的存储单元，其主要作用是为数据操作提供存放信息的

表 2-3　JavaScript 的数据类型

类　型	含　义	说　明
int	数值：整型	整数，可以为正数、负数或 0
float	数值：浮点型	浮点数，可以使用实数的普通形式或科学记数法表示
string	字符串类型	字符串，是用单引号或双引号括起来的一个或多个字符
boolean	布尔型	只有 true 或 false 两个值
object	对象类型	各种值组成的集合
null	空类型	没有任何值
undefined	未定义类型	指变量被创建，但未被赋值

容器。在 JavaScript 中，可以使用命令 var 声明变量，在最新的规范中推荐使用 let 声明变量，语法格式如下：

```
let number;
```

在声明变量的同时也可以对变量进行赋值，由于 JavaScript 采用弱类型形式，所以在声明变量时不必指定类型，变量的类型将根据赋值内容来确定。例如：

```
let number = 100;  //数值型
let str= "技术";    //字符型
```

变量的命名需遵循以下规则：必须以字母或者下画线开头，中间可以是数字、字母或下画线，但是不能有空格或者加号、减号等符号。

■ 2.3.2　JavaScript 流程控制语句

JavaScript 中提供了 if 条件判断、for 循环、while 循环、do…while 循环、break、continue 和 switch 多分支共 7 种流程控制语句。

1. if 条件判断语句

对变量或表达式进行判定并根据判定结果进行相应的处理，可以使用 if 语句，其语法格式如下：

```
if(条件表达式){
    语句序列 1;        //条件满足时执行
}else{
    语句序列 2;        //条件不满足时执行
}
```

2. for 循环语句

for 语句是广泛使用的循环语句。通常，for 语句使用一个变量作为计数器来执行循环的次数，这个变量就称为循环变量，其语法格式如下：

```
for(循环变量赋初值; 循环条件; 循环变量增值){
```

```
    循环体语句序列;
}
```

3. while 与 do…while 循环语句

while 语句是先判断条件表达式是否满足，满足时执行循环体语句，然后继续判断和执行直到条件表达式不满足而退出循环。其语法格式如下：

```
while(条件表达式){
    循环体语句序列;
}
```

do…while 循环语句与 while 语句的不同点在于其先执行再判断，do…while 循环语句的语法格式如下：

```
do{
    循环体语句序列;
} while(条件表达式);
```

4. break 与 continue 语句

break 语句用于退出包含在最内层的循环或者退出一个 switch 语句。下面案例中当 i 的值为 6 时执行 break 语句，退出 for 循环。循环体语句共执行了 5 次。

```
for(let i=1; i <= 10; i++){
    if(i==6) break;
    循环体语句序列;
}
```

continue 语句用于跳过本次循环体语句的执行，开始下一次循环。下面案例中当 i 的值为 6 时执行 continue 语句，跳过第 6 次循环体语句的执行，开始第 7 次循环。循环体语句共执行了 9 次。

```
for(let i=1; i <= 10; i++){
    if(i==6) continue;
     循环体语句序列;
}
```

5. switch 语句

switch 是典型的多路分支语句，其作用与嵌套使用 if 语句基本相同。switch 语句更具有可读性，而且允许在找不到一个匹配条件的情况下执行默认的一组语句，其语法格式如下：

```
switch(条件表达式){
    case 常数表达式 1 :          //判断"条件表达式的值"是否等于"常数表达式 1"
          语句序列 1;           //满足时：执行语句序列 1，遇到 break 语句结束 switch
          break;                //不满足时：跳转到下一个 case 继续判断执行
     case 常数表达式 2 :         //所有 case 都不满足时，执行 default 中的默认语句序列
```

```
        语句序列 2;
        break;
    ...
    default:
        默认语句序列;
        break;
}
```

■ 2.3.3　JavaScript 函数

JavaScript 中的函数可以分为定义和调用两部分。

1. 函数的定义

在 JavaScript 中，定义函数最常用的方法是通过 function 语句实现，其语法格式如下：

```
function functionName (parameter1, parameter2, …){   //参数可以是 0 个或者多个
   //函数体语句;
   return 函数返回值;           //return 语句不是必需的
}
```

2. 函数的调用

调用不带参数的函数，则使用函数名加上括号即可；调用带参数的函数，则在括号中加上需要传递的参数，包含多个参数时，各参数间用逗号分隔，其语法格式如下：

```
doSomeProcess(p1,p2);  //调用 doSomeProcess 函数，函数需要 2 个参数
let count = getCartCount(); //调用 getCartCount 函数，函数返回值赋值给 count 变量
```

■ 2.3.4　JavaScript 常用对象

JavaScript 提供了一些内部对象，下面介绍最常用的两个对象——String 和 window。

1. String 对象

String 对象是动态对象，需要在创建对象实例后才能引用它的属性和方法。在创建一个 String 对象变量时，可以使用 new 运算符来创建，也可以直接将字符串赋值给变量。例如，str = "keyword"与 str = new String("keyword")是等价的。String 对象的常用属性和方法如表 2-4 所示。

表 2-4　String 对象的常用属性和方法

属性或方法	说　明
length	用于返回 String 对象的长度
split(separator,limit)	用 separator 分隔符将字符串划分成子串并将其存储到数组中，如果指定了 limit，则数组限定为 limit 给定的数，separator 分隔符可以是多个字符或一个正则表达式，它不作为任何数组元素的一部分返回

续表

属性或方法	说　明
substr(start,length)	返回字符串中从 start 开始的 length 个字符的子字符串
substring(from,to)	返回以 from 开始、以 to 结束的子字符串
replace(searchValue,replaceValue)	将 searchValue 换成 replaceValue 并返回结果
charAt(index)	返回字符串对象中的指定索引号的字符组成的字符串，位置的有效值为 0 到字符串长度减 1 的数值。一个字符串的第一个字符的索引位置为 0。当指定的索引位置超出有效范围时，charAt 方法返回一个空字符串
toLowerCase()	返回一个字符串，该字符串中的所有字母都被转换为小写字母
toUpperCase()	返回一个字符串，该字符串中的所有字母都被转换为大写字母

2. window 对象

window 对象是网页的文档对象模型结构中最高级的对象，它处于对象层次的顶端，提供了用于控制浏览器窗口的属性和方法。window 对象的常用属性如表 2-5 所示。

表 2-5　window 对象的常用属性

属　性	说　明
location	用于代表窗口或框架的 Location 对象。将一个 URL 赋值给该属性，浏览器将加载并显示该 URL 指定的网页
history	对窗口 History 对象的只读引用
name	用于存放窗口的名字
status	一个可读写的字符，用于指定状态栏中的当前信息
parent	表示包含当前窗口的父窗口
opener	表示打开当前窗口的父窗口
closed	一个只读的布尔值，表示当前窗口是否关闭。当浏览器窗口关闭时，表示该窗口的 window 对象并不会消失，不过它的 closed 属性被设置为 true

window 对象的常用方法如表 2-6 所示。

表 2-6　window 对象的常用方法

方　法	说　明
alert()	显示一个警告对话框
confirm()	显示一个确认对话框，单击“确认”按钮时返回 true，否则返回 false
prompt()	显示一个提示对话框，并要求输入字符串
close()	关闭窗口
focus()	把输入的焦点赋予顶层浏览器窗口
open()	使窗口移到最前边并打开一个新窗口
setTimeout(timer)	在经过指定的时间（ms）后执行代码
clearTimeout()	取消对指定代码的延迟执行
resizeBy(offsetx,offsety)	按照指定的位移量，重新设置窗口的大小

续表

方　法	说　明
setInterval()	周期性执行指定的代码
clearInterval()	停止周期性地执行代码

实例 2-7　JavaScript 综合应用

本实例说明 JavaScript 的综合应用，页面中每隔 9s 切换一位共和国勋章获得者的介绍信息，浏览效果如图 2-12 所示。

图 2-12　javascript.html 的浏览效果

源程序：javascript.html

```
<!DOCTYPE html>
<html lang="en">
<head>
    <meta charset="UTF-8">
    <title>“共和国勋章”获得者</title>
    <link rel="stylesheet" href="styles/heros.css">
</head>
<body>
<article>
    <header>
        <span class="title">中华人民共和国“共和国勋章”获得者</span><span id=
"name">于敏</span><span class="title" id="title">中国“氢弹之父”、著名核物理学家
</span>
```

```
        </header>
        <section>
            <img id="photo" src="images/heros/photo0.png" alt="照片">
        </section>
        <footer id="desc">
            于敏，简介……
        </footer>
    </article>
    <script>
        let nameArray = ["于敏","申纪兰","孙家栋","李延年","张富清","袁隆平","黄旭华", "屠呦呦","钟南山"];
        let titleArray = ["中国“氢弹之父”、著名核物理学家","全国劳动模范、全国优秀共产党员","中国航天“大总师”、中国“人造卫星技术和深空探测技术的开创者”","为建立新中国、保卫新中国作出重大贡献的战斗英雄","西北野战军“特等功”获得者、战斗英雄","世界“杂交水稻之父”、中国工程院院士","中国“核潜艇之父”、核潜艇研究设计专家", "青蒿素研究开发中心主任、著名药学家","中国工程院院士、著名呼吸病学专家"];
        let descArray = ["于敏 简介……","申纪兰简介……","孙家栋简介……","李延年简介……","张富清简介……","袁隆平简介……","黄旭华简介……","屠呦呦简介……","钟南山简介……"]
        let index = 0;
        window.onload = function(){
            window.setInterval("show()",9000);
        }
        function show(){
            index = index % 9;
            document.getElementById("name").innerText = nameArray[index];
            document.getElementById("title").innerText = titleArray[index];
            document.getElementById("desc").innerText = descArray[index];
            let imgUrl = "images/heros/photo"+ index +".png";
            document.getElementById("photo").setAttribute("src",imgUrl);
            index ++;
        }
    </script>
    </body>
    </html>
```

源程序：heros.css

```
*{margin:0; padding:0}
body{font-family:"Microsoft YaHei", "微软雅黑";font-size:14px;}
article {margin:0 auto; width:800px;}
header {height:120px; background:rgb(236, 234, 234); text-align: center;}
header span {display: block; font-size: 30px; margin: 10px;}
header span.title { font-size: 1.3em; }
#photo {width: 300px;}
section {text-align: center; margin: 5px;}
footer {font-size: 1.5em; text-indent: 2em;
      background:rgb(236, 234, 234);padding: 15px 15px;}
```

操作步骤：

（1）右击 ch02 模块中的 webapp 文件夹，在弹出的快捷菜单中选择 New→HTML File 命令，输入文件名 javascript.html，按 Enter 键确认建立文件。

（2）右击 ch02 模块中的 styles 文件夹，在弹出的快捷菜单中选择 New→Stylesheet 命令，输入文件名 heros.css，按 Enter 键确认建立文件。

（3）右击 ch02 模块中的 images 文件夹，在弹出的快捷菜单中选择 New→Directory 命令，输入文件夹名 heros，按 Enter 键确认建立文件夹。

（4）复制 photo0.png、photo1.png、…、photo8.png 共 9 张图片文件并粘贴至 images/heros 文件夹。

（5）在 javascript.html 文件中输入源代码。

（6）在 heros.css 文件中输入源代码。

（7）在源代码视图中单击浏览器图标查看浏览效果。

程序说明：

- let descArray = [⋯] 行的代码因篇幅原因，数组中每位人物的简介用省略号表示，实例代码中应包含详细的文字描述。
- window.onload 行代码是当前页面文件在浏览器中加载完成时执行的。
- “window.setInterval("show()",9000);”表示每间隔 9s，执行一次 show 函数。
- “document.getElementById("name").innerText = nameArray[index];”表示设置属性 id 值为 name 的 HTML 元素的文本内容，以此达到切换显示姓名的目的。
- “document.getElementById("photo").setAttribute("src",imgUrl);”表示获取属性 id 值为 photo 的 HTML 元素，并设置它的 src 属性值为 imgUrl 变量，以此达到切换显示图片的目的。

2.4 jQuery

jQuery 由 John Resig 于 2006 年初创建，至今已吸引了来自世界各地的众多 JavaScript 高手加入。作为一个优秀的 JavaScript 框架，它通过提供 JavaScript 库的形式，使用户能非常方便地访问和管理（包括插入、修改、删除等操作）HTML 元素，设置 HTML 元素的 CSS 样式，处理 HTML 元素的事件，实现 HTML 元素的动画特效，为网站提供 Ajax 交互。它支持 HTML5 和 CSS3，提供的 jQuery Mobile 可以方便地用于智能手机和平板电脑的 Web 应用程序开发。

在页面中，要使用 jQuery 提供的 JavaScript 库，需要在页面的<head>元素中添加相应的引用，示例代码如下。

```
<script src="scripts/jquery-3.6.0.min.js"></script>
```

其中，jquery-3.6.0.min.js 需要根据实际安装的 jQuery 版本号进行相应的改变，引用的路径需要由引用页面的存储位置来确定。

■ 2.4.1 jQuery 基础语法

jQuery 的基础语法格式为：$(selector).action()。其中，selector 用于选择浏览器对象（如表示浏览器窗口的 window 对象，表示 HTML 文档的 document 对象等），也可以用于选择 HTML 元素；action()通过调用 jQuery 已定义的方法或编写自定义方法，对选择的对象执行具体的操作。

常用的用于选择 HTML 元素的 jQuery 选择器如表 2-7 所示。

表 2-7 常用的 jQuery 选择器

选 择 器	示 例	示 例 含 义
*选择器	$("*")	选择所有元素
元素选择器	$("p")	选择所有<p>元素
属性选择器	$("[attr]")	选择所有包含 attr 属性的元素
	$("[attr ='val']")	选择所有 attr 属性的值等于 val 的元素
	$("[attr!='val']")	选择所有 attr 属性的值不等于 val 的元素
类选择器	$(".intro")	选择所有 class="intro"的元素
id 选择器	$("#menubar")	选择 id="menubar"的元素
first 选择器	$("p:first")	选择第一个<p>元素
contains 选择器	$(":contains('W3C')")	选择包含指定字符串 W3C 的所有元素

常用的 jQuery 方法如表 2-8 所示。

表 2-8 常用的 jQuery 方法

方 法	含 义
attr()	设置或返回被选择元素的属性和值
bind()	向被选择的元素添加事件处理代码
click()	触发或将函数绑定到被选择元素的 click 事件
css()	设置或返回被选择元素的样式属性
fadeIn()	从隐藏到可见，逐渐地改变被选择元素的不透明度
fadeOut()	从可见到隐藏，逐渐地改变被选择元素的不透明度
fadeToggle()	对被选择元素进行隐藏和显示的切换
hide()	隐藏被选择的元素
jQuery.ajax()	执行异步 HTTP（Ajax）请求，常用于实现页面的局部刷新
load()	触发或将函数绑定到被选择元素的 load 事件
mouseout()	触发或将函数绑定到被选择元素的 mouseout 事件
mouseover()	触发或将函数绑定到被选择元素的 mouseover 事件
ready()	在 HTML 文档就绪时触发 ready 事件，然后执行定义的函数
text()	设置或返回被选择元素的内容

■ 2.4.2　jQuery 运用实例

实例 2-8

实例 2-8　利用 jQuery 管理 HTML 元素

如图 2-13 所示，单击“隐藏”按钮，将隐藏阴影部分内容；单击“显示”按钮，将显示阴影部分内容；单击“淡入或淡出”按钮，将淡入或淡出阴影部分内容；单击“更改内容”按钮，将阴影部分的内容改为“我的内容被更改了！”；单击“更改样式”按钮，将页面中所有元素的背景色改为黄色，字体改为隶书。

图 2-13　jquery01.html 的浏览效果

源程序：jquery01.html

```
<!DOCTYPE html>
<html lang="en">
<head>
    <meta charset="UTF-8">
    <title>利用 jQuery 管理 HTML 元素</title>
    <script src="scripts/jquery-3.6.0.min.js"></script>
    <style>
        div{text-align: center;}
        span{border: 1px solid #ccc; margin: 5px;}
        #show,#chgText{color: #008080;}
        #effect{background-color: #dcdcdc}
    </style>
</head>
<body>
<div>
    <span id="hide">隐藏</span><span id="show">显示</span>
    <span class="flip">淡入或淡出</span><span id="chgText">更改内容</span>
    <span id="chgCss">更改样式</span>
</div>
<div id="effect">单击“隐藏”我就消失；单击“显示”我就回来，单击“淡入或淡出”我就淡入或淡出。</div>

<script type="text/javascript">
    $(document).ready(function () {
        $("#hide").click(function () {
            $("#effect").hide();
        });
        $("#show").click(function () {
            $("#effect").show();
```

```
        });
        $(".flip").click(function () {
            $("#effect").fadeToggle();
        });
        $("#chgText").click(function () {
            $("#effect").text("我的内容被更改了！");
        });
        $("#chgCss").click(function () {
            $("*").css({ "background-color": "#ccc", "font-family": "隶书" });
        });
    });
</script>
</body>
</html>
```

操作步骤：

（1）右击 ch02 模块中的 webapp 文件夹，在弹出的快捷菜单中选择 New→HTML File 命令，输入文件名 jquery01.html，按 Enter 键确认建立文件。

（2）右击 ch02 模块中的 webapp 文件夹，在弹出的快捷菜单中选择 New→Directory 命令，输入文件夹名 scripts，按 Enter 键确认建立文件夹。

（3）复制 jquery-3.6.0.min.js 文件并粘贴至 scripts 文件夹。

（4）在 jquery01.html 文件中输入源代码。

（5）在 jquery01.html 代码视图中单击浏览器图标查看浏览效果。

程序说明：

当页面文档在浏览器中加载完毕时，将触发 ready 事件，并执行自定义的函数代码，具体如下。

（1）设置 id 属性值为 hide 的元素的 click 事件处理代码，该代码将隐藏 id 属性值为 effect 的元素。

（2）设置 id 属性值为 show 的元素的 click 事件处理代码，该代码将显示 id 属性值为 effect 的元素。

（3）设置 class 属性值为 flip 的元素的 click 事件处理代码，该代码将淡入或淡出 id 属性值为 effect 的元素。

（4）设置 id 属性值为 chgText 的元素的 click 事件处理代码，该代码将 id 属性值为 effect 的元素的呈现内容改为“我的内容被更改了！”。

（5）设置 id 属性值为 chgCss 的元素的 click 事件处理代码，该代码将所有元素的背景色改为灰色，字体改为隶书。

实例 2-9

实例 2-9　利用 jQuery 的 ajax 方法实现局部刷新

本实例利用 jQuery 和 JavaScript 设计一个时钟，其中时间数据来源于服务器端，具体的浏览效果如图 2-14 所示。

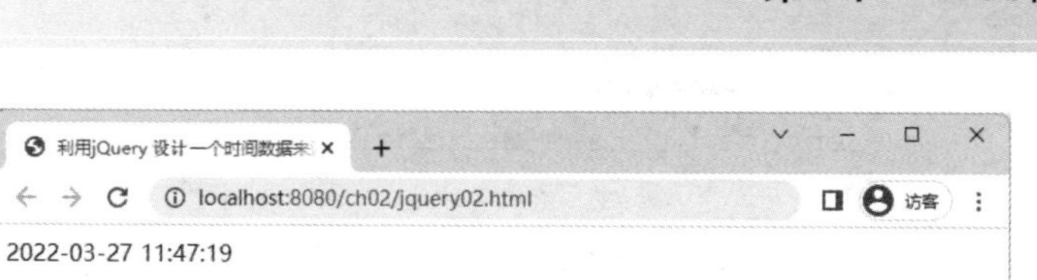

图 2-14 jquery02.html 的浏览效果

源程序：jquery02.html

```
<!DOCTYPE html>
<html lang="en">
<head>
    <meta charset="UTF-8">
    <title>利用 jQuery 设计一个时间数据来源于服务器端的时钟</title>
    <script src="scripts/jquery-3.6.0.min.js"></script>
</head>
<body>
    <div id="divMsg"></div>
    <script>
        $(document).ready(function (){
            setInterval("refresh()", 500); //每 500ms 即重复调用一次 refresh 函数
        });
        function refresh() {
            $.ajax({
                method: "post",
                url: "TimeServlet",  //发送异步请求的目标 url
                success: function (returnData){ //returnData 为服务器端返回内容
                    //设置 div 层 divMsg 的呈现内容为服务器端输出的系统时间
                    $("#divMsg").text(returnData);
                }
            });
        }
    </script>
</body>
</html>
```

源程序：TimeServlet.java

```
package com.example.ch02;
import javax.servlet.*;
import javax.servlet.http.*;
import javax.servlet.annotation.*;
import java.io.IOException;
import java.io.PrintWriter;
import java.text.SimpleDateFormat;
import java.util.Date;
@WebServlet("/TimeServlet")
public class TimeServlet extends HttpServlet {
    @Override
    protected void doGet(HttpServletRequest request, HttpServletResponse
```

```
            response) throws ServletException, IOException {   }
    @Override
    protected void doPost(HttpServletRequest request, HttpServletResponse
            response) throws ServletException, IOException {
        Date date = new Date();
        SimpleDateFormat sd = new SimpleDateFormat("yyyy-MM-dd HH:mm:ss");
        String formatTimeStr = sd.format(date);
        PrintWriter out = response.getWriter();
        out.print(formatTimeStr); //向请求端响应输出格式化时间字符串
    }
}
```

（1）右击 ch02 模块中的 webapp 文件夹，在弹出的快捷菜单中选择 New→HTML File 命令，输入文件名 jquery02.html，按 Enter 键确认建立文件。

（2）右击 ch02 模块中的 webapp 文件夹，在弹出的快捷菜单中选择 New→Directory 命令，输入文件夹名 scripts，按 Enter 键确认建立文件夹。

（3）复制 jquery-3.6.0.min.js 文件并粘贴至 scripts 文件夹。

（4）右击 com.example.ch02 包，在弹出的快捷菜单中选择 New→Servlet 命令，然后输入名称 TimeServlet.java，按 Enter 键确认建立文件。

（5）在 jquery02.html 文件中输入源代码。

（6）在 TimeServlet.java 文件中输入源代码。

（7）在 IDEA 运行工具栏中选择配置 Tomcat，如图 2-15 所示。

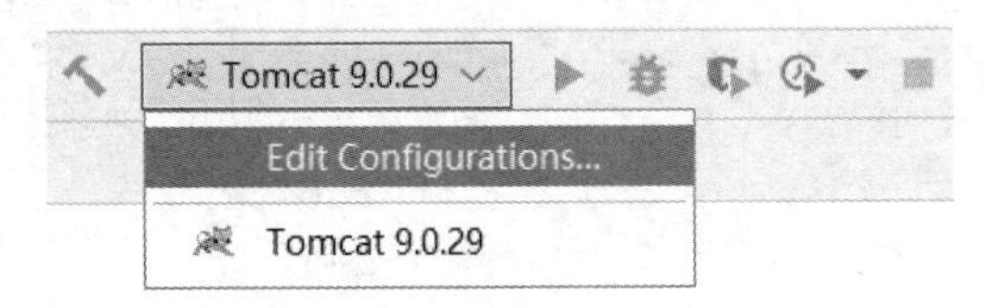

图 2-15　选择配置 Tomcat

（8）在 Run/Debug Configurations 对话框中选择 Deployment 选项卡，单击“+”按钮，选择 Artifact 选项，在下拉列表框中选择 ch02:war exploded 选项，单击 OK 按钮，最后修改 Application context（应用上下文）为“/ch02”。单击 OK 按钮，完成网站部署。配置界面如图 2-16 所示。

（9）单击运行工具栏中的 ▶ 按钮，启动 Tomcat。

（10）在 jquery02.html 代码视图中单击浏览器图标查看浏览效果。

程序说明：

（1）本实例包含服务器端代码 TimeServlet.java，所以需要把 ch02 模块网站部署到 Tomcat，并且先启动运行 Tomcat 才能查看浏览效果。

（2）当页面文档在浏览器中加载完毕时，将触发 ready 事件，执行 setInterval 方法。该函数每隔 500ms 即重复调用一次 refresh 函数，在 refresh 函数中通过$.ajax 方法发送异步请求，当成功接收到 TimeServlet 的响应输出时，在页面上显示接收到的服务器端系统时间。

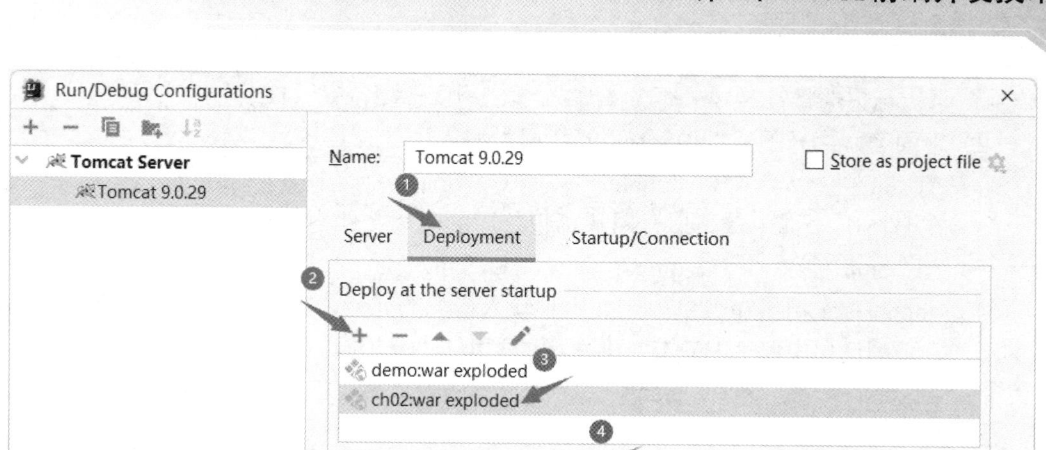

图 2-16　部署 ch02 模块网站

2.5 小结

本章主要介绍 Web 前端开发技术，包括 HTML 标记语言、CSS 样式表和 JavaScript 脚本语言。Web 前端开发技术编写的网页由浏览器解释执行。CSS 样式表能美化页面显示效果，使网站保持统一风格。JavaScript 能实现网页的用户交互功能。jQuery 是一个优秀 JavaScript 框架，能非常方便地控制和管理 HTML 元素，实现 HTML 元素的动画效果，通过 Ajax 请求还能实现页面局部刷新效果。

2.6 习题

1．填空题

（1）HTML5 文件的基本结构包含________、根元素、________和主体元素。

（2）在 HTML 页面中，空格字符的表示代码为________。

（3）在 HTML 页面中，文字列表中的每一个列表项以________标记表示。

（4）<form>标记用于在页面中定义表单，其主要属性有________和________。

（5）<select>标记中增加________和________属性后可以多选。

（6）在 HTML 页面中，实现表格的主要标记有<table>、<tr>、<th>和________。

（7）在页面中使用 CSS 样式，有 4 种方法，即________、________、链接外部样式和导入外部样式。

（8）在 CSS 样式表中包含 3 部分内容：________、属性名和属性值。

2．选择题

（1）CSS 选择符不包括（　　）。

A．标记选择符　B．类选择符　C．ID 选择符　D．文件选择符

（2）下面（　　）不是 JavaScript 的数据类型。

A．int　B．double　C．float　D．string

（3）在 HTML 页面中，不适合图片标记使用的图片文件格式有（　　）。

A．.bmp　B．.png　C．.jpg　D．.gif

（4）<input>标记用于在表单内定义用户输入信息的元素，其 type 属性用于指定输入元素的形式，下列选项中属于 HTML5 中新增的类型是（　　）。

A．text　B．email　C．checkbox　D．radio

（5）首行缩进 2 字符的样式代码可以是（　　）。

A．left: 2em　B．text-indent: 2 字符

C．text-indent: 2em　D．left: 2 字符

3．简答题

（1）简要说明 CSS3 的用途。

（2）简述超链接标记的 href 属性指定超链接地址时，绝对路径和相对路径的区别。

（3）简述表单中各类输入项元素和选择项元素的特点以及应用场合。

（4）简述 jQuery 的特点。

4．上机操作题

（1）建立并测试本章的所有实例。

（2）查找资料，实现一个展示我国航空母舰的静态页面，要求使用外部样式表。

（3）查找资料，实现一个大学生课外活动调查的表单页面。

第3章 Servlet基础

本章要点：

- 能知道 Servlet 的历史发展和特点。
- 能理解 Servlet 的生命周期和运行过程。
- 会编写 Servlet 代码。
- 会使用 Servlet 开发 Web 网站。
- 会部署 Servlet 到 Web 服务器 Tomcat。

3.1 Servlet 概述

在 Servlet 出现之前，Web 服务器通过 CGI 技术与客户端进行交互。具体实现时，需要使用 Perl、Shell Script 或 C 语言编写 CGI 程序，再部署到 Web 服务器，从而使 Web 服务器能处理来自客户端网页表单的输入信息并将处理后的信息反馈给客户端。但是，CGI 技术存在很多缺点，主要如下。

- CGI 程序开发比较困难。要求开发人员具备处理参数传递的能力，需要开发经验。
- CGI 程序不可移植。为某一特定平台编写的 CGI 程序只能运行于该特定平台中。
- CGI 程序内存和 CPU 开销大，而且在同一进程中不能服务多个客户。因为每个 CGI 程序存在于一个由客户端请求激活的 Web 服务器进程中，并且在请求完成后被卸载。

随着 Java 语言的广泛使用，Servlet 迅速成为动态网站的主要开发技术。实际上，Servlet 可以定义为一种基于 Java 技术的 Web 组件，用来扩展以请求和响应为模型的 Web 服务的能力。它是一种独立于平台和协议的服务器端的 Java 应用程序，与传统的从命令行启动的 Java 应用程序不同，Servlet 本身没有 main 方法，不是由用户或开发人员调用的，而是由另外一个应用程序——Servlet 容器调用和管理的。其中，Servlet 容器又称为引擎，承担着运行环境的作用，管理和维护所有 Servlet 的完整生命周期，并将所有的 Servlet 编译成字节码从而生成动态的内容以供 Web 请求调用。

本书使用 Tomcat 作为运行 Java Web 网站的服务器，也就是说，Tomcat 是 Servlet 容器，也是 Servlet 的运行环境。具体运行时，Tomcat 负责把客户端的请求传递给 Servlet，并把处理结果返回给客户端。当多个客户端请求同一个 Servlet 时，Tomcat 将处理这些并发问题并负责为每个客户端启动一个线程，之后，这些线程的运行和销毁由 Tomcat 负责。

相比于 CGI 技术，Servlet 具有以下特点。

- 高效。在服务器上仅有一个 Java 虚拟机在运行，其优势在于当多个来自客户端的请求访问时，Servlet 为每个请求分配一个线程，而不是进程。
- 方便。Servlet 提供了大量的实用程序，如处理复杂的 HTML 表单数据、读取和设置 HTTP 头，以及处理 Cookie 和跟踪会话等。
- 跨平台。Servlet 用 Java 语言编写，可以在不同操作系统平台和不同应用服务器平台运行。
- 功能强大。在 Servlet 中，许多使用传统 CGI 程序很难完成的任务都可以轻松地完成。例如，Servlet 能够直接和 Web 服务器交互，而 CGI 程序一般不能实现。Servlet 还能够在各个程序之间共享数据，使得数据库连接池之类的功能很容易实现。
- 灵活性和可扩展性强。采用 Servlet 开发的 Web 应用具备 Java 的面向对象特性，因此应用灵活，可扩展性强。

3.2 Servlet 的生命周期与运行过程

Servlet 运行在 Web 服务器的 Servlet 容器里，容器根据 Servlet 的规范，执行 Servlet 对象的初始化、运行和卸载等动作。Servlet 在容器中从创建、初始化、执行到卸载的过程被称为 Servlet 的生命周期。

（1）当客户端第一次请求 Servlet 时，容器加载开发人员编写的 HttpServlet 类。在 Java Web 网站开发过程中，开发人员编写 Servlet 代码一般直接继承 javax.servlet.http 包中的 HttpServlet 类。

（2）Servlet 容器根据客户端请求创建 HttpServlet 对象实例，并把这些实例加入 HttpServlet 实例池中。

（3）Servlet 容器调用 HttpServlet 的初始化方法 init，完成初始化。

（4）Servlet 容器创建一个 HttpServletRequest 对象实例和一个 HttpServletResponse 对象实例。HttpServletRequest 对象实例封装了客户端的 HTTP 请求信息，而 HttpServletResponse 对象实例是一个新实例。

（5）Servlet 容器把 HttpServletRequest 对象实例和 HttpServletResponse 对象实例传递给 HttpServlet 的执行方法 service。service 方法可被多次请求调用，各调用过程运行在不同的线程中，互不干扰。

（6）HttpServlet 对象实例在执行 service 方法时，通常从 HttpServletRequest 对象读取 HTTP 请求数据，访问来自 HttpSession 或 Cookie 对象的状态信息，执行特定应用的处理并且用 HttpServletResponse 对象生成 HTTP 响应数据。

（7）当 Servlet 容器关闭时会自动调用 HttpServlet 对象实例的 destroy 方法，释放运行时占用的资源。

从图 3-1 中可以看出，当多个客户端请求同一个 Servlet 时，Servlet 容器为每个客户请求启动一个线程。init 方法只在 Servlet 第一次被请求加载时调用一次，当该 Servlet 再次被客户端请求时，Servlet 容器将启动一个新的线程，在该线程中调用 service 方法响应客户端请求。在 Servlet 生命周期的各个阶段中，执行 service 方法时是真正处理业务的阶段，所以开发人员在编写 Servlet 相关代码时，主要在这个方法中编写代码实现业务功能。

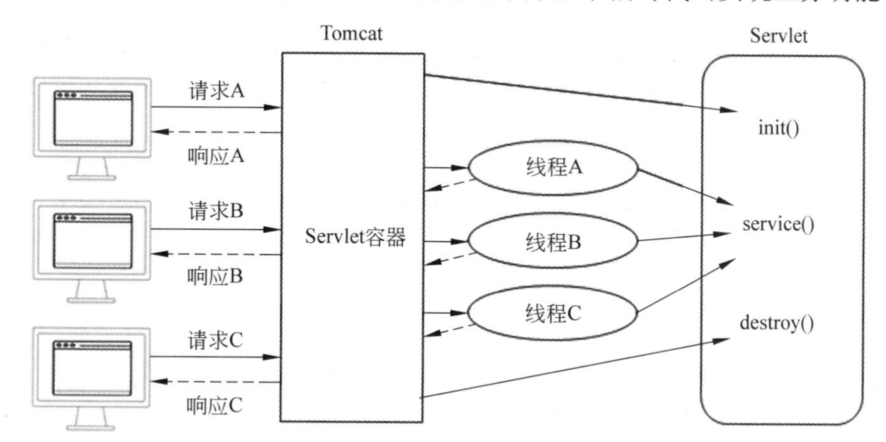

图 3-1 Servlet 的生命周期与运行过程

3.3 开发第一个 Servlet

开发编写 Servlet 类的方式是继承 javax.servlet.http 包中的 HttpServlet 类，应在 service 方法中编写代码响应请求。但是 HttpServlet 类中的 service 方法已经实现，部分源代码如下。

源程序：HttpServlet 类中 service 方法的部分代码

```
protected void service(HttpServletRequest req, HttpServletResponse resp)
      throws ServletException, IOException
   {
      String method = req.getMethod();
      if (method.equals(METHOD_GET)) {    //若为 Get 请求
         long lastModified = getLastModified(req);
         if (lastModified == -1) {
            doGet(req, resp);
         } else {
            long ifModifiedSince = req.getDateHeader(HEADER_IFMODSINCE);
            if (ifModifiedSince < lastModified) {
               maybeSetLastModified(resp, lastModified);
               doGet(req, resp);
            } else {
               resp.setStatus(HttpServletResponse.SC_NOT_MODIFIED);
            }
         }

      } else if (method.equals(METHOD_POST)) {    //若为 Post 请求
```

```
        doPost(req, resp);
    } else { //若为其他请求
        …
    }
}
```

从上述源代码中可知，service方法根据请求的类型Get、Post等，调用相应的方法doGet、doPost等，所以开发人员实际编写Servlet类时，只要实现doGet、doPost等方法即可。

实例 3-1

实例 3-1　第一个 Servlet 程序

本实例利用Servlet的doGet方法实现在页面上输出节能环保的提示信息。

源程序：FirstServlet.java

```
package com.example.ch03;
import javax.servlet.*;
import javax.servlet.http.*;
import javax.servlet.annotation.*;
import java.io.IOException;
import java.io.PrintWriter;
@WebServlet("/FirstServlet")
public class FirstServlet extends HttpServlet {
    @Override
    protected void doGet(HttpServletRequest request,
                         HttpServletResponse response)
            throws ServletException, IOException {
        response.setContentType("text/html");
        response.setCharacterEncoding("UTF-8");
        PrintWriter out = response.getWriter();
        out.println("<html><body>");
        out.println("<h3>节能环保 tips：空调设置温度：" +
                    "夏季不得低于 26℃；冬季不得高于 20℃。</h3>");
        out.println("</body></html>");
    }
    @Override
    protected void doPost(HttpServletRequest request,
                          HttpServletResponse response)
            throws ServletException, IOException {
        doGet(request, response);
    }
}
```

操作步骤：

（1）在Book项目中创建ch03模块。右击Book项目名称，在弹出的快捷菜单中选择New→Module命令，在弹出的对话框中选择模块类型为Java Enterprise，设置模块名称为ch03、位置为D:\ideaProj\Book\ch03，选择模块结构为Web application，选择应用服务器为Tomcat 9.0.29，然后单击Next按钮，在弹出的对话框中单击Finish按钮，ch03模块建立完成。

（2）右击com.example. ch03包，在弹出的快捷菜单中选择New→Servlet命令，然后输入名称 FirstServlet，按 Enter 键确认建立文件，项目文件结构如图 3-2 所示。

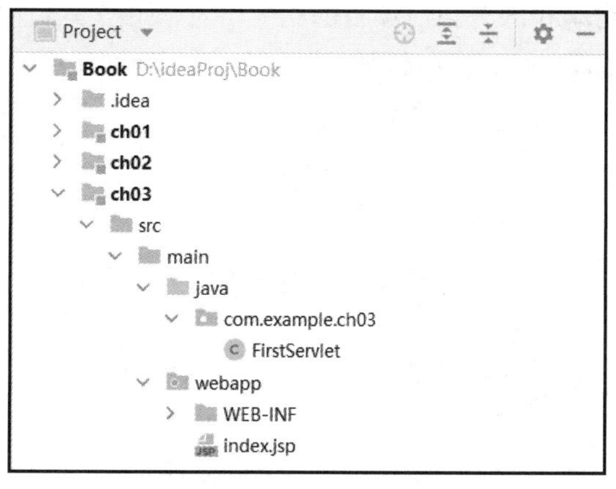

图 3-2　项目文件的结构图

（3）在 FirstServlet.java 文件中输入源代码。

（4）单击运行工具条，选择 Edit Configurations，如图 3-3 所示。

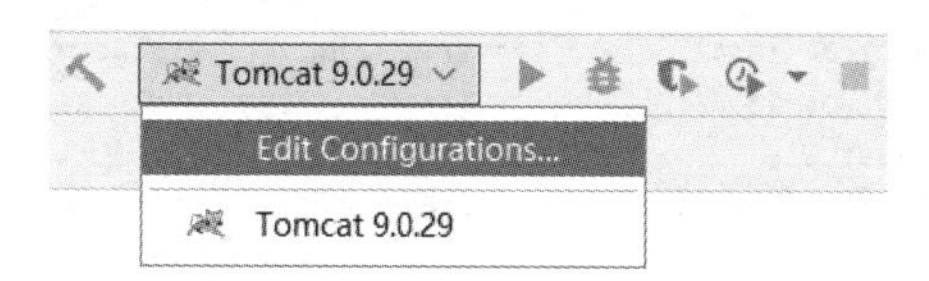

图 3-3　选择配置 Tomcat

（5）在 Run/Debug Configurations 对话框中选择 Deployment 选项卡，单击“+”按钮，选择 Artifact 选项，在下拉列表中选择 ch03:war exploded，单击 OK 按钮，最后修改 Application context 为“/ch03”。单击 OK 按钮，完成 ch03 模块网站在 Tomcat 中的部署。配置界面如图 3-4 所示。

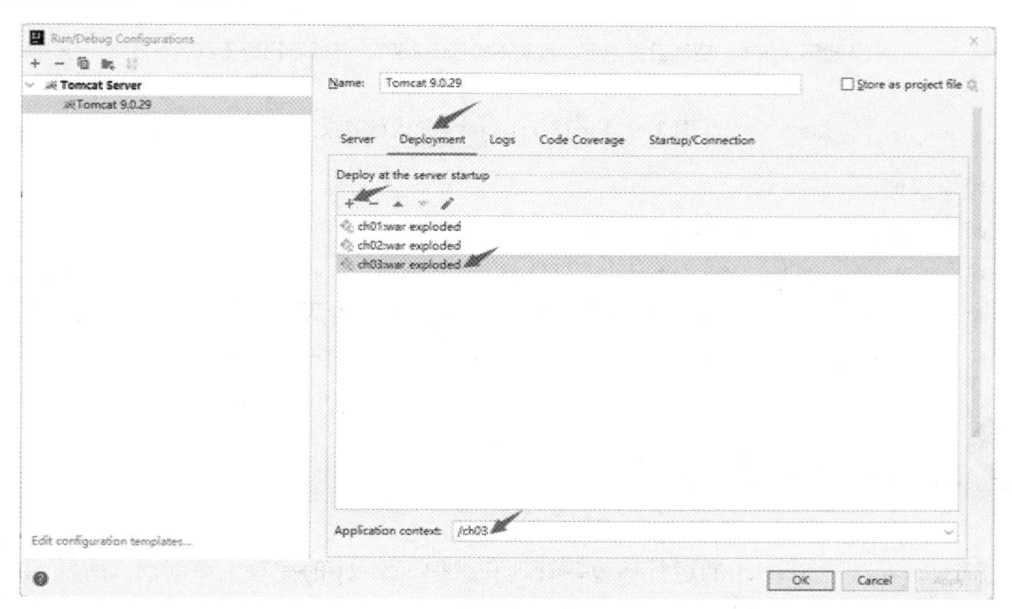

图 3-4　部署 ch03 模块网站

（6）单击运行工具栏中的“运行”按钮 ▶，启动 Tomcat。Tomcat 在启动时，IDEA 界面中将输出 Tomcat 启动和部署当前项目的相关信息，如图 3-5 所示。其中①表示 Tomcat 耗时 32ms 完成启动；②表示当前项目已经成功部署到 Tomcat 中。

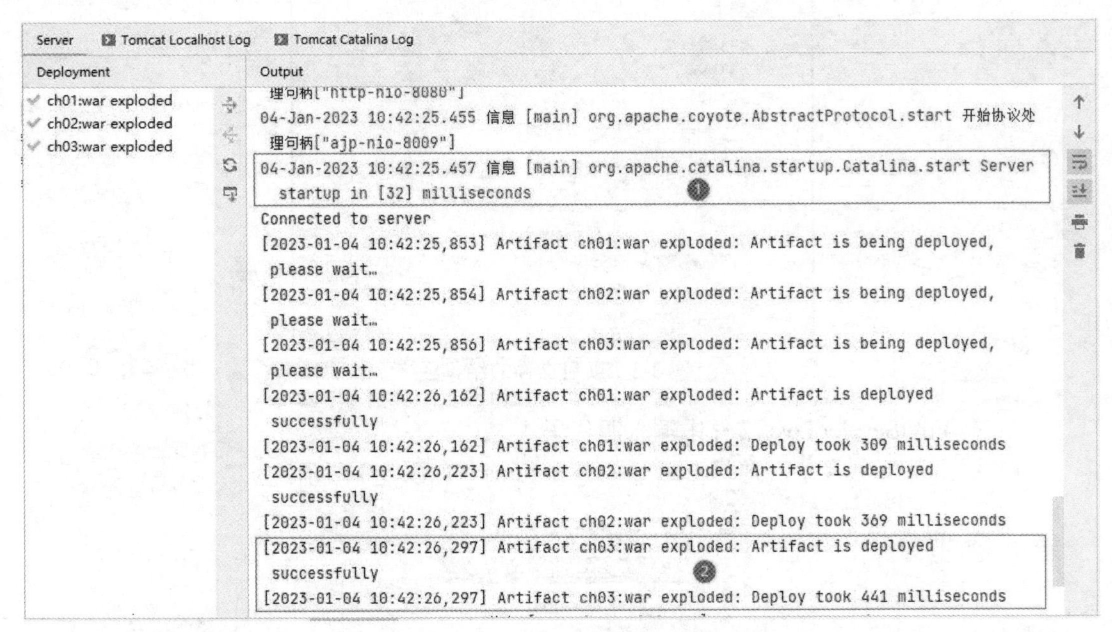

图 3-5　Tomcat 启动时的提示信息

（7）在浏览器地址栏中输入网址 http://localhost:8080/ch03/FirstServlet，查看运行效果，如图 3-6 所示。

图 3-6　FirstServlet.java 的运行效果

程序说明：

- “response.setContentType("text/html");”表示响应内容格式为 HTML 文本。
- “response.setCharacterEncoding("UTF-8");”表示响应内容语言编码字符集为 UTF-8。
- 在 Servlet 直接输出 HTML 页面信息，必须执行上述两行代码。
- “操作步骤”中的（4）（5）两步，仅需要在 ch03 模块网站第一次运行时设置。

3.4 Servlet 的部署方法

Servlet 容器是 Servlet 的运行环境，管理和维护 Servlet 的完整生命周期，所以 Servlet 必须要部署到 Servlet 容器中，才能运行起来处理客户端请求。Servlet 的部署方法有两种：

一种是通过 web.xml 部署；另一种是通过注解部署。

■ 3.4.1 通过 web.xml 部署 Servlet

在 IDEA 开发工具中创建 Web Application 项目时，会自动创建 webapp 和 WEB-INF 文件夹。webapp 是本项目 Web 站点的根节点，用于存放 html、jsp、css、js、jpg 等类型资源文件，WEB-INF 中包含 Web 站点的配置文件 web.xml。

实例 3-2 通过 web.xml 部署 Servlet

实例 3-2

本实例利用 web.xml 文件设置 Servlet 的配置信息。

源程序：DeployServlet.java

```
package com.example.ch03;
import javax.servlet.*;
import javax.servlet.http.*;
import java.io.IOException;
import java.io.PrintWriter;
public class DeployServlet extends HttpServlet {
    @Override
    protected void doGet(HttpServletRequest request,
                         HttpServletResponse response)
            throws ServletException, IOException {
        response.setContentType("text/html");
        response.setCharacterEncoding("utf-8");
        PrintWriter out = response.getWriter();
        out.println("<html><body>");
        out.println("<h3>节能环保 tips: 节能减排靠大家;低碳生活一同享。</h3>");
        out.println("</body></html>");
    }
    @Override
    protected void doPost(HttpServletRequest request,
                          HttpServletResponse response)
            throws ServletException, IOException {
        doGet(request, response);
    }
}
```

源程序：web.xml 文件代码

```
<?xml version="1.0" encoding="UTF-8"?>
<web-app xmlns="http://xmlns.jcp.org/xml/ns/javaee"
         xmlns:xsi="http://www.w3.org/2001/XMLSchema-instance"
         xsi:schemaLocation="http://xmlns.jcp.org/xml/ns/javaee
              http://xmlns.jcp.org/xml/ns/javaee/web-app_4_0.xsd"
         version="4.0">
    <servlet>
        <servlet-name> DeployServlet</servlet-name>
        <servlet-class>com.example.ch03.DeployServlet</servlet-class>
```

```
        <init-param>
            <param-name>count</param-name>
            <param-value>100</param-value>
        </init-param>
        <load-on-startup>5</load-on-startup>
    </servlet>
    <servlet-mapping>
        <servlet-name>DeployServlet</servlet-name>
        <url-pattern>/DeployServlet</url-pattern>
    </servlet-mapping>
</web-app>
```

操作步骤：

（1）右击 com.example.ch03 包，在弹出的快捷菜单中选择 New→Servlet 命令，然后输入名称 DeployServlet，按 Enter 键确认建立文件。

（2）在 DeployServlet.java 文件中输入源代码，务必删除@WebServlet 所在行的代码。

（3）在 webapp\WEB-INF\web.xml 文件中输入源代码。

（4）单击运行工具栏中的“运行”按钮 ▶，启动 Tomcat。

（5）在浏览器地址栏中输入网址 http://localhost:8080/ch03/DeployServlet，查看运行效果，如图 3-7 所示。

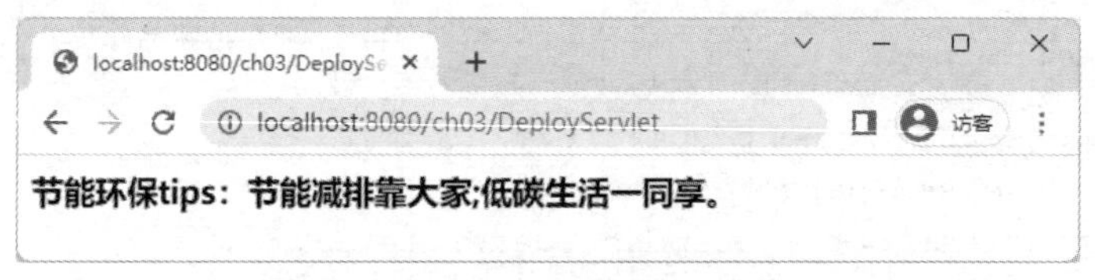

图 3-7　实例 3-2 的运行效果

程序说明：

- 删除@WebServlet所在行的代码，是因为开发工具创建的Servlet文件默认包含注解，而本实例是通过 web.xml 部署 Servlet，所以需要删除注解。
- <web-app>标记。XML 文件中必须有一个根标记，web.xml 的根标记是<web-app>。
- <servlet>标记。可以配置多个不同名称的<servlet>标记。<servlet>标记中有四个子标记：①<scrvlet-name>子标记的内容是Tomcat创建Servlet对象的名字，不能重名；②<servlet-class>子标记的内容是指定 Tomcat 用什么类来创建 Servlet 对象；③<load-on-startup>子标记的内容是正整数或者 0 时，表示 Tomcat 在启动时就加载并初始化这个 Servlet，值越小就越先被加载，如果不指定或者为负整数则在客户端第一次请求时再加载；④<init-param>子标记内容是参数初始值，在 Servlet 的 init 方法内通过 getInitParameter 方法读取。
- <servlet-mapping>标记。需要与<servlet>标记成对使用。<servlet-mapping>中有两个子标记：①<servlet-name>子标记必须与对应<servlet>标记中的<servlet-name>内容相同；②<url-pattern>子标记用来指定客户端请求 Servlet 模式，即访问 Servlet 的 URL。例如，若<url-pattern>子标记的内容是“/SecondServlet”，那么客户端浏览器请求访问时在地址栏中输入的 URL 内容应为 http://localhost:8080/ch03/SecondServlet。

3.4.2 通过注解方式部署 Servlet

Servlet 3.0 版本包含注解（Annotation）新特性，提供了更加便利的部署方式，简化了开发流程。本书中采用的开发环境为 JDK8 与 Tomcat9，支持 Servlet 4.0 版本，所以在 IDEA 开发工具中新建的 Servlet 默认使用注解方式部署 Servlet。本书后续的实例都采用注解方式部署 Servlet。

@WebServlet 注解将继承于 javax.servlet.http.HttpServlet 的类标注为可以处理用户请求的 Servlet。Tomcat 根据注解的具体属性配置将相应的类部署为 Servlet。该注解具有表 3-1 给出的常用属性。表中的属性均为可选属性，但是 value 属性或者 urlPatterns 属性是必需的，且二者不能共存，如果同时指定则忽略 value 属性。

表 3-1 注解@WebServlet 的属性

属 性 名	类 型	描 述
name	String	Servlet 的名称，等价于<servlet-name>。没有显式指定则默认值为全类名（包含包名和类名）
urlPatterns	String[]	访问 Servlet 的 URL，指定一组 Servlet 的 URL。等价于<url-patterm>标签
value	String[]	访问 Servlet 的 URL，等价于 urlPatterns 属性
loadOnStartup	int	Servlet 的加载优先级，等价于<load-on-startup>标签
initParams	String	Servlet 的初始化参数，指定一组 Servlet 初始化参数，等价于<init-param>标签

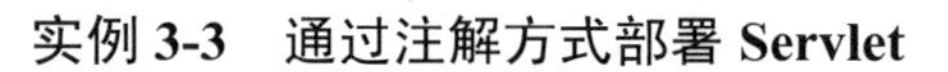

实例 3-3 通过注解方式部署 Servlet

实例 3-3

本实例利用@WebServlet 注解在 Tomcat 中部署 Servlet。

源程序：AnnotationServlet.java 的部分代码

```
@WebServlet( name="AnnotationServlet",
            value="/AnnotationServlet",
            initParams = {@WebInitParam(name="count", value = "100")},
            loadOnStartup =5)
public class AnnotationServlet extends HttpServlet {
    @Override
    protected void doGet(HttpServletRequest request,
      HttpServletResponse response) throws ServletException, IOException {
        response.setContentType("text/html");
        response.setCharacterEncoding("utf-8");
        PrintWriter out = response.getWriter();
        out.println("<html><body>");
        out.println("<h3>节约粮食 tips：向舌尖上的浪费说不，向光盘的您看齐。</h3>");
        out.println("</body></html>");
    }
}
```

操作步骤：

（1）右击 com.example.ch03 包，在弹出的快捷菜单中选择 New→Servlet 命令，然后输

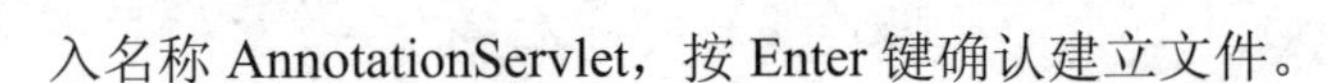

入名称 AnnotationServlet，按 Enter 键确认建立文件。

（2）在 AnnotationServlet.java 文件中输入源代码。

（3）单击运行工具栏中的“运行”按钮 ▶，启动 Tomcat。

（4）在浏览器中输入网址 http://localhost:8080/ch03/AnnotationServlet，查看运行效果，如图 3-8 所示。

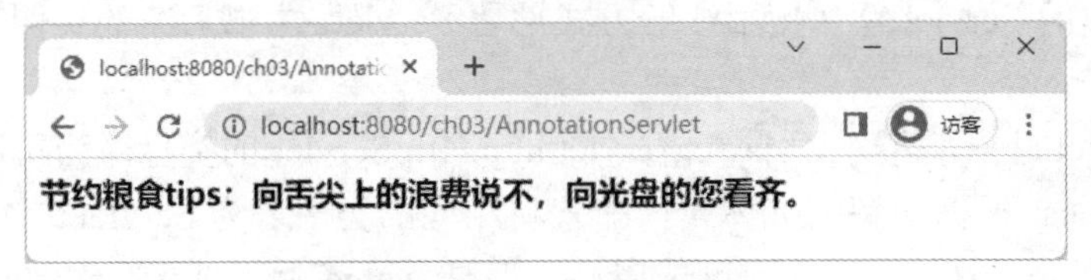

图 3-8　实例 3-3 的运行效果

程序说明：

- 本实例中，若@WebServlet 只有一个属性 value="/AnnotationServlet"，那么 value 和=符号也可以省略，即最简模式为@WebServlet("/AnnotationServlet")。
- 本书后续实例中的 Servlet 注解都采用最简模式。

3.5 请求 Servlet 的三种方式

请求 Servlet 的常用方式有三种，分别为通过超链接方式请求、通过 JSP 页面或者 HTML 页面的表单方式请求，以及通过 JavaScript 脚本的 Ajax 方式请求。

3.5.1　超链接请求 Servlet

实例 3-4

实例 3-4　超链接请求 Servlet

本实例利用超链接标签中的 href 属性请求 Servlet。

源程序：young.html

```
<!DOCTYPE html>
<html lang="en">
<head>
    <meta charset="UTF-8">
    <title>超链接请求 Servlet</title>
</head>
<body>
    <a href="YoungServlet">学习古诗《教子诗》</a>
</body>
</html>
```

源程序：YoungServlet.java 的部分代码

```
@WebServlet("/YoungServlet")
public class YoungServlet extends HttpServlet {
```

```
    @Override
    protected void doGet(HttpServletRequest request,
       HttpServletResponse response) throws ServletException, IOException {
        response.setContentType("text/html");
        response.setCharacterEncoding("utf-8");
        PrintWriter out = response.getWriter();
        out.println("<html><body>");
        out.println("<h3>教子诗</h3>");
        out.println("<h4>【宋】余良弼</h4>");
        out.println("<p>白发无凭吾老矣，青春不再汝知乎。</p>");
        out.println("<p>年将弱冠非童子，学不成名岂丈夫。</p>");
        out.println("<p>幸有明窗并净几，何劳凿壁与编蒲。</p>");
        out.println("<p>功成欲自殊头角，记取韩公训阿符。</p>");
        out.println("</body></html>");
    }
}
```

操作步骤：

（1）右击 com.example.ch03 包，在弹出的快捷菜单中选择 New→Servlet 命令，然后输入名称 YoungServlet，按 Enter 键确认建立文件。

（2）右击 webapp 文件夹，在弹出的快捷菜单中选择 New→HTML 命令，然后输入名称 young，按 Enter 键确认建立文件。

（3）分别在 young.html 和 YoungServlet.java 文件中输入源代码。

（4）单击运行工具栏中的"运行"按钮 ▶，启动 Tomcat。

（5）在浏览器中输入网址 http://localhost:8080/ch03/young.html，查看浏览效果，如图 3-9 所示。

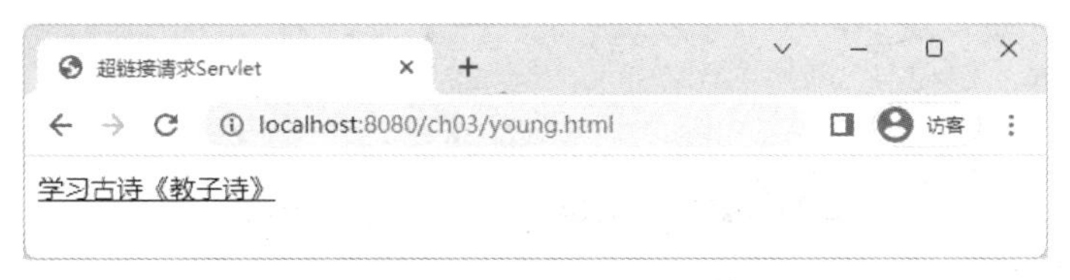

图 3-9　young.html 的运行效果

（6）单击页面上的超链接，请求访问 YoungServlet，运行效果如图 3-10 所示。

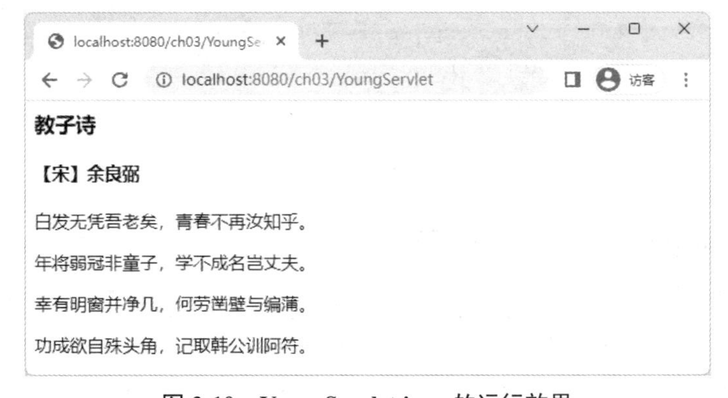

图 3-10　YoungServlet.java 的运行效果

程序说明：

- 超链接属性 href 的值应与@WebServlet 注解中 value 属性值一致，不包含“/”字符。
- 超链接被单击激活时，浏览器以 Get 方式发送请求。
- 在浏览器地址栏中输入请求 Servlet 的 URL，与超链接请求效果一致。

■ 3.5.2 表单请求 Servlet

通过 JSP 页面或者 HTML 页面的表单请求 Servlet，两者的方法是一致的。

实例 3-5

实例 3-5 表单请求 Servlet

本实例利用 HTML 页面提交表单方式请求 Servlet，实现登记无偿献血者信息的功能。

源程序：donate.html 的部分代码

```
<body>
    <h3>无偿献血登记</h3>
    <form action="DonateServlet" method="post">
        <label for="name">姓名</label>
        <input type="text" name="name" id="name"><br>
        <label >血型</label>
        <input type="radio" name="bloodtype" id="bloodtypeA" value="A">
        <label for="bloodtypeA">A 型</label>
        <input type="radio" name="bloodtype" id="bloodtypeB" value="B">
        <label for="bloodtypeB">B 型</label>
        <input type="radio" name="bloodtype" id="bloodtypeO" value="O">
        <label for="bloodtypeO">O 型</label> <br>
        <input type="submit" value="提交">
    </form>
</body>
```

源程序：DonateServlet.java 的部分代码

```
@WebServlet("/DonateServlet")
public class DonateServlet extends HttpServlet {
    @Override
    protected void doPost(HttpServletRequest request,
        HttpServletResponse response) throws ServletException, IOException {
        request.setCharacterEncoding("UTF-8");
        String name = request.getParameter("name");
        String bloodtype = request.getParameter("bloodtype");
        response.setContentType("text/html");
        response.setCharacterEncoding("UTF-8");
        PrintWriter out = response.getWriter();
        out.println("<html><body>");
        out.println("<h3>无偿献血是无私奉献、救死扶伤的崇高行为。</h3>");
        out.println("<p>感谢您！"+bloodtype+"型血的"+name+"朋友。</p>");
        out.println("</body></html>");
```

```
    }
}
```

操作步骤：

（1）右击 com.example.ch03 包，在弹出的快捷菜单中选择 New→Servlet 命令，然后输入名称 DonateServlet，按 Enter 键确认建立文件。

（2）右击 webapp 文件夹，在弹出的快捷菜单中选择 New→HTML 命令，然后输入名称 donate，按 Enter 键确认建立文件。

（3）分别在 donate.html 和 DonateServlet.java 文件中输入源代码。

（4）单击运行工具栏中的“运行”按钮 ▶，启动 Tomcat。

（5）在浏览器中输入网址 http://localhost:8080/ch03/donate.html，查看运行效果，如图 3-11 所示。

图 3-11 donate.html 的运行效果

（6）在页面上输入姓名，选择血型，单击“提交”按钮，运行效果如图 3-12 所示。

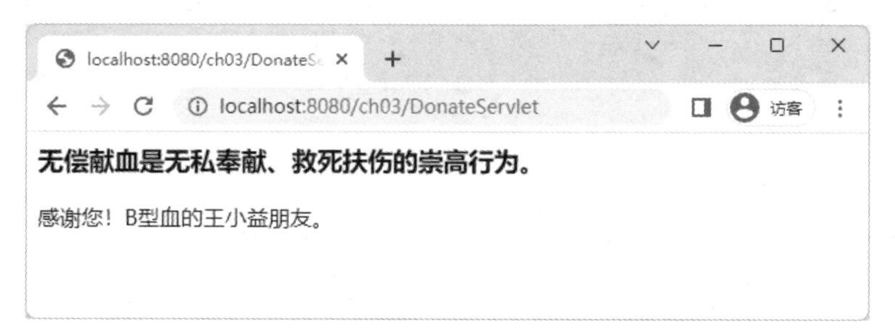

图 3-12 DonateServlet.java 的运行效果

程序说明：

- 表单属性 action 的值应与@WebServlet 注解中 value 属性值一致，不包含“/”字符。
- 表单属性 method 的值应与 Servlet 中的服务方法对应，即 get 对应 doGet 方法，post 对应 doPost 方法。
- “request.getParameter("name");”为读取表单中的姓名信息。
- “request.getParameter("bloodtype");”为读取表单中的血型信息，4.7.1 节将详细介绍该方法。
- 通常情况下，Servlet 的 doGet 与 doPost 方法中的处理请求代码相同，所以可以在 doGet 中编写处理请求的详细代码，而在 doPost 中调用 doGet，从而优化代码量。

■ 3.5.3　Ajax 方法请求 Servlet

实例 3-6

实例 3-6　Ajax 方法请求 Servlet

本实例利用 JavaScript 脚本中的 Ajax 方法请求 Servlet，实现了在公益志愿者注册时校验用户名是否重复的功能。

源程序：register.html

```
<!DOCTYPE html>
<html lang="en">
<head>
    <meta charset="UTF-8">
    <title>公益志愿者用户注册</title>
    <script src="https://code.jquery.com/jquery-3.6.0.min.js"></script>
</head>
<body>
<form action="RegisterServlet" method="post">
    <fieldset>
        <legend>公益志愿者用户注册</legend>
        <label for="userName">用户名称：</label>
        <input type="text" name="userName" id="userName">
        <span id="msg"></span><br>
        <label for="userEmail">邮箱地址：</label>
        <input type="email" name="userEmail" id="userEmail" ><br>
        <label for="realName">真实姓名：</label>
        <input type="text" name="realName" id="realName"><br>
        <label >服务类别:</label>
        <input type="checkbox" name="serviceType"
               id="serviceType1" value="社区建设">
        <label for="serviceType1">社区建设</label>
        <input type="checkbox" name="serviceType"
               id="serviceType2" value="环境保护">
        <label for="serviceType2">环境保护</label>
        <input type="checkbox" name="serviceType"
               id="serviceType3" value="大型赛会">
        <label for="serviceType3">大型赛会</label>
        <input type="checkbox" name="serviceType"
               id="serviceType4" value="应急救助">
        <label for="serviceType4">应急救助</label><br>
        <input type="submit" value="提交">
    </fieldset>
</form>
<script>
    $(document).ready(function (){
        //用户名称输入文本框失去焦点事件代码
        $("#userName").blur(function (){
```

```
            let inputNameString = $(this).val();
            $.ajax({
                type: "post",
                url: "CheckNameServlet",
                data: {"userName":inputNameString},
                success: function (returnData){
                    if(returnData == "isUsed"){
                        $("#msg").text("用户名被占用，请修改");
                        $("#userName").select();
                    }
                    else{
                        $("#msg").text("用户名可用");
                    }
                }
            });
        })
    })
</script>
</body>
</html>
</html>
```

源程序：CheckNameServlet.java 的部分代码

```
@WebServlet("/CheckNameServlet")
public class CheckNameServlet extends HttpServlet {
    @Override
    protected void doPost(HttpServletRequest request,
        HttpServletResponse response) throws ServletException, IOException{
        request.setCharacterEncoding("UTF-8");
        String userName = request.getParameter("userName");
        response.setContentType("text/html");
        response.setCharacterEncoding("UTF-8");
        PrintWriter out = response.getWriter();
        //简化实例，假设用户名 userA 已被占用，当用户提交的用户名为 userA 时
        //Servlet 响应输出 isUsed，否则响应输出 notUsed
        if (userName.equals("userA")){
            //响应输出使用 print 方法
            //因为 println 方法会带上换行符号，不便于前端 JavaScript 代码进行字符串比较
            out.print("isUsed");
        }else{
            out.print("notUsed");
        }
    }
}
```

操作步骤：

（1）右击 com.example.ch03 包，在弹出的快捷菜单中选择 New→Servlet 命令，然后输

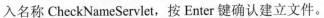

入名称 CheckNameServlet，按 Enter 键确认建立文件。

（2）右击 webapp 文件夹，在弹出的快捷菜单中选择 New→HTML 命令，然后输入名称 register，按 Enter 键确认建立文件。

（3）在 register.html 和 CheckNameServlet.java 文件中输入源代码。

（4）单击运行工具栏中的“运行”按钮 ▶，启动 Tomcat。

（5）在浏览器中输入网址 http://localhost:8080/ch03/register.html，查看运行效果，如图 3-13 所示。

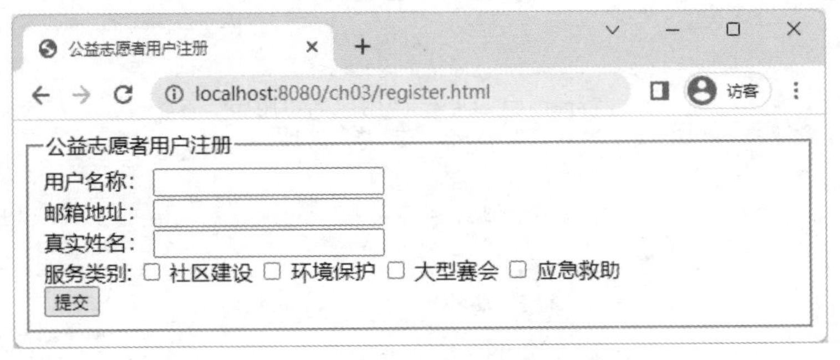

图 3-13　register.html 的运行效果

（6）在“用户名称”文本框中输入 userA，单击“邮箱地址”文本框，此时触发“用户名称”文本框的失去焦点（blur）事件，执行 Ajax 请求，校验“用户名称”是否重复，运行效果如图 3-14 所示。

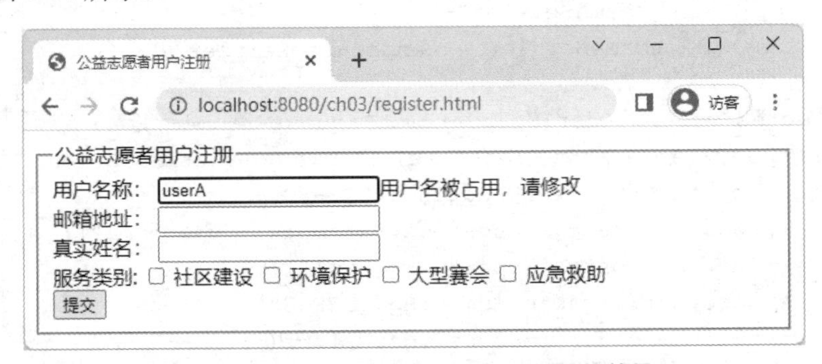

图 3-14　CheckNameServlet.java 的运行效果

程序说明：

- “<script src="https://code.jquery.com/jquery-3.6.0.min.js"></script>”表示在 HTML 文件中引入了 jQuery 库文件。因为是通过网络 URL 引入库文件的，所以在运行本实例时需要联网。
- 为了简化演示代码，假定用户名 userA 已经占用，其他用户名可用。
- “out.print("isUsed");”表示 Servlet 向客户端输出字符串，告知客户端该用户名已经被其他用户占用。这里一般情况下不使用 println 方法，因为该方法输出的字符信息结尾处带换行符，不便于 JavaScript 进行字符串比较。
- 为了简化演示代码，CheckNameServlet 响应输出设置为"text/html"格式，但在实际项目中，前后端之间的数据响应通常使用"application/json"格式。

3.6 小结

本章首先介绍了Servlet技术的发展历史，重点说明了Servlet的生命周期和运行过程。其次介绍了编写Servlet的方式以及如何将Servlet部署到Web服务器中。最后通过三个实例展示了Serlvet处理客户端请求的具体方法。

3.7 习题

1．填空题

（1）在Servlet出现之前，Web服务器通过________技术与客户端进行交互。

（2）部署Servlet的配置有两种方式：一种是通过________部署；另一种是通过________部署。

（3）在IDEA开发工具中创建Web Application项目时，会自动创建webapp和WEB-INF文件夹。其中________是本项目Web站点根节点。

（4）使用注解方式部署Servlet时，若@WebServlet只有一个属性value="/Servlet1"，那么value和=符号也可以省略，即最简模式为________。

（5）请求Servlet的常用方式有3种，分别为通过________方式请求，通过页面的________方式请求，以及通过JavaScript脚本的________方式请求。

2．选择题

（1）开发编写Servlet类的方式是继承javax.servlet.http包中的（　　）。

A．Servlet类　　B．HttpServlet类

C．HttpGetServlet类　　D．HttpPostServlet类

（2）关于Servlet的说法不正确的是（　　）。

A．当多个来自客户端的请求访问时，Servlet为每个请求分配一个进程

B．当Servlet容器关闭时会自动调用destroy方法，释放运行时占用的资源

C．Servlet中的service方法可被多次请求调用，各调用过程运行在不同的线程中

D．Servlet中的init方法仅执行一次

（3）关于@WebServlet的注解说法正确的是（　　）。

A．Servlet 4.0以上版本包含注解（Annotation）新特性

B．name属性是必须显示指定的属性

C．urlPatterns属性用于指定一组Servlet的URL

D．value属性或者urlPatterns属性是必需的，且二者可以共存

3．简答题

（1）简述Servlet的生命周期与运行过程。

（2）简述web.xml与注解部署Servlet的区别。

（3）简述开发编写以及测试运行 Servlet 的基本流程。

4．上机操作题

（1）建立并测试本章的所有实例。

（2）Servlet 应用练习——古诗学习。

习题背景：党的十八大以来，习近平总书记在多个场合谈到中国传统文化，表达了自己对传统文化、传统思想价值体系的认同与尊崇。2014 年 5 月 4 日他与北京大学学子座谈，也多次提到核心价值观和文化自信。习近平总书记在国内外不同场合的活动与讲话中，展现了中国政府与人民的精神志气，提振了中华民族的文化自信。

我们有博大精深的优秀传统文化。它能“增强做中国人的骨气和底气”，是我们最深厚的文化软实力，是我们文化发展的母体，积淀着中华民族最深沉的精神追求。诸如“自强不息”的奋斗精神，“精忠报国”的爱国情怀，“天下兴亡，匹夫有责”的担当意识，“舍生取义”的牺牲精神，“革故鼎新”的创新思想，“扶危济困”的公德意识，“国而忘家，公而忘私”的价值理念等，一直是中华民族奋发进取的精神动力。其中古诗是我们优秀传统文化中重要的一部分，学习优秀古诗是我们中国人的必修课之一。

习题要求：在 HTML 页面上设计一个表单，表单标题为“古诗学习欣赏”，表单内容为一个输入古诗名称的文本框，表单以 Post 方式提交到 Servlet；Servlet 中读取古诗名称，如果古诗名称是“劝学”，输出“劝学”古诗的信息，否则输出“抱歉暂未收录”。

命名规范：HTML 页面命名为 index31.html，Servlet 命名为 PoemServlet。

习题指导：①参考 3.5.1 节的内容，新建 HTML 文件和 Servlet 文件。②在 Servlet 中读取古诗名称，进行字符串比较时不能使用“= =”，应该使用 equals 方法。

参考资料：《劝学》唐-孟郊 击石乃有火，不击元无烟。人学始知道，不学非自然。万事须己运，他得非我贤。青春须早为，岂能长少年。《劝学》唐-颜真卿 三更灯火五更鸡，正是男儿读书时。黑发不知勤学早，白首方悔读书迟。

（3）Servlet 应用练习——北京冬奥会奖牌统计。

习题背景：2022 年北京-张家口冬季奥运会，第 24 届冬季奥林匹克运动会，2022 年 2 月 4 日至 2022 年 2 月 20 日在中华人民共和国北京市和张家口市联合举行。这是中国历史上第一次举办冬季奥运会，北京、张家口同为主办城市，也是中国继北京奥运会、南京青奥会后，中国第三次举办的奥运赛事。北京-张家口冬季奥运会设 7 个大项，102 个小项。北京将承办所有冰上项目，北京延庆和张家口将承办所有的雪上项目。

聚冰雪热爱展万象灵韵，迎八方宾客赏四季风华。一场精彩、非凡、卓越的冬奥会成为了中国送给世界的美好礼物。盛会闭幕，未来已来，“双奥之城”北京已用一份精彩的答卷点燃了舞动冰雪的激情，照亮了砥砺前行的征程。让我们再道一声“你好，双奥之城”，共赴美好前程。

习题要求：在 HTML 页面上设计一个表单，表单标题为“2022 年北京冬奥会-奖牌统计”，表单内容为 3 个文本框，分别输入中国队金、银、铜奖牌数量，表单以 Post 方式提交到 Servlet；Servlet 中计算奖牌总数，并输出 3 号标题“2022 年北京冬奥会上中国队获得？块奖牌！”，？号用计算结果代替，同时输出奖牌榜图片。

命名规范：HTML 页面命名为 index32.html，Servlet 命名为 OlympicServlet，奖牌榜图片命为 olympic.png。

习题指导：①参考 3.5.2 节的内容，新建 HTML 文件和 Servlet 文件，在 webapp 文件夹中新建 images 文件夹，然后把 olympic.png 复制到 images 文件夹中。②在 Servlet 中分别读取金、银、铜奖牌数量后，读取的值默认为字符串类型，需要转换为整数类型后再计算。③输出奖牌榜图片实际是输出<img src='images/olympic.png' alt='奖牌榜'>标记。④北京冬奥会奖牌榜如图 3-15 所示，请从网络中搜索北京冬奥会奖牌榜，并截图保存。

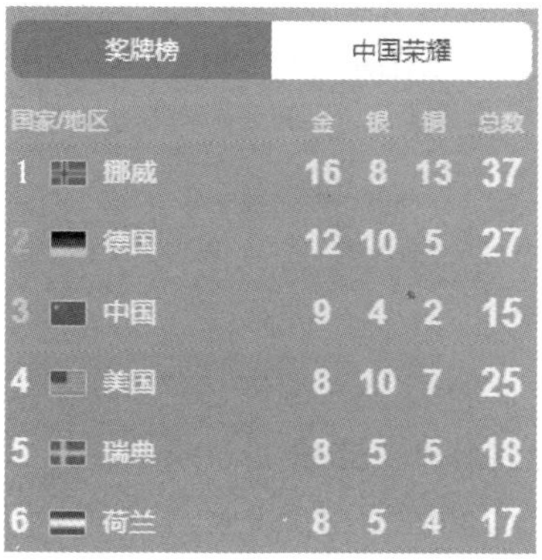

奖牌榜　中国荣耀

	国家/地区	金	银	铜	总数
1	挪威	16	8	13	37
2	德国	12	10	5	27
3	中国	9	4	2	15
4	美国	8	10	7	25
5	瑞典	8	5	5	18
6	荷兰	8	5	4	17

图 3-15　北京冬奥会奖牌榜

（4）Servlet 应用练习——志愿者登记。

习题背景：1993 年底，共青团中央决定实施中国青年志愿者行动。同年 12 月 19 日，2 万余名铁路青年率先打出了“青年志愿者”的旗帜，在京广铁路沿线开展了为旅客送温暖志愿服务。之后，40 余万名大中学生利用寒假在全国主要铁路沿线和车站开展志愿者新春热心行动，青年志愿者行动迅速在全国展开。青年志愿者行动不断发展，志愿服务的领域不断扩大，志愿者队伍日益壮大。据不完全统计，至 2000 年 6 月，全国累计已有 8000 多万人次的青年向社会提供了超过 40 亿小时的志愿服务。

为推动青年志愿服务事业的发展，团中央于 1994 年 12 月 5 日成立了中国青年志愿者协会，随后，各级青年志愿者协会也逐步建立起来。到 2000 年，已初步形成了由全国性协会、36 个省级协会和 2/3 以上的地（市）级协会及部分县级协会组成的志愿服务组织管理网络。

广大青年志愿者加入志愿者协会的第一步就是注册，下面通过练习题来实现简单的志愿者登记功能。

习题要求：在 HTML 页面上设计一个表单，表单标题为“中国青年志愿者注册”，表单内容为 3 个文本框，分别输入用户名称、邮箱地址、真实姓名，以及服务类别的复选项，包含社区建设、环境保护、大型赛会、应急救助等选项。表单以 Post 方式提交到 Servlet；Servlet 中读取并输出用户注册信息。

命名规范：HTML 页面命名为 index33.html，Servlet 命名为 RegServlet。

习题指导：①参考 3.5.3 节的内容新建 HTML 文件，参考 3.5.2 节的内容新建 Servlet。②在 Servlet 中读取服务类别时，使用 request. getParameterValues()方法，该方法返回类型为字符串数组，需要遍历数组输出。

扩展要求：使用 Ajax 技术实现用户名称重复校验功能，假定用户名 userA、userB 已占用，其他用户名可用。

第4章　JSP技术

本章要点：

- 能理解 JSP 技术原理，会查看 JSP 编译后的 Servlet 源代码。
- 能理解 JSP 指令，会熟练使用 JSP 指令。
- 能理解 JSP 动作标记，会熟练使用 JSP 动作标记。
- 能理解 JSP 内置对象，会熟练使用 JSP 内置对象。
- 能理解请求转发与请求重定向的区别，会熟练使用这两种技术。

4.1 JSP 概述

JSP（Java Server Pages）是由 Sun Microsystems 公司倡导、许多公司共同参与而建立的一种动态网页技术标准。JSP 是基于 Java 的技术，用于创建执行于 Web 服务器的动态网页。从结构来看，JSP 页面代码一般由普通的 HTML 语句和特殊的基于 Java 语言的嵌入标记组成，所以它具有 Web 和 Java 的双重特性。

JSP 1.0 规范是 1999 年 9 月推出的，当年 12 月又推出了 1.1 规范。此后 JSP 又经历了几个版本，本书介绍的 JSP 技术基于 JSP 2.1 规范。

JSP 最重要的作用是代替 Servlet 响应输出 HTML 页面内容。从第 3 章中的实例可知，当 Servlet 向客户端浏览器响应输出内容时，需要编写大量 HTML 标记字符串，烦琐且易错，开发成本和维护成本高。通过 JSP 技术，开发人员可以先使用熟悉的 HTML 开发工具，编写 HTML 代码和 CSS 样式，等到页面效果确定后，最后将动态部分用 JSP 标记嵌入即可，这些标记以“<%”开始并以“%>”结尾。

为了让读者对 JSP 技术有个直观的认识，以下展示了一个 JSP 文件的源代码。

源程序：case41.jsp

```
<%@ page contentType="text/html;charset=UTF-8" language="java" %>
<%@ page import="java.util.Random" %>
<!DOCTYPE html>
<html>
<head>
    <title>JSP 实例</title>
```

```
</head>
<body>
    <h3>我的幸运数</h3>
    <%
        Random random = new Random();
        int luckyNum = random.nextInt(100);
        out.println("今日幸运数是： " +Integer.toString(luckyNum));
    %>
</body>
</html>
```

4.2 JSP 的技术原理

4.2.1 JSP 的执行过程

JSP 文件的执行方式是编译式而非解释式。即在执行 JSP 页面时，将 JSP 文件先编译为 Servlet 形式的 Java 类型的字节码文件，然后通过 Java 虚拟机来执行。根据 JSP 相关规范，JSP 语言必须在 Servlet 容器（Tomcat）中执行，而且每个 JSP 页面在被调用之前，必须先被 Servlet 容器（Tomcat）解析成一个 Servlet 文件。图 4-1 展示了 JSP 页面在 Servlet 容器（Tomcat）中的运行过程。

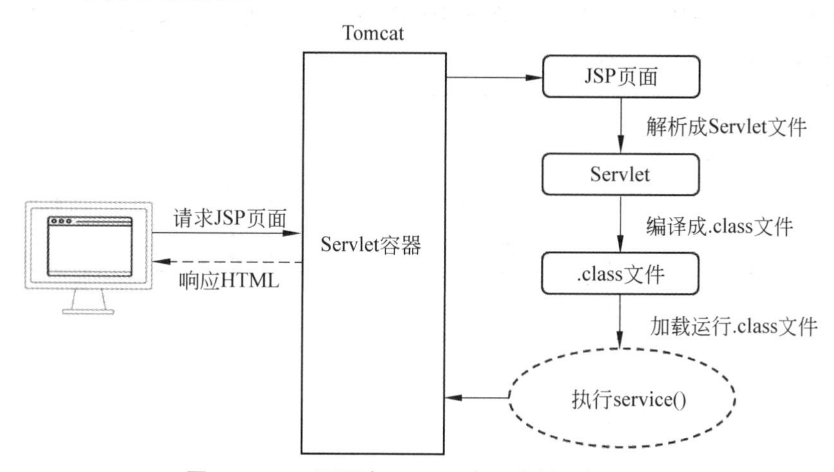

图 4-1 JSP 页面在 Servlet 容器中的运行过程

当 Servlet 容器（Tomcat）接收到一个 JSP 页面请求时，都会遵循如下步骤。

（1）判断容器查询所需要加载的 JSP 文件是否已被解析成 Servlet 文件。如果没有找到对应的 Servlet 文件，容器将解析 JSP 文件并生成一个对应的 Servlet 文件；如果找到对应的 Servlet 文件，容器将比较两者的时间，如果 JSP 文件的修改时间要晚于 Servlet 文件，则说明 JSP 文件已被重新修改，需要容器重新生成 Servlet 文件，反之容器将使用原来的 Servlet 文件。

（2）容器编译 Servlet 文件为.class 文件，并被加载到 Servlet 容器中，执行定义在该 JSP 文件里的各项操作。

（3）容器生成响应结果并返回给客户端，JSP 页面结束运行。

从图 4-1 中可以看出，从运行的角度来说，本质上 JSP 页面就是 Servlet；而从编写和使用的角度来说它们是两种不同的技术，JSP 侧重于内容的展示，Servlet 侧重于业务逻辑处理。

■ 4.2.2 JSP 对应的 Servlet 分析

当用户首次访问 JSP 页面时，Servlet 容器（Tomcat）首先将 JSP 文件解析生成为一个 Servlet 文件。该 Servlet 是 HttpServlet 的子类，文件的物理位置位于“Tomcat 主目录\work\Catalina\ localhost\项目名称\org\apache\jsp”文件夹下。

打开相应的 Servlet 文件查看代码，重点观察_jspService(request,response)方法，该方法等同于一般 Servlet 类的 service 方法。在该方法中，JSP 中的 HTML 代码通过 out 输出，而 JSP 页面中以“<%　%>”标记包裹的 Java 代码会原封不动地出现在本方法中。

在 IDEA 开发工具中，以文件名为 case41.jsp 的 JSP 为例，查看生成的 Servlet，它的文件名为 case41_jsp.java。具体步骤如下。

（1）在 IDEA 中启动运行项目后，在浏览器中访问 case41.jsp，页面正常显示。

（2）在 IDEA 软件中，查看 Server→Output 窗口中的信息，在最前面几行中找到如下信息文字：Using CATALINA_BASE: "C:\Users\用户名\AppData\Local\JetBrains\IntelliJIdea 2021.3\tomcat***-***-***-***-***"。路径中的星号字符串为动态文件夹，由若干字母与数字组成，具体信息如图 4-2 所示。

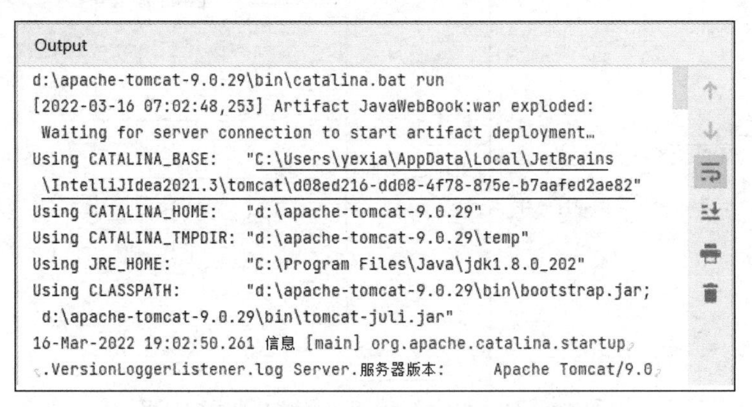

图 4-2　IDEA 开发工具集成的 Tomcat 启动输出信息

（3）复制 Output 窗口中 CATALINA_BASE 的值，即图 4-2 中下画线标出的路径信息，然后打开“我的电脑”或者“文件资源管理器”，在地址栏中粘贴路径，按 Enter 键确认。

（4）在文件夹 work\Catalina\localhost\项目名称\org\apache\jsp 下可以看到 Servlet 文件 case41_jsp.java 和字节码文件 case41_jsp.class。

（5）打开 case41_jsp.java，查看_jspService 方法。篇幅原因，源代码仅展示部分核心代码，其余部分用……代替。

源程序：case41_jsp.java 文件中_jspService 方法的部分代码

```
public void _jspService(final javax.servlet.http.HttpServletRequest request,
      final javax.servlet.http.HttpServletResponse response)
    throws java.io.IOException, javax.servlet.ServletException {
    final javax.servlet.jsp.PageContext pageContext;
  javax.servlet.http.HttpSession session = null;
  final javax.servlet.ServletContext application;
  final javax.servlet.ServletConfig config;
  javax.servlet.jsp.JspWriter out = null;
  final java.lang.Object page = this;
  javax.servlet.jsp.JspWriter _jspx_out = null;
  javax.servlet.jsp.PageContext _jspx_page_context = null;

  response.setContentType("text/html; charset=UTF-8");
  pageContext = _jspxFactory.getPageContext(this, request, response,
              null, true, 8192, true);
  _jspx_page_context = pageContext;
  application = pageContext.getServletContext();
  config = pageContext.getServletConfig();
  session = pageContext.getSession();
  out = pageContext.getOut();
  _jspx_out = out;
  …
 out.write("<body>\n");
 out.write("<h3 class=\"title\">我的幸运数</h3>\n");
     Random random = new Random();
     int luckyNum = random.nextInt(100);
     out.println("今日数字是: " +Integer.toString(luckyNum));
 out.write("\n");
 out.write("</body>\n");
 …
}
```

上述代码可以验证 case41.jsp 中的 HTML 代码，在 Servlet 类文件 case41_jsp.java 中通过 out 输出，代码为 out.write("<h3 class=\"title\">我的幸运数</h3>\n")。case41.jsp 中的 Java 代码会直接出现在本方法中，代码为 Random random = new Random() 和 int luckyNum = random.nextInt(100)。当客户端请求访问 case41.jsp 页面时，Tomcat 最终通过调用执行 case41_jsp.java 文件中的_jspService 方法，向客户端响应输出内容。所以通常来说“JSP 本质上是 Servlet”。

4.3 JSP 页面的基本构成

在 HTML 页面文件中加入与 Java 相关的动态代码，就构成了一个 JSP 页面。一个 JSP 页面通常由四种基本元素组成：①普通的 HTML 标记；②JSP 注释；③Java 脚本元素，如

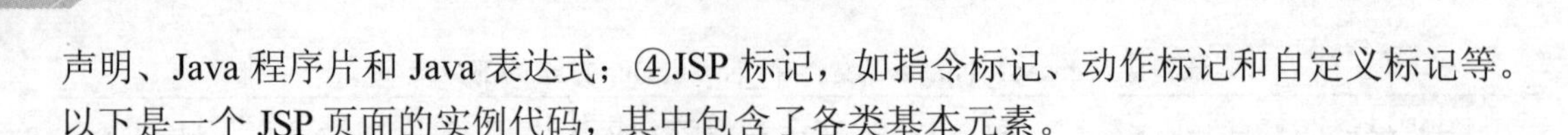

声明、Java 程序片和 Java 表达式；④JSP 标记，如指令标记、动作标记和自定义标记等。以下是一个 JSP 页面的实例代码，其中包含了各类基本元素。

源程序：case42.jsp 文件

```
<%-- 这是指令标记 --%>
<%@ page contentType="text/html;charset=UTF-8" language="java" %>
<!DOCTYPE html>
<html>
<head>
    <title>JSP 页面组成案例</title>
</head>
<body>
    <%-- 这是 HTML 标记 --%>
    <h3>社会主义核心价值观</h3>
    <%-- 这是声明 --%>
    <%! String[] array = {"富强","民主","文明","和谐","自由","平等",
                          "公正","法治","爱国","敬业","诚信","友善"};
    %>
    <%-- 这是 Java 程序片 --%>
    <%
        for (int i = 0; i < array.length; i++) {
            out.print(array[i] + " ");
            if ((i + 1) % 4 == 0) {
                out.print("<br>");
            }
        };
    %>
</body>
</html>
```

页面的执行效果如图 4-3 所示。

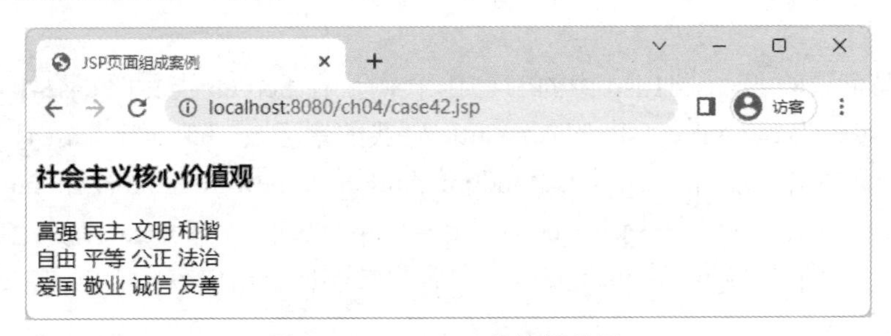

图 4-3　case42.jsp 的执行效果

4.4 JSP 脚本元素

JSP 页面中的 Java 脚本元素包括声明、Java 程序片以及 Java 表达式。

1. 声明

JSP 页面中的声明用来定义一个或者多个合法的变量和方法，语法格式如下：

```
<%! declaration; [declaration;] … %>
```

示例代码如下：

```
<%! String title = "新能源"; %>
```

2. Java 程序片

Java 程序片是一段 Java 程序代码，它们在 Servlet 容器（Tomcat）中按顺序执行，如果使用了 out 对象，则会在客户端显示输出内容。Java 程序片的语法格式如下：

```
<% code fragment %>
```

JSP 页面的主要功能是输出动态内容，在内容样式较为复杂的页面中，可以采用混合 HTML 代码和 Java 程序片的方式输出，示例代码如下：

```
<%! String[] array = {"创新","协调","绿色","开放","共享"}; %>
<p>党的十八届五中全会提出的五大发展理念是什么？</p>
<ol>
    <% for (int i = 0; i < array.length; i++) { %>
        <li> <% out.print(array[i]); %> </li>
    <% }; %>
</ol>
```

3. Java 表达式

JSP 页面能够计算 Java 表达式并向 JSP 页面输出表达式的运算结果，语法格式如下：

```
<%= expression %>
```

Java 表达式在运算后自动转换成字符串，然后插入到表达式所在 JSP 文件的位置显示。Java 表达式的示例如下：

```
<%= new java.util.Date() %>
<%= "Hello JSP" %>
<%= 1+2+3 %>
<li> <%= array[i] %> </li>  <%-- HTML 代码与 Java 表达式混合使用 --%>
```

在使用 Java 表达式时注意以下几点：①不能以分号作为表达式的结束符；②“<%=”是一个完整的符号，中间不能有空格；③JSP 页面中混合 HTML 代码与 Java 表达式是常用方式。

4.5 JSP 指令

JSP 的指令标记描述了 JSP 页面转换成 Servlet 容器（Tomcat）所能执行的 Java 代码的控制信息，如 JSP 页面所使用的语言、导入的 Java 类、网页的编码方式和指定的错误处理页面等。JSP 的指令标记独立于 JSP 页面接收的任何请求，且不产生任何页面输出信息。

JSP 页面中包括 page、include 和 taglib 三种指令。

■ 4.5.1 page 指令

page 指令用来定义 JSP 页面中的全局属性，它描述与页面相关的一些信息。page 指令的位置一般在 JSP 页面的开始位置，在一个 JSP 页面中，page 指令可以写成一条的形式，也可以写成多条的形式，其语法格式如下：

```
<%@ page property1="value1" property2="value2" ... %>
```

或者

```
<%@ page property1="value1" %>
<%@ page property2="value2" %>
```

page 指令的主要属性有 contentType、import、language 和 pageEncoding 等。

1. contentType 属性

JSP 页面使用 page 指令标记只能为 contentType 属性指定一个值，用来确定响应的 MIME 类型，MIME 类型就是设定文件用对应的一种应用程序来打开的方式类型。当客户端请求一个 JSP 页面时，Servlet 容器（Tomcat）会告知浏览器使用 contentType 属性指定的 MIME 类型来解释执行所接收到的响应信息。例如，指定浏览器使用 Word 应用程序打开用户请求时，应将 contentType 属性值设置为：

```
<%@ page contentType="application/msword; charset=GBK" %>
```

常见的 MIME 类型有 text/html、text/plain、application/pdf、application/msword、image/jpeg、image/png、image/gif 等。

2. import 属性

JSP 页面使用 page 指令标记可为 import 属性指定多个值，import 属性的作用是为 JSP 页面引入 Java 类，以便在 JSP 页面的程序片、变量及方法声明或表达式中使用 Java 类。

3. language 属性

language 属性用来指定 JSP 页面使用的脚本语言，目前该属性的值只能为 java。

4. pageEncoding 属性

pageEncoding 是指 JSP 文件自身存储时所用的编码，而 contentType 中的 charset 是指 Servlet 容器（Tomcat）发送给客户浏览器的响应内容的编码。

在 JSP 规范中，如果 pageEncoding 属性存在，那么 JSP 页面的字符编码方式就由 pageEncoding 决定，否则就由 contentType 属性中的 charset 决定，如果 charset 也不存在，JSP 页面的字符编码方式就采用默认的 ISO-8859-1。

在 IDEA 开发工具中新建的 JSP 文件，在 page 指令中默认指定的编码方式为 UTF-8，其代码如下：

```
<%@ page contentType="text/html;charset=UTF-8" language="java" %>
```

UTF-8 是目前 Web 网站开发中主流的编码方式。

■ 4.5.2 include 指令

JSP 页面中的 include 指令用来包含一个文件，通常是 HTML 或者 JSP 文件。在 JSP 页面被 Servlet 容器（Tomcat）解析成 Servlet 时，先把被包含的文件代码嵌入 JSP 页面中，再进行解析。这个过程可以称为“先包含再解析”，其语法格式如下：

```
<%@ include file="url" %>
```

通常在实际运行的 Web 站点中，大部分页面的顶部 LOGO、导航条、底部版权信息等内容是一样的。对开发人员来说，如果每个页面中都有大量相同的代码，在编写和后续维护过程中的工作量都是巨大且烦琐的，这时就可以使用 include 指令解决这个问题。

实例 4-1 include 指令的应用

实例 4-1

本实例在网站首页 include_index.jsp 文件中利用 include 指令包含 include_header.jsp 和 include_footer.jsp 两个文件，重复使用了网站导航页面和备案页面，浏览效果如图 4-4 所示。

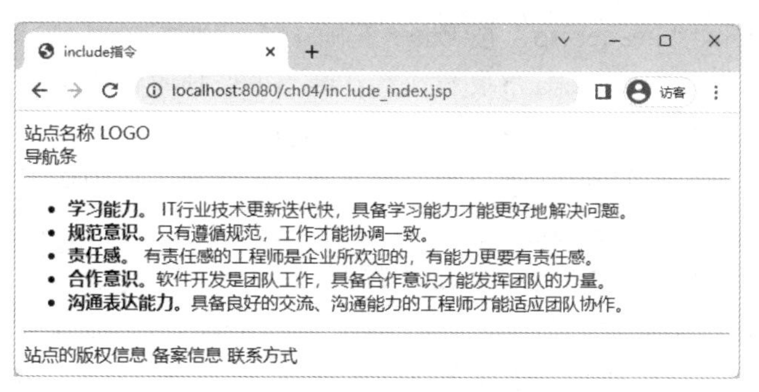

图 4-4 应用 include 指令的浏览效果

源程序：include_header.jsp 文件

```
<%@ page contentType="text/html;charset=UTF-8" language="java" %>
<div>站点名称 LOGO</div>
<div>导航条</div>
<hr>
```

源程序：include_footer.jsp 文件

```
<%@ page contentType="text/html;charset=UTF-8" language="java"  %>
<hr>
<div>站点的版权信息  备案信息  联系方式</div>
```

源程序：include_index.jsp 文件

```
<%@ page contentType="text/html;charset=UTF-8" language="java" %>
<html>
  <head>
     <title>include 指令</title>
  </head>
  <body>
    <%@ include file="include_header.jsp" %>
    <ul>
       <li><b>学习能力。</b> IT 行业技术更新迭代快，具备学习能力才能更好地解决问题。
</li>
       ...
       <li><b>沟通表达能力。</b>具备良好的交流、沟通能力的工程师才能适应团队协作。
</li>
    </ul>
   <%@ include file="include_footer.jsp" %>
  </body>
</html>
```

操作步骤：

（1）在 Book 项目中创建 ch04 模块。右击 Book 项目名称，在弹出的快捷菜单中选择 New→Module 命令，在弹出的对话框中选择模块类型为 Java Enterprise，输入模块名称为 ch04、位置为 D:\ideaProj\Book\ch04，选择模块结构为 Web application，选择应用服务器为 Tomcat 9.0.29，然后单击 Next 按钮，在弹出的对话框中单击 Finish 按钮，ch04 模块建立完成。

（2）右击 ch04 模块中的 webapp 文件夹，在弹出的快捷菜单中选择 New→JSP/JSPX 命令，输入文件名 include_header.jsp，按 Enter 键确认建立文件。

（3）右击 ch04 模块中的 webapp 文件夹，在弹出的快捷菜单中选择 New→JSP/JSPX 命令，输入文件名 include_index.jsp，按 Enter 键确认建立文件。

（4）右击 ch04 模块中的 webapp 文件夹，在弹出的快捷菜单中选择 New→JSP/JSPX 命令，输入文件名 include_footer. jsp，按 Enter 键确认建立文件。

（5）分别在三个新建的文件中输入源代码。

（6）在 IDEA 运行工具栏中选择配置 Tomcat，在 Deployment 选项卡内单击“+”按钮，选择 Artifact 选项，在下拉列表中选择 ch04:war exploded，最后修改 Application context 为 /ch04。单击 OK 按钮，完成网站部署。

（7）单击运行工具栏中的“运行”按钮 ▶，启动 Tomcat。

（8）在 include_index.jsp 代码视图中单击浏览器图标，或者在浏览器地址栏中输入网址 http://localhost:8080/ch04/include_index.jsp，查看浏览效果。

程序说明：

- 各页面的 page 指令 contentType 属性中的 charset 保持一致，防止出现页面乱码问题。
- 被包含的页面不需要<html></html><head></head> <body></body>标记。
- 若本实例网站中有注册、登录等页面，则只需在这些页面中用 include 指令包含导航页面和版权页面，达到精简代码、组件复用、优化维护等效果。
- 操作步骤中的第（6）步，仅需要在 ch04 模块网站第一次运行时配置。

4.5.3　taglib 指令

taglib 指令用来定义一个标记库以及其自定义标记的前缀，其语法格式如下：

```
<%@ taglib uri="tagLibraryURI" prefix="tagPrefix" %>
```

其中，属性 uri（Uniform Resource Identifier，统一资源标识符）用来唯一地确定标记库的路径，告知 Serlvet 容器（Tomcat）在编译 JSP 页面时如何处理指定标记库中的标记；属性 prefix 定义了一个指示使用此标记库的前缀。例如：

```
<%@ taglib uri="http://www.jspcentral.com/tags" prefix="public" %>
<public:loop>
...
</public:loop>
```

在示例代码中，uri=http://www.jspcentral.com/tags 表示使用的标记库所在的路径；prefix="public"表示使用此标记库时的前缀；<public:loop>表示使用 public 标记库中的 loop 标记。自定义标记时，不能使用 jsp、jspx、java、javax、servlet、sun 和 sunw 作为前缀，这些前缀是 JSP 保留的。

4.6 JSP 动作标记

JSP 动作标记和 JSP 指令标记不同，它是在客户端请求时动态执行的，通过 XML 语法格式的标记来实现控制 Servlet 容器的行为。JSP 动作标记是一种特殊标记，并且以前缀 jsp 和其他的 HTML 标记相区别，利用 JSP 动作标记可以实现许多功能，包括动态地插入文件、重复使用 JavaBean 组件、把用户重定向到其他页面、为 Java 插件生成 HTML 代码等。

常用的 JSP 动作标记有 include、forward、param、useBean、getProperty 和 setProperty，本节主要介绍前面三项，后三项将在 6.1 节介绍。

4.6.1　include 动作标记

include 动作标记的作用是将文件动态嵌入当前的 JSP 页面中，被嵌入的通常是 HTML 或者 JSP 文件。该动作标记的语法有如下不带参数和带参数的两种格式。

```
<jsp:include page="url"/>
```

和

```
<jsp:include page="url">
   <jsp:param name="attributeName" value="attributeValue"/>
   <jsp:param name .../>
</jsp:include>
```

JSP 页面中包含 include 动作标记时，它被 Servlet 容器（Tomcat）解析成 Servlet 的过程中，不把被包含的文件代码嵌入 JSP 页面中。JSP 页面和被包含的文件是分别被解析成 Servlet 的，在字节码文件被加载执行时才处理 include 动作标记中引入的文件，把被包含文件的输出结果引入进来一起输出到客户端浏览器。这个过程可以称为“先解析执行再包含输出”。

实例 4-2

实例 4-2　include 动作标记的应用

本实例在网站首页 include_index2.jsp 文件中利用 include 动作标记包含 include_header.jsp 和 include_footer.jsp 两个文件，浏览效果如图 4-5 所示。

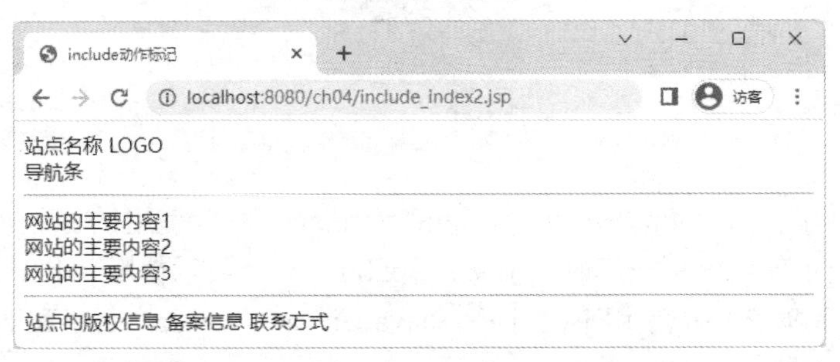

图 4-5　include 动作标记应用的浏览效果

源程序：include_index2.jsp 文件

```
<%@ page contentType="text/html;charset=UTF-8" language="java" %>
<html>
  <head>
     <title>include 动作标记</title>
  </head>
  <body>
    <jsp:include page="include_header.jsp"></jsp:include>
    <div>网站的主要内容 1</div>
    <div>网站的主要内容 2</div>
    <div>网站的主要内容 3</div>
    <jsp:include page="include_footer.jsp"></jsp:include>
  </body>
</html>
```

操作步骤：

（1）右击 ch04 模块中的 webapp 文件夹，在弹出的快捷菜单中选择 New→JSP/JSPX 命令，输入文件名 include_ index2.jsp，按 Enter 键确认建立文件。

（2）在 include_ index2.jsp 文件中输入源代码。

（3）单击运行工具栏中的“运行”按钮 ▶，启动 Tomcat。

（4）在 include_index2.jsp 代码视图中单击浏览器图标，或者在浏览器地址栏中输入网址 http://localhost:8080/ch04/include_index2.jsp，查看浏览效果。

程序说明：

- 本实例使用了实例 4-1 中的 include_header.jsp 和 include_footer.jsp。
- 简单的页面包含，使用 include 动作标记或者 include 指令都能够实现，在需要向被包含页面传递参数时，只能使用 include 动作标记。

4.6.2 forward 动作标记

forward 动作标记的作用是将当前请求转发到其他 Web 资源目标，目标文件可以是 HTML、JSP 或者 Servlet 等。在执行请求转发之后，当前页面的后续代码不再执行，转向执行目标文件，由目标文件向客户端响应输出内容。该动作标记的语法有不带参数和带参数两种格式。

```
<jsp:forward page="url"/>
```

和

```
<jsp:forward page="url">
   <jsp:param name="attributeName" value="attributeValue"/>
   <jsp:param name …/>
</jsp: forward>
```

示例代码如下：

```
<jsp:forward page="search.jsp">
    <jsp:param name="category" value="novel"/>
    <jsp:param name="key" value="harry"/>
</jsp:forward>
```

在示例代码中，执行 forward 动作将请求转发到 search.jsp，并在请求中附加了两个参数，由 search.jsp 读取参数并响应输出给客户端。因此包含 forward 动作标记的 JSP 页面本身没有呈现给客户端，仅仅起到一个请求转发的作用。通常情况设计一个 SearchServlet 来代替示例 JSP，在 Servlet 中编写代码将请求转发到 search.jsp。JSP 侧重于内容的展示，Servlet 侧重于业务逻辑处理，所以读者在选择不同技术时应考虑它们的特点。

4.6.3 param 动作标记

param 动作标记是其他动作标记的子标记，为其他动作标记传递参数，其语法格式如下：

```
<jsp:param name="attributeName" value="attributeValue"/>
```

在 forward 动作标记的示例代码中设置了两个参数 category 和 key。通过<jsp:param>动

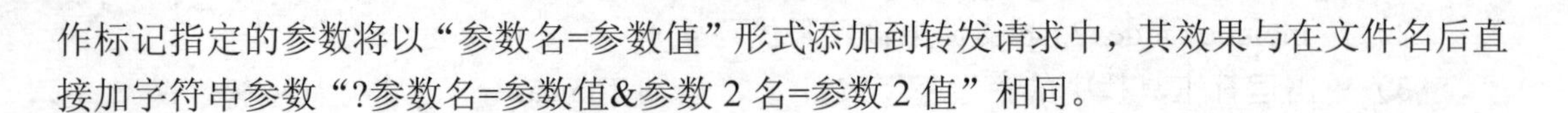

作标记指定的参数将以“参数名=参数值”形式添加到转发请求中，其效果与在文件名后直接加字符串参数“?参数名=参数值&参数2名=参数2值”相同。

4.7 JSP 内置对象

JSP 提供了由 Servlet 容器（Tomcat）实现和管理的内置对象，内置对象是 Servlet API 的实例，在容器解析 JSP 为相应的 Servlet 时已经把它们初始化了。JSP 提供的内置对象有 request、response、session、application、out、page、config、exception 和 pageContext。

在 4.2.2 节的 JSP 被解析为 Servlet 的源代码中，request 与 response 是_jspService 方法的形参，容器会在调用该方法时初始化这两个对象。而 session、application、out、page、config 和 pageContext 都是_jspService 方法的局部变量，由该方法完成初始化。另外，exception 是特例，在 JSP 中当 page 指令的属性 isErrorPage 为 true 时才可以使用 exception 对象，即只有异常处理页面对应的 Servlet 包含 exception 对象的初始化。透过“JSP 本质是 Servlet”看“JSP 内置对象”，读者可以更好地理解和使用 JSP 内置对象。

本节将介绍 request、response、out、page、config、pageContext 和 exception 共七个对象，session 和 application 在第 5 章中介绍。

4.7.1 request 对象

request 对象封装了客户端生成的 HTTP 请求的所有细节，包括 HTTP 头信息、请求方式和请求参数等。服务器端编程（Servlet 和 JSP）的主要流程是首先接收客户端请求并读取请求详细信息，然后进行业务逻辑处理，最后响应输出内容返回给客户端。因此 request 对象是开发人员高频使用的对象之一，其常用方法如表 4-1 所示。

表 4-1　request 对象的常用方法

方 法 名	说　明
getAttribute	获取指定属性名的值，返回类型为 Object，使用时注意类型转换
setAttribute	新增一个属性，或者修改已存在属性的值，值以 Object 类型存储
removeAttribute	删除一个属性
getParameter	获取指定名字参数值
getParameterNames	获取所有参数的名字，枚举类型
getParameterValues	获取指定名字参数的所有值
getCookies	获取所有 Cookie 对象，Servlet 中的常用方法
getSession	获取 Session 对象，Servlet 中的常用方法
getHeader	获取指定名字请求头信息
getInputStream	返回请求输入流，获取请求中的数据，常用于读取请求中上传的文件
getQueryString	获取以 GET 方式向服务器端发送请求时传递的查询字符串
getRemoteAddr	获取客户端的 IP 地址

request 对象常用的业务场景有解决中文乱码问题、获取请求参数、获取客户端信息和请求转发。

1. 解决中文乱码问题

在通过 request 对象获取以 POST 方式提交的表单信息时，如果参数值为中文且未处理，则获取的参数值将是乱码。针对这个问题，在 JSP 中可以通过调用 request 对象的 setCharacterEncoding 方法将编码值设定为 UTF-8 来解决。示例代码如下：

```
<% request.setCharacterEncoding("UTF-8"); %>
```

上述代码应在 request 对象获取请求参数值的代码前执行，否则将无法解决乱码问题。

2. 获取请求参数

客户端向 Web 服务器发送请求时，通常情况下会包含一些请求参数。

示例场景一，在商品列表页面，每个商品包含一个详情的超链接，代码如下：

```
<a href="detail.jsp?id=101">详情</a>
```

在 detail.jsp 页面中可以通过 request 对象的 getParameter 方法获取传递的参数值，代码如下：

```
<% String id = request.getParameter("id"); %>
```

上述代码执行后，变量 id 的值为字符串 101。

示例场景二，登录页面有一个包含用户名和密码的表单，代码如下：

```
<form action="login.jsp" method="post">
   用户名：<input type="text" name="username"> <br>
   密码：  <input type="password" name="userpwd"> <br>
           <input type="submit" value="登录">
</form>
```

在 login.jsp 页面中可以通过 request 对象的 getParameter 方法获取传递的参数值，代码如下：

```
<% String username = request.getParameter("username"); %>
<% String userpwd = request.getParameter("userpwd"); %>
```

上述代码执行后，变量 username 和 userpwd 的值为用户表单中填写的用户名和密码。

示例场景三，在收集用户兴趣爱好页面中包含用户名和爱好的表单，代码如下：

```
<form action="collect.jsp" method="post">
   用户名： <input type="text" name="username"> <br>
   爱好：   <input type="checkbox" name="hobby" value="reading">阅读
            <input type="checkbox" name="hobby" value="sport">运动
            <input type="checkbox" name="hobby" value="music">音乐 <br>
            <input type="submit" value="提交">
```

```
</form>
```

在 collect.jsp 页面中可以通过 request 对象的 getParameterValues 方法获取“爱好”复选框的值，代码如下：

```
<% String[] hobbyArray = request.getParameterValues("hobby"); %>
```

上述代码执行后，字符串数组变量 hobbyArray 的值为用户选择的爱好。若用户选择的爱好是运动和音乐，则 hobbyArray 数组长度为 2，内容为["sport","music"]。

示例总结如下：request 对象获取单值参数使用 getParameter 方法，返回类型为 String；获取多值参数使用 getParameterValues 方法，返回类型为 String 数组。

3. 获取客户端信息

通过 request 对象可以获取客户端的相关信息，如 HTTP 报头信息、客户端主机 IP 地址、客户端提交信息的方式等，示例代码如下。

客户端提交信息的方式：

```
<%= request.getMethod() %>
```

客户单完整 URL 信息：

```
<%= request.getRequestURL() %>
```

客户端 IP 地址：

```
<%= request.getRemoteAddr() %>
```

HTTP 报头信息 Host 的值：

```
<%= request.getHeader("host") %>
```

HTTP 报头信息 User-Agent 的值：

```
<%= request.getHeader("user-agent") %>
```

HTTP 报头信息 Referer 的值：

```
<%= request.getHeader("referer") %>
```

客户端信息在特定应用场景下具有实用价值。示例场景一，某地方性网站仅向本地区用户开放。在登录页面 login.jsp 中，把客户端 IP 地址是否在本地区 IP 范围内也作为一个登录判断条件，达到屏蔽非本地区用户访问的效果。

示例场景二，非正规视频网站为了增加人气并且提高站点访问量，提供了最新热门视频点播，但是它们本身没有购买正版视频资源，只是将播放的超链接指向正规视频网站的资源。正规视频网站为了防止这种盗链，就需要检查请求来源，只接收本站链接发送的点播请求，阻止其他网站链接的点播请求。正规视频网站可在播放视频页面 play.jsp 中编写如下代码，达到防盗链的效果。

```
<%  String urlFromStr = request.getHeader("referer"); //获取请求来源的url
    String hostFromStr = "";
    if(urlFromStr != null){
        URL urlFrom = new URL(urlFromStr);
        hostFromStr = urlFrom.getHost();                //获取请求来源服务器主机
    }
    String urlThisStr =request.getRequestURL().toString(); //获取本站url
    String hostThisStr = "";
    if(urlThisStr != null){
        URL urlThis = new URL(urlThisStr);
        hostThisStr = urlThis.getHost();                //获取本站服务器主机
    }
    //判断请求来源url的主机名与本站的主机名是否相同
    //若不同则视为其他网站的盗链，重定向至本站首页，不播放视频
    if(!hostThisStr.equals(hostFromStr)){
        response.sendRedirect("http://本站首页网址");
    }
%>
```

实例 4-3

实例 4-3　识别客户端浏览器

本实例利用 request 对象的 getHeader 方法识别客户端浏览器，浏览器类型以图标的方式在页面上显示，浏览效果如图 4-6 所示。

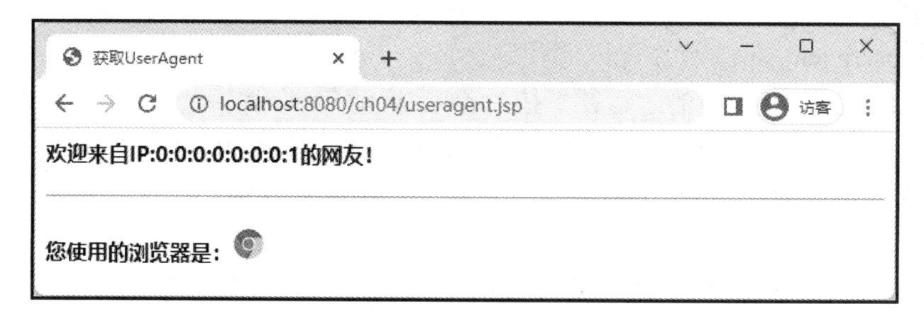

图 4-6　识别客户端浏览器的浏览效果

源程序：useragent.jsp 文件

```
<%@ page contentType="text/html;charset=UTF-8" language="java" %>
<html>
<head>
    <title>获取UserAgent</title>
</head>
<body>
     <%! String browserImage = "";%>
     <%! String clientIP = "";%>
     <%
         String userAgentStr = request.getHeader("user-agent");
         if (userAgentStr.indexOf( "Edg" ) > 0){
             browserImage = "Edge.png";
         } else if (userAgentStr.indexOf( "Chrome" ) > 0){
```

```
            browserImage = "Chrome.png";
        } else if(userAgentStr.indexOf( "Firefox" ) > 0){
            browserImage = "Firefox.png";
        } else{
            browserImage = "Other.png";
        }
        clientIP = request.getRemoteAddr();
    %>
    <h4>欢迎来自 IP:<%=clientIP%>的网友！</h4>
    <hr>
    <h4>您使用的浏览器是：<img src="images/<%=browserImage%>"
                                alt="浏览器图片"></h4>
</body>
</html>
```

操作步骤：

（1）右击 ch04 模块中的 webapp 文件夹，在弹出的快捷菜单中选择 New→JSP/JSPX 命令，输入文件名 useragent.jsp，按 Enter 键确认建立文件。

（2）右击 ch04 模块中的 webapp 文件夹，在弹出的快捷菜单中选择 New→Directory 命令，输入文件夹名 images，按 Enter 键确认建立文件夹。

（3）复制 Edge.png、Chrome.png、Firefox.png 和 Other.png 四个图片文件并粘贴至 images 文件夹。

（4）在 useragent.jsp 文件中输入源代码。

（5）单击运行工具栏中的“运行”按钮 ▶，启动 Tomcat。

（6）在 useragent.jsp 代码视图中单击浏览器图标，或者在浏览器地址栏中输入网址 http://localhost:8080/ch04/useragent.jsp，查看浏览效果。

程序说明：

- 图 4-6 中，0:0:0:0:0:0:0:1 是 ipv6 表现形式，对应 ipv4 为 127.0.0.1，也就是本机 localhost。
- 在 JSP 页面中显示动态信息时，建议采用 HTML 标记中嵌入 JSP 表达式的方式。

4. 请求转发

JSP 页面在处理客户端请求时，若需其他 JSP 或者 Servlet 继续处理该请求时，可以通过请求转发实现。通过请求转发，可联合多个 JSP 或者 Servlet 处理一个请求，拆解复杂的业务逻辑为多个简单步骤，优化 Web 应用的开发。请求转发的工作原理如图 4-7 所示。

从图 4-7 中可知，请求转发前后的两个 JSP 页面使用的是同一个 request 对象。因此在请求转发前，通常会在 request 对象中写入数据信息，供后续 JSP 页面读取并使用。例如，在 first.jsp 中写入属性名为 name 的数据并请求转发至 second.jsp 继续处理，代码如下：

```
<% request.setAttribute("name","Tom");
   request.setAttribute("age", 25);
   request.setAttribute("stu", new Student("22145101","计科221"));
   request.getRequestDispatcher("second.jsp").forward(request,response);
%>
```

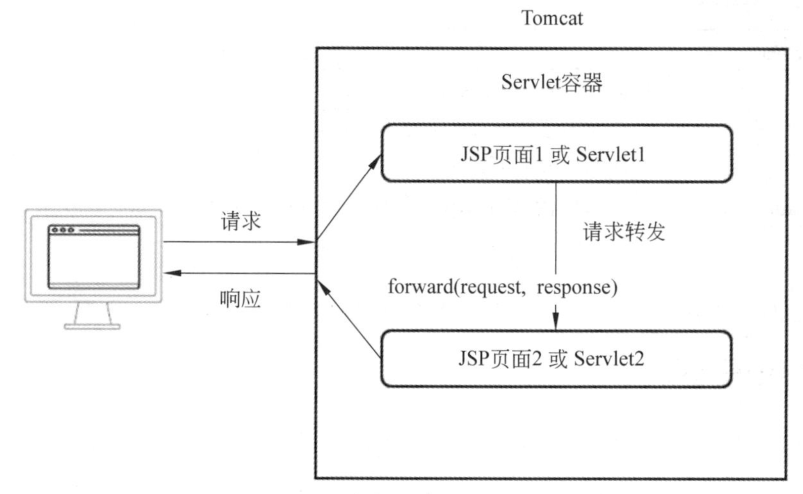

图 4-7 请求转发的工作原理

在 second.jsp 中可以读取 first.jsp 中写入的参数，以及 request 对象中包含的其他所有客户端请求信息，代码如下：

```
<%
    String name = (String)request.getAttribute("name");
    int age = (int)request.getAttribute("age");
    Student stu = (Student) request.getAttribute("stu");
    //继续编写其他业务逻辑处理及响应输出代码
%>
```

使用 request.setAttribute 方法，可以写入任意数据类型的值，在 request 对象内部保存这些值的类型统一为 Object，所以在使用 request.getAttribute 方法读取数据时，需要做相应的类型转换。

注意：JSP 本质上是 Servlet，本节介绍的 request 对象的方法在 Servlet 中同样适用。

■ 4.7.2 response 对象

response 对象的作用是对客户端请求做出动态响应，向客户端发送数据。response 对象响应的信息包含 MIME 类型的定义、Cookie、URL 和文本等。通过 MIME 类型的定义，可以向客户端响应输出各种类型的文件。response 对象是开发人员高频使用的对象之一，其常用方法如表 4-2 所示。

表 4-2 response 对象的常用方法

方 法 名	说 明
setContentType	设置响应的 MIME 类型
setCharacterEncoding	设置响应内容的字符编码方式
getWriter	获取可向客户端输出字符的 PrintWriter 对象
sendRedirect	重定向：响应客户端一个 URL 地址，让客户端新建请求访问这个 URL

续表

方 法 名	说　　明
addCookie	添加一个 Cookie 对象
encodeURL	客户端不支持 Cookie 时，该方法可以把 SessionID 添加到 URL 信息中，返回修改后的 URL
getOutputStream	获取可向客户端输出二进制流的 ServletOutputStream 对象
sendError	向客户端发送错误信息

response 对象常用的业务场景有设置 MIME 类型、请求重定向。

1. 设置 MIME 类型

在默认情况下，JSP 页面的 page 指令已经指定了内容类型和编码方式为 UTF-8。

```
<%@ page contentType="text/html;charset=UTF-8" language="java" %>
```

JSP 页面的 MIME 类型不是固定的，可以根据实际需求动态更改响应内容，通过 response 对象的 setContentType 方法可以使得页面以不同的格式输出到客户端。setContentType 方法的语法格式如下：

```
response.setContentType(String type);
```

type 用于指定响应的内容类型，有 text/html、text/plain、application/json 等。在编写 Servlet 代码时，通常在向客户端响应输出字符前，设定 MIME 类型和编码方式，示例代码如下：

```
response.setContentType("text/html; charset=UTF-8");
```

2. 请求重定向

JSP 页面在处理客户端请求时，若其本身不输出响应信息，而是跳转到其他页面来响应信息。这种情况下，可以使用 response 对象的请求重定向来完成。请求重定向的工作原理如图 4-8 所示。

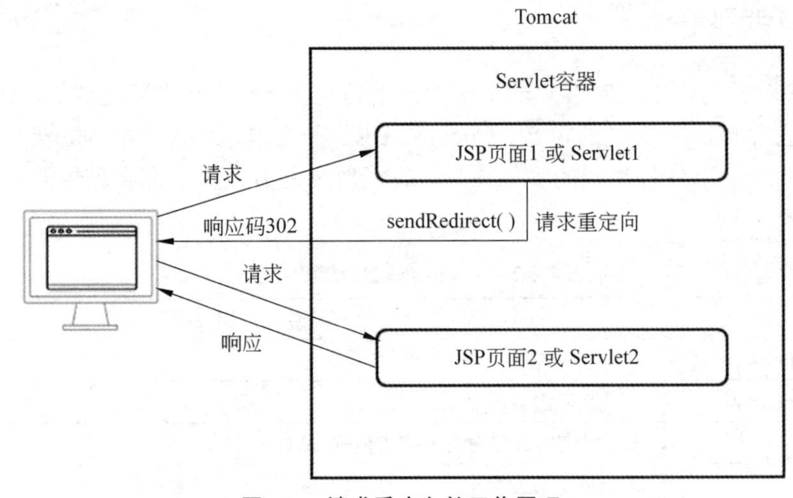

图 4-8　请求重定向的工作原理

请求重定向 sendRedirect 方法生成响应码 302 和 Location 响应头 URL 返回给客户端，客户端浏览器根据响应码 302 自动重新发送一个新的请求，请求地址为 URL。

实例 4-4 用户登录重定向

实例 4-4

本实例在用户登录场景中，利用 response 对象的 sendRedirect 方法进行页面重定向，浏览效果如图 4-9 和图 4-10 所示。

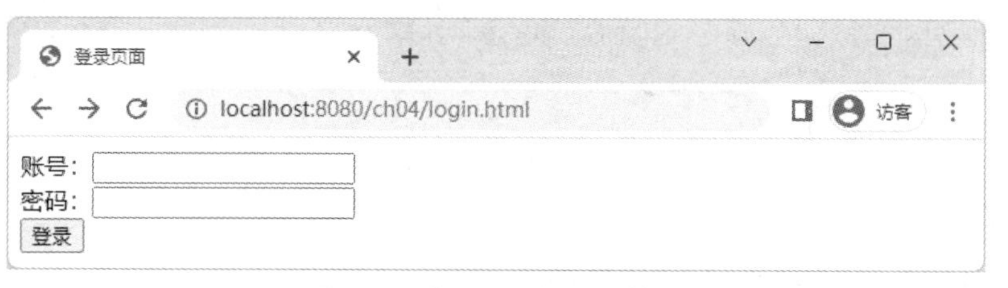

图 4-9 登录页面的浏览效果

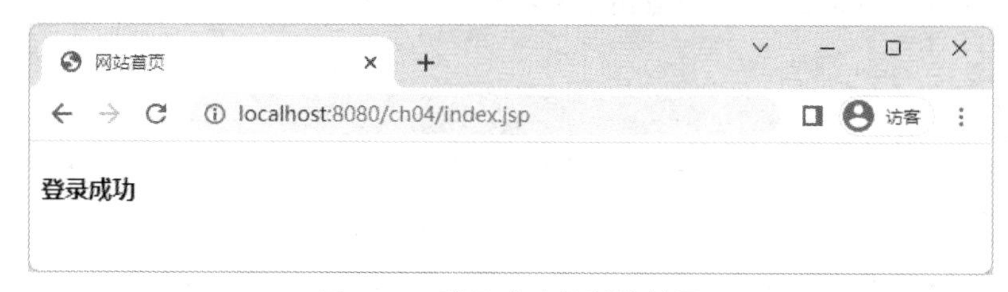

图 4-10 登录成功的浏览效果

源程序：**login.html** 文件

```
<!DOCTYPE html>
<html lang="en">
<head>
    <meta charset="UTF-8">
    <title>登录页面</title>
</head>
<body>
<form action="dologin.jsp" method="post">
    账号：<input type="text" name="username"> <br>
    密码：<input type="password" name="password"><br>
    <input type="submit" value="登录">
</form>
</body>
</html>
```

源程序：**dologin.jsp** 文件

```
<%@ page contentType="text/html;charset=UTF-8" language="java" %>
<html>
<head>
    <title>处理登录请求</title>
</head>
<body>
<%
```

```
    request.setCharacterEncoding("UTF-8");
    String username = request.getParameter("username");
    String password = request.getParameter("password");
    if ("user1".equals(username) && "pwd1".equals(password)){
        //通常在跳转前，将用户信息写入 session，本实例中省略
        response.sendRedirect(request.getContextPath() + "/index.jsp");
    }else{
        response.sendRedirect(request.getContextPath() + "/login.html");
    }
%>
</body>
</html>
```

源程序：index.jsp 文件

```
<%@ page contentType="text/html;charset=UTF-8" language="java" %>
<!DOCTYPE html>
<html>
<head>
    <title>网站首页</title>
</head>
<body>
    <h4>登录成功</h4>
</body>
</html>
```

操作步骤：

（1）右击 ch04 模块中的 webapp 文件夹，在弹出的快捷菜单中选择 New→HTML 命令，输入文件名 login.html，按 Enter 键确认建立文件。

（2）右击 ch04 模块中的 webapp 文件夹，在弹出的快捷菜单中选择 New→JSP/JSPX 命令，输入文件名 dologin.jsp，按 Enter 键确认建立文件。

（3）右击 ch04 模块中的 webapp 文件夹，在弹出的快捷菜单中选择 New→JSP/JSPX 命令，输入文件名 index.jsp，按 Enter 键确认建立文件。

（4）在 login.html、dologin.jsp、index.jsp 文件中输入源代码。

（5）单击运行工具栏中的“运行”按钮 ▶，启动 Tomcat。

（6）在 login.html 代码视图中单击浏览器图标，或者在浏览器地址栏中输入网址 http://localhost:8080/ch04/login.html，查看浏览效果。

程序说明：

“response.sendRedirect(request.getContextPath() + "/index.jsp")” 在本行代码中重定向的参数由两部分组成：网站虚拟路径和资源文件。request.getContextPath 方法用于获取当前网站的虚拟路径，在本实例中的返回值为“/ch04”，字符串拼接后的完整路径为“/ch04/index.jsp”。这种方式称为动态获取虚拟路径。

采用另一种方式——response.sendRedirect("/ch04/index.jsp")，本实例也可以正常运行。但是在实际项目中，开发与部署是分离的。假设部署到 Tomcat 中的虚拟路径为 demo，则代码中的 ch04 与 demo 不匹配，将造成重定向路径无效的错误。采用动态获取虚拟路径方

式可以避免此问题。

注意： 请求重定向与请求转发有两个不同点：①请求转发中的 request 对象是同一个，可以用来传递参数；请求重定向中有两次客户端的请求，所以是两个独立的 request 对象，无法传递参数。②请求转发只能在 Servlet 容器内进行，即只能转发到本站内的资源；请求重定向可以跳转到其他网站的资源。

4.7.3　out 对象

JSP 通过 out 对象向客户端输出信息，它是 java.servlet.jsp.JspWriter 类的实例。其常用方法如表 4-3 所示。

表 4-3　out 对象的常用方法

方 法 名	说　明	方 法 名	说　明
print	向客户端输出信息	clearBuffer	清除缓冲区的内容
println	向客户端输出信息，带换行符	close	关闭输出流

1. print 方法

print 方法向客户端输出信息，通过该方法输出的信息与使用 JSP 表达式输出的信息相同，例如，下面两行代码均可向客户端输出文字：

```
<% out.print("文字内容"); %>
<%= "文字内容" %>
```

JSP 页面中 Java 程序片的语句必须以分号结尾，JSP 表达式不需分号结尾。

2. println 方法

println 方法向客户端输出信息，并在输出内容后输出一个换行符。但是浏览器不会解析 println 输出的换行符，如要换行显示，需要在文字后输出
标记。

```
<% out.println("文字内容，带上浏览器能解析的换行标记。<br>"); %>
```

3. JspWriter 类与 PrintWriter 类

使用 response 对象的 getWriter 方法获取 PrintWriter 类的对象实例，也可以向客户端输出信息，在编写 Servlet 代码时经常使用，示例代码如下：

```
PrintWriter out = response.getWriter();
out.println("文字内容");
```

示例代码中的 out 与 JSP 内置对象 out 是两个不同类的对象实例，但是它们的功能基本相同，主要区别是在 JSP 页面上同时使用这两个对象时，始终先输出 PrintWriter 对象实例中的信息然后再输出 JspWriter 对象实例中的信息，与代码的先后顺序无关。在实际开发中，建议读者在 JSP 页面中使用内置对象 out 输出信息，在 Servlet 中使用 PrintWriter 对象实例

输出信息。

内置对象 out 的常用方法 print 和 println 在 JSP 中通常用更加简洁的 JSP 表达式代替，所以它不是开发人员高频使用的对象。

4.7.4 page 对象和 config 对象

page 对象代表 JSP 本身，从面向对象编程的角度，它可以看作 this 关键字的别名。page 对象是 java.lang.Object 类的对象实例。其常用方法如表 4-4 所示。

表 4-4 page 对象的常用方法

方法名	说 明	方法名	说 明
getClass	获取当前 Object 的类	toString	把当前 Object 转换为字符串
hashCode	返回当前 Object 的哈希值	equals	比较当前 Object 与指定对象是否相等

config 对象主要用于获取 Servlet 容器（Tomcat）的配置信息，它是实现 javax.servlet.ServletConfig 接口的类的对象实例。

JSP 页面被解析为对应的 Servlet，Servlet 在容器中初始化时，容器向 config 对象传递信息，这些信息包括 Servlet 初始化参数以及容器的有关信息。config 对象的常用方法如表 4-5 所示。

表 4-5 config 对象的常用方法

方 法 名	说 明
getServletContext	获取 Servlet 上下文，即 JSP 内置对象 application
getInitParameter	获取指定名称的初始化参数
getInitParameterNames	获取所有初始化参数的名称

page 对象和 config 对象在 JSP 页面中很少使用，不是开发人员高频使用的对象。

4.7.5 pageContext 对象和 exception 对象

pageContext 对象是 javax.servlet.jsp.PageContext 类的对象实例，是 JSP 的核心对象。使用 pageContext 对象可以访问除自身外的 8 个 JSP 内置对象，还可以读写 application 对象、session 对象、request 对象和 page 对象上的自定义属性。其常用方法如表 4-6 所示。

表 4-6 pageContext 对象的常用方法

方 法 名	说 明
getAttribute	获取指定属性名的值，返回类型为 Object，注意类型转换
setAttribute	新增一个属性，或者修改已存在属性的值，值以 Object 类型存储
removeAttribute	删除一个属性
getApplication	获取 application 对象
getSession	获取 session 对象
getRequest	获取 request 对象

续表

方 法 名	说 明
getResponse	获取 response 对象
getPage	获取 page 对象
getOut	获取 out 对象
getException	获取 exception 对象
getServletConfig	获取 config 对象
getServletContext	获取 context 对象
forward	请求转发到另一个 Web 资源
include	包含另一个 Web 资源

exception 对象用来处理 JSP 执行时发生的错误和异常，只有在 page 指令中设置 isErrorPage 属性值为 true 的页面才可以被使用。在 Java 程序中可以使用 try…catch 关键字来处理异常情况。在 JSP 页面中出现了没有捕捉到的异常，则会生成 exception 对象，并将其传递到在 page 指令中设置的错误页面中，然后在错误页面中处理相应的 exception 对象。其常用方法如表 4-7 所示。

表 4-7 exception 对象的常用方法

方 法 名	说 明	方 法 名	说 明
getMessage	获取异常信息	printStackTrace	输出异常及其轨迹
toString	获取异常简单描述信息	getLocalizedMessage	获取本地化的异常信息

pageContext 对象和 exception 对象在 JSP 页面中很少使用，不是开发人员高频使用的对象。

4.8 小结

本章主要介绍 JSP 技术原理，重点说明了 JSP 本质上是 Servlet。介绍了 JSP 页面的构成元素：HTML 标记、注释、Java 脚本、JSP 指令和 JSP 标记。介绍了 JSP 内置对象 request、response、out、page、config、exception 和 pageContext，以及这些对象的常用方法，对比了请求转发和请求重定向的异同点，并以实例进行了演示。

4.9 习题

1. 填空题

（1）根据 JSP 相关规范，每个 JSP 页面在被调用之前必须先被________解析成一个 Servlet 文件。

（2）JSP 最重要的作用是代替________响应输出 HTML 页面内容。

（3）JSP 的本质是________。

（4）JSP 文件的执行方式是________而非解释式。

（5）JSP 页面的主要功能是输出动态内容，在内容样式较为复杂的页面中，可以采用混合________和________的方式输出。

（6）简单的页面包含，使用 include 动作标记或者 include 指令都能够实现，在涉及需要向被包含页面传递参数时，只能使用________。

（7）JSP 提供的内置对象有________、________、________、application、out、page、config、exception 和 pageContext。

2．选择题

（1）下列选项不属于 JSP 指令标记的是（　　）。

A．page　　B．file　　C．include　　D．tablib

（2）下列选项中不属于 JSP 页面基本元素的是（　　）。

A．普通的 HTML 标记

B．注解

C．Java 脚本元素，如声明、Java 程序片和 Java 表达式

D．JSP 标记，如指令标记、动作标记和自定义标记等

（3）关于 JSP 动作标记的说法不正确的是（　　）。

A．通过 XML 语法格式的标记来实现控制 Servlet 容器行为

B．以前缀 jsp 和其他的 HTML 标记相区别

C．可以实现的功能有动态地插入文件、重复使用 JavaBean 组件等

D．include 指令标记和 include 动作标记实现的效果和过程都是一致的

3．简答题

（1）简述 JSP 的执行过程。

（2）简述请求转发与请求重定向的区别。

（3）简述 request 对象常用的业务场景。

4．上机操作题

（1）建立并测试本章的所有实例。

（2）JSP 应用练习——青年大学习登录模块。

习题背景：

围绕学习习近平新时代中国特色社会主义思想，采用“答题闯关”这种生动活泼的方式，组织广大青年积极参与到学习行动之中，推动习近平新时代中国特色社会主义思想在青年中入耳入心。

下面通过 JSP 技术来实现青年大学习的登录功能模块。

习题要求：

① 在 login.jsp 登录页面上设计一个表单，表单标题为“青年大学习-答题闯关”，表单内容为两个文本框，分别输入账号、密码。表单以 Post 方式提交到 LoginServlet。

② 在 LoginServlet 中判断用户名和密码是否正确，若正确，请求重定向到 question.jsp；若错误，请求重定向到 login. jsp。

③ login.jsp 页面使用 include 动作标记包含 page_header.jsp 和 page_footer.jsp。

④ page_header.jsp 页面包含网站大标题“青年大学习-答题闯关”，page_footer.jsp 页面包含读者的个人信息和版权标记。

⑤ question.jsp 页面显示“答题系统建设中……”。

命名规范：JSP 页面命名为 login.jsp、question.jsp、page_header.jsp、page_footer.jsp；Servlet 命名为 LoginServlet。

习题指导：①登录部分代码可以参考 4.7.2 节的实例 4.4。②login.jsp 登录页面中的表单 action 属性，建议以在 HTML 标记中嵌入 JSP 表达式的形式编写，其中网站虚拟路径采用动态获取方式，参考代码如下：

```
<form method="post" action="<%=request.getContextPath()%>/LoginServlet">
</form>。
```

扩展要求：在 JSP 页面上适当添加 CSS 样式代码，使整体页面美观。

（3）JSP 应用练习——青年大学习答题模块。

习题要求：

① 在登录模块完成后，再实现答题模块。

② 在 question.jsp 答题页面上设计一个表单，表单标题为“在实施精准扶贫的过程中，对生存环境恶劣、生态环境脆弱、不具备发展条件的地方，应采取什么样的方式？”，表单内容为 4 个单选框（radio），它们的内容分别为：A 引导就业、B 国家帮扶、C 移民搬迁、D 拨款救济。表单提交到 JudgeServlet。

③ JudgeServlet 判断答案是否正确，若正确，请求重定向到 success.jsp；若错误，请求重定向到 error.jsp。

④ success.jsp 显示“答对了，真棒！”，error.jsp 显示“答题错误，请重试”，并给文字“重试”添加超链接，链接到 question.jsp。

命名规范：JSP 页面命名为 question.jsp、success.jsp、error.jsp；Servlet 命名为 JudgeServlet。

习题指导：

① question.jsp 答题页面表单内的 4 个单选框，注意它们的 name 属性值要一致，并且有 value 属性值。

② question.jsp 答题页面中表单的 action 属性值参考登录模块中的 login.jsp 页面代码。

③ error.jsp 页面中的超链接，建议以在 HTML 标记中嵌入 JSP 表达式的形式编写，其中网站虚拟路径采用动态获取方式，参考代码如下：

```
<a href="<%= request.getContextPath()%>/question.jsp">重试</a>。
```

扩展要求：在 JSP 页面上适当添加 CSS 样式代码，使整体页面美观。

（4）JSP 应用练习——青年大学习答题模块加强版。

习题要求：

① 在答题功能模块完成后，再实现加强版。

② 修改 LoginServlet，在账号和密码正确时，代码逻辑修改为：在 request 对象中写入题号属性，属性名为 no，属性值为 1，请求转发到 question.jsp。

③ 设计 Question 类，包含 no、title、choiceA、choiceB、choiceC、choiceD 和 answer 共 7 个属性，以及相应的 get、set 方法和含参构造函数。

④ question.jsp 页面中，原来是固定的一道题目，修改为从一个包含 5 道题目的 ArrayList 中动态提取 1 题。

⑤ JudgeServlet 判断答案是否正确，若正确，请求转发到 success.jsp；若错误，请求转发到 error.jsp。在请求转发前，将 request.getParameter("no")中读取的题号数字增加 1，写入 request 对象，属性名为 no。

⑥ 修改 success.jsp 的显示内容为“答对了，真棒！继续答题”，修改 error.jsp 的显示内容为“答题错误，继续答题”；为两个页面的文字“继续答题”添加超链接，链接到 question.jsp。

命名规范： JSP 页面命名为 question.jsp、success.jsp、error.jsp；Servlet 命名为 JudgeServlet。

习题指导：

① 请求转发参考 4.7.1 节中的示例代码。

② JudgeServlet 中读取 request 对象中的属性题号时，需要类型转换为 int。

③ JudgeServlet 中读取题号和写入题号的参考代码如下：

```
int no = (int)request.getParameter("no");
no = no +1;
request.setAttribute("no",no);
```

④ “继续答题”超链接的参考代码如下（实为一行，因排版而换行）：

```
<a href="<%= request.getContextPath()%>/question.jsp
            ?no=<%= request.getParameter("no")%>">继续答题</a>。
```

⑤ Question.java 的参考代码如下：

```
public class Question {
    private int no;  private String title; private String choiceA;
    private String choiceB;  private String choiceC;
    private String choiceD; private String answer;
    public Question(int no, String title, String choiceA, String choiceB,
              String choiceC, String choiceD, String answer) {
        this.no = no;  this.title = title;  this.choiceA = choiceA;
        this.choiceB = choiceB; this.choiceC = choiceC;
        this.choiceD = choiceD;  this.answer = answer;
    }
    public int getNo() { return no; }
    public void setNo(int no) { this.no = no; }
    public String getTitle() { return title; }
    public void setTitle(String title) { this.title = title; }
    //此处省略 4 对 get 和 set 方法
    public String getAnswer() { return answer; }
    public void setAnswer(String answer) { this.answer = answer;}
```

```
}
```

⑥ question.jsp 页面的参考代码如下：

```
<!-- 定义变量 -->
<%! // 定义 题库对象 list，需在页面顶部使用 page 指令导入 ArrayList 和 Question
     ArrayList<Question> list;
     //定义当前需要展示的题目对象
     Question currentQuestion;
 %>
 <!-- 初始化题库 list 列表对象 -->
 <%
     list = new ArrayList<Question>();
     //初始化题目 1,并把题目 1 的对象实例加入 list 列表
     Question question = new Question(1,
             "在实施精准扶贫的过程中……应采取什么样的方式？",
             "引导就业","国家帮扶","移民搬迁","拨款救济","C");
     list.add(question);
     //初始化题目 2,并把题目 2 的对象实例加入 list 列表
     //题目内容和答案这里省略，实际代码需补全
     question = new Question(2," ..."," ..."," ..."," ..."," ..."," ...");
     list.add(question);
     //同理，初始化题目 3、4、5，并把题目的对象实例加入 list
     //这里省略 6 行代码
   %>
   <!-- 根据参数 no，从题库 list 中查找对应的题目对象 -->
   <%
     int no = (int)request.getAttribute("no");
     //根据请求中的参数 no，从 list 对象中获取当前页面的题目对象
     for (Question q : list){
         if (q.getNo() == no){
             //在 list 列表中，匹配到题号相同的 Question 对象
             // 存入变量 currentQuestion，同时循环结束
             currentQuestion = q;
             break;
         }
     }
   %>
   <!-- 表单中通过 HTML 标记和 JSP 表达式，动态展示当前题目 -->
   <!-- 当前题目的答案，通过 input:hidden 提交，便于后续 JudgeSerlet 判题 -->
   <form method="post"
          action="<%= request.getContextPath()%>/JudgeServlet">
      <label><%= currentQuestion.getTitle()%></label><br>
      <input type="radio" name="choice" value="A">
         A:   <%= currentQuestion.getChoiceA()%><br>
      <input type="radio" name="choice" value="B">
         B:   <%= currentQuestion.getChoiceB()%><br>
```

```
        <input type="radio" name="choice" value="C">
           C:   <%= currentQuestion.getChoiceC()%><br>
        <input type="radio" name="choice" value="D">
           D:   <%= currentQuestion.getChoiceD()%><br>
        <input type="hidden" name="no"
                value="<%= currentQuestion.getNo()%>">
        <input type="hidden" name="answer"
                value="<%= currentQuestion.getAnswer()%>">
        <input type="submit" value="提交">
    </form>
```

参考资料：

① 题目1："在实施精准扶贫的过程中，对生存环境恶劣、生态环境脆弱、不具备发展条件的地方，应采取什么样的方式？" A 引导就业、B 国家帮扶、C 移民搬迁、D 拨款救济

② 其他题目的内容和答案，请读者自行组织编写。

扩展要求：question.jsp 页面代码中有逻辑漏洞，当题号为 6 时超出题库范文，请按照如果题号超出 5，从第 1 题开始的规则，完善代码。

补充说明：

① 实际项目中的题目是保存在数据库中的，每次通过题号从数据库中提取题目，本练习题做了简化处理。

② 实际项目中 question.jsp 的表单不能通过 input:hidden 传递答案，应该在 JudgeServlet 中根据题号从数据库中获取答案。

第5章　会话管理

本章要点：

- 能理解会话的概念和原理。
- 能理解 Cookie 的生命周期，会熟练使用浏览器查看 Cookie 数据。
- 能理解 Cookie 的运行机制，会熟练编写 Cookie 相关代码。
- 能理解 Session 的生命周期，会熟练使用浏览器查看 Session 的 Id 数据。
- 能理解 Session 的运行机制，会熟练编写 Session 相关代码。

5.1 会话概述

在计算机术语中，会话是指一个终端用户与交互系统进行通信的过程，例如，在 ATM 机上，用户从输入账户密码进入操作系统到退出操作系统就是一个会话过程。

在 Java Web 应用中，通常客户端浏览器通过“请求响应”模式访问同一个网站的不同页面，从开始访问这个网站直到结束的整个过程称为一次会话。一次会话过程，包含了多次客户端与服务器端之间的请求响应过程。如图 5-1 所示，图中的三次请求响应可称为一次会话。

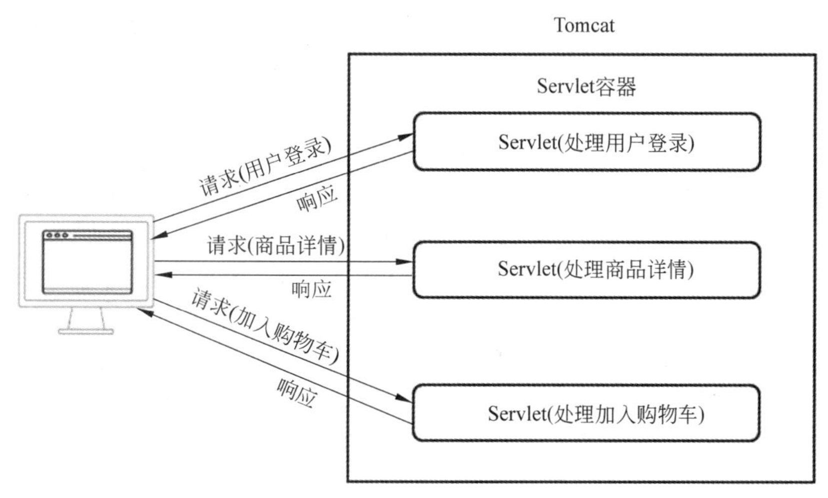

图 5-1　会话的概念

从理论上来说，每次客户端与服务器端之间的请求响应是独立的，与之前后的请求响应无关。主要原因是请求响应是基于 HTTP 通信协议，而在 HTTP 通信协议规范下每个请求都是完全独立的，每个请求包含了处理这个请求所需的完整数据，发送请求不涉及状态变更。因此，通常认为 HTTP 通信协议是无状态的。

在图 5-1 中，从基于 HTTP 通信协议的请求响应来分析。

第一次用户登录请求，浏览器会在请求数据包中封装登录表单中的用户名、密码等信息发送给服务器端。

第二次查看商品详情请求，浏览器会在请求数据包中封装用户单击的商品编号等信息发送给服务器端。

第三次添加商品至购物车请求，浏览器会在请求数据包中封装用户购买的商品编号、数量、金额等信息发送给服务器端。

因为每次的请求都是独立的，所以在第三次请求中，服务器端接收的请求数据中仅包含商品信息，不包含用户信息，无法把商品放入用户购物车。即服务器端不能为不同的客户端处理和响应不同的信息，不能支撑交互式动态网站的实现。

若从会话角度来说，上述三个请求显然属于同一个会话。对服务器端来说，在同一个会话中交互的是同一个用户，如果能“识别”这个用户，那么就能解决 HTTP 通信协议无状态的问题，即可实现交互式动态网站。

为了使服务器端具有“识别”不同客户端的能力，产生了 Cookie 和 Session 两种技术，它们都属于 Java Web 应用中的会话管理技术。

5.2 Cookie 技术

■ 5.2.1 Cookie 概述

HTTP 通信协议本身是无状态的，这与 HTTP 通信协议原本的设计目的是相符的。在早期的互联网中，客户端只需要简单地向服务器端发送请求，服务器端依据请求内容返回相应的响应内容。无论是客户端还是服务器端都没有必要记录彼此之间的交互行为，每次请求之间都是独立的，好比一个顾客和一个非会员制超市之间的关系一样。

然而随着互联网的普及，出现了个性化的交互式动态网站服务的需求。这种需求一方面促使 HTML 逐步添加了表单、脚本、DOM 等客户端行为；另一方面在服务器端则出现了 CGI 规范以响应客户端的动态请求，作为传输载体的 HTTP 通信协议也添加了文件上传、Cookie 等特性。其中 Cookie 就是为了解决 HTTP 通信协议无状态的缺陷所做出的努力。

Cookie 是设计交互式动态网页的一项重要技术，它可以将一些简短的数据存储在客户端，这些数据变量称为 Cookie。当客户端浏览器向服务器端发送请求时，浏览器会自动在请求中携带属于当前服务器端的 Cookie 数据，服务器端在接收请求时可以读取 Cookie 数据，从而获得了“识别”不同客户端的能力。

5.2.2 Cookie 的运行机制

超市为了吸引顾客往往会采用会员制，给会员提供折扣、积分、节日赠品等多项福利。通常顾客首次来超市时，超市会制作并发放会员卡给顾客。后续顾客来超市购物时带上会员卡，就可以享受超市提供的会员福利了。

Cookie 运行机制的基本原理与上述场景相似，客户端对应顾客，服务器端对应超市，Cookie 对应会员卡。

Cookie 的创建和分发过程与超市会员卡场景中的会员卡发放相似。Cookie 是通过扩展 HTTP 通信协议来实现的。Cookie 是服务器端在响应客户端请求时，在 HTTP 的响应头中加入的特定数据信息。客户端浏览器在接收服务器端响应内容后，读取特定数据信息并存储。其中“在 HTTP 的响应头中加入特定数据信息”需要开发人员编写代码实现，“客户端浏览器读取特定数据信息并存储”与开发人员无关，浏览器具备这个功能。

Cookie 的使用过程与顾客去超市时携带并出示会员卡相似。客户端浏览器在访问网站时，会按照一定的规则自动把 Cookie 添加到请求中发送给服务器端。具体过程为：浏览器检查所有存储的 Cookie，如果某个 Cookie 符合所请求网站的范围，则把该 Cookie 添加到 HTTP 请求头中发送给服务器端。类似于顾客有各种不同的会员卡，去“A 超市”时要带上该超市能使用的会员卡。其中“按照一定的规则自动把 Cookie 添加到请求中发送给服务器端”与开发人员无关，浏览器具备这个功能。

Java Web 开发中，Cookie 的工作原理如图 5-2 所示。服务器端 Servlet 程序创建 Cookie 并在响应中写入 Cookie，客户端浏览器读取响应头中的 Cookie 并自动存储。在后续的请求中，浏览器自动在请求头中包含 Cookie，服务器端 Servlet 可读取 Cookie 并进行相应的个性化业务处理和响应。

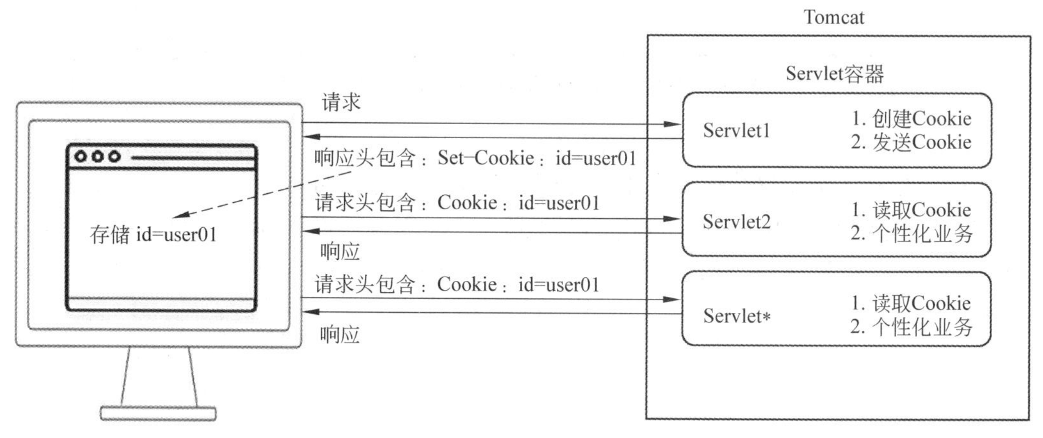

图 5-2 Cookie 的工作原理

Cookie 的内容主要包括：名字、值、到期时间、路径和域。域用于指定某一个特定域名，如 baidu.com，也可以用于指定域名下的二级域名，如 tieba.baidu.com 或者 fanyi.baidu.com。路径就是域名后面的 URL 路径，如“/”或者“/admin”等。域与路径合在一起就构成了 Cookie 的作用范围。

若不设置到期时间，则表示这个 Cookie 的生命周期为浏览器会话期间，只要关闭浏览

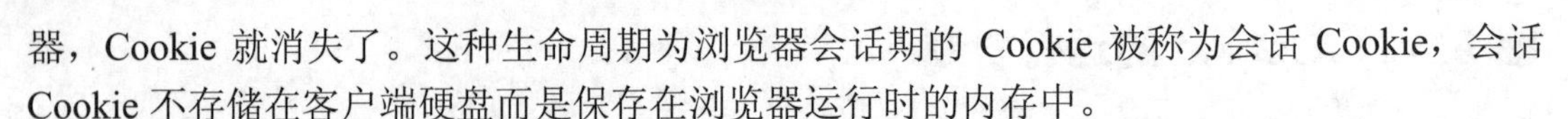

器，Cookie 就消失了。这种生命周期为浏览器会话期的 Cookie 被称为会话 Cookie，会话 Cookie 不存储在客户端硬盘而是保存在浏览器运行时的内存中。

若设置了到期时间，浏览器就会把 Cookie 存储在客户端硬盘上，关闭后再次打开浏览器，这些 Cookie 仍然有效，直到超过设定的到期时间。

存储在客户端硬盘上的 Cookie 可以在同一个浏览器的不同进程间共享，如同一个客户端上开启的两个 Google Chrome 浏览器应用，但是不同浏览器存储的 Cookie 不能共享。

而对于保存在浏览器运行时内存中的 Cookie，当前浏览器所有进程和标签页都可以共享 Cookie。

使用浏览器内置的开发者工具，可以查看当前正在浏览网站的 Cookie 信息。以 Google Chrome 浏览器为例，访问百度网站，单击键盘上的 F12 快捷键，在弹出的界面上选择“网络”或者“Network”选项卡，然后单击左侧的 www.baidu.com 文件，在右侧查看响应标头中的 Cookie 信息，如图 5-3 所示。

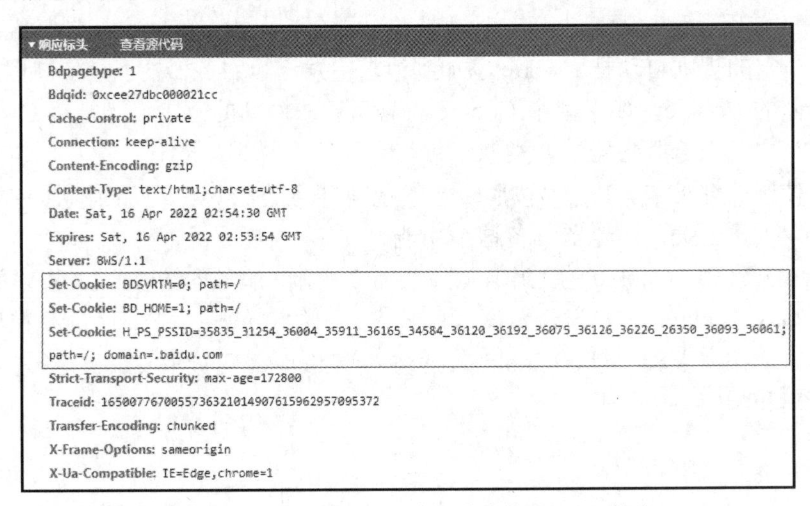

图 5-3　HTTP 通信协议响应头中的 Cookie 信息

在浏览器中通过“设置”菜单，可以查看浏览器存储在硬盘的所有网站的 Cookie 信息。以 Google Chrome 浏览器为例，单击“设置”菜单，在弹出的界面上单击“隐私设置和安全性”选项，继续选择“Cookie 及其他网站数据”→“查看所有 Cookie 和网站数据”命令，在弹出的界面上单击“baidu.com”，即可以查看百度网站相关的 Cookie 信息，如图 5-4 所示。

← baidu.com 本地存储的数据　全部删除
BAIDUID
名称
BAIDUID
内容
4B007F4BDD411460131E712E0A19D87F:FG=1
域名
.baidu.com
路径
/
为何发送
仅限同一网站的连接
到期时间
2023年4月7日星期五 21:06:24

图 5-4　浏览器存储在硬盘的 Cookie 信息

5.2.3　Cookie 的应用

在 Java Web 开发中，开发人员在服务器端进行 Cookie 的创建、设置和发送等相关代码的编写。Cookie 的常用方法如表 5-1 所示。

表 5-1　Cookie 的常用方法

方　法　名	说　　明
setDomain	设置 Cookie 适用的域名
setMaxAge	设置 Cookie 过期时间，以秒为单位
setPath	设置能够访问 Cookie 的路径
setSecure	设置浏览器使用的安全协议，如 HTTPS
setValue	设置 Cookie 对象的值

1. Cookie 的创建与发送

通常在服务器端 Servlet 中编写代码创建 Cookie，服务器端的一次响应过程中可以创建与发送多个 Cookie 对象，示例代码如下：

```
String id = request.getParameter("id");           //假设 id 参数值为 user01
String name = request.getParameter("name");       //假设 name 参数值为 name01
Cookie cookieId = new Cookie("id",id);            //以键值对的方式存放内容
Cookie cookieName = new Cookie("name",name);      //以键值对的方式存放内容
```

Cookie 对象创建后，不能增加其他的键值对，但是可以修改 Cookie 对象值的内容，示例代码如下：

```
cookieName.setValue("userNameStr");
```

Cookie 对象添加到 response 对象返回给客户端，示例代码如下：

```
response.addCookie(cookieId);
response.addCookie(cookieName);
```

上述代码执行后，在浏览器内置的开发者工具中可以查看响应头中的 Cookie 信息，如图 5-5 所示。

2. Cookie 过期时间的设置

默认情况下，Cookie 为会话 Cookie，即 Cookie 保存在浏览器运行时的内存中，浏览器关闭后，Cookie 就失效了。通过设置过期时间，告知浏览器把 Cookie 数据保存在客户端硬盘，即使关闭浏览器，Cookie 仍然有效，示例代码如下：

```
cookieName.setMaxAge(-1);          //参数为负整数，关闭浏览器，Cookie 就失效
cookieId.setMaxAge(7*24*60*60);//参数为正整数，单位为秒，Cookie 存储到客户端硬盘
                                   //本语句表示 Cookie 在 7 天内有效
cookieId.setMaxAge(0);             //参数为 0，立即删除 Cookie
```

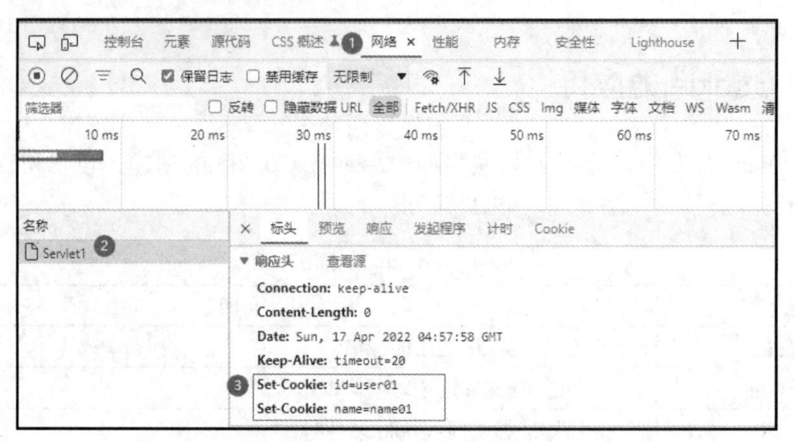

图 5-5　在浏览器中查看响应头中的 Cookie 信息

3. Cookie 作用范围的设置

Cookie 默认的路径为当前访问的 Servlet 的父路径，默认作用范围是当前域名的默认路径。

例如，在问卷调查网站中，创建和发送 Cookie 的是 SendCookieServlet，路径为 http://localhost:8080/question/SendCookieServlet。由此创建的 Cookie 默认路径是/question，默认作用范围是 http://localhost:8080/question。

在单独网站的开发过程中，通常使用 Cookie 默认作用范围即可。若要在 Tomcat 中部署的所有网站都能使用同一个 Cookie，需要设置该 Cookie 的路径为“/”，示例代码如下：

```
cookie.setPath("/");                //当前 Tomcat 下所有网站都能获取该 Cookie
```

Cookie 的作用范围支持跨域。例如，在百度（www.baidu.com）网站中创建的 Cookie，需要在百度贴吧（teiba.baidu.com）、百度翻译（fanyi.baidu.com）等网站中有效，可通过设置 Cookie 的域实现，示例代码如下：

```
cookie.setDomain(".baidu.com");    //参数以“.”开始，在一级域名下实现 Cookie 共享
```

在 Java Web 项目开发中，通常包含用户登录功能模块，用户登录时会提供“记住我”选项，让登录页面记住用户上一次访问时的用户名，使得网站的用户体验更佳。这项功能可以使用 Cookie 技术实现。

实例 5-1

实例 5-1　利用 Cookie 实现记住用户名的功能

本实例为在网站登录页面 login.html 中使用 JavaScript 代码读取 Cookie 信息，实现“记住我”功能，用户在 7 天内访问该页面时，页面自动填写用户名，浏览效果如图 5-6 所示。

图 5-6　利用 Cookie 实现记住用户名的浏览效果

源程序：index.jsp 文件

```
<%@ page contentType="text/html;charset=UTF-8" language="java" %>
<!DOCTYPE html>
<html>
<head>
    <title>Cookie 应用</title>
</head>
<body>
<h1>欢迎来到 Java Web 开发的网站</h1>
<a href="<%=request.getContextPath()%>/login.html">重新登录</a>
</body>
</html>
```

源程序：login.html 文件

```
<!DOCTYPE html>
<html lang="en">
<head>
    <meta charset="UTF-8">
    <title>Cookie 应用</title>
</head>
<body>
<form action="DoLoginServlet" method="post">
  用户名称：<input type="text"  name="username" id="username" /><br>
  用户密码：<input type="password" name="password" /><br>
  记住我：<input type="checkbox" name="remember" value="ok" /><br>
  <input type="submit" value="登录"/>
</form>

<script>
  //调用函数 getCookieValueByKey 获取 Cookie 中保存的用户名称
  //注意：调用函数中参数的值，与 Servlet 中创建的 Cookie 的 key 要一致
  let cookieUserName = getCookieValueByKey("name");
  //根据 HTML 标记的 id 属性，获取用户名称文本框，并写入 Cookie 中读取的用户名
  document.getElementById("username").value = cookieUserName;

  //函数：根据 Cookie 的 key 获取对应的值
  function getCookieValueByKey(key){
    let val = "";
    let cookies = document.cookie;
    cookies = cookies.replace(/\s/,"");
    let cookieArray = cookies.split(";");
    for(let i=0; i<cookieArray.length; i++){
      let cookie = cookieArray[i];
      let kvArray = cookie.split("=");
      if(kvArray[0] == key){
        val = kvArray[1];
        break;
```

```
        }
      }
      return val;
    }
  </script>
  </body>
  </html>
```

源程序：DoLoginServlet.java 文件的部分代码

```
@WebServlet("/DoLoginServlet")
public class DoLoginServlet extends HttpServlet {
    @Override
    protected void doPost(HttpServletRequest request,
        HttpServletResponse response) throws ServletException, IOException{
        //获取表单提交的三个参数
        //注意：request.getParameter 方法参数值与表单中各个标记的 name 值应当一致
        String username = request.getParameter("username");
        String password = request.getParameter("password");
        String remember = request.getParameter("remember");
        //当用户选中“记住我”选项提交时，remember 变量值为 ok
        if("ok".equals(remember)) {
            Cookie cookie = new Cookie("name", username); //Cookie 的 key 为 name
            cookie.setMaxAge(7 * 24 * 60 * 60);        //Cookie 有效期为 7 天
            response.addCookie(cookie);
        }
        //这里假设正确的用户名称和用户密码分别是 admin 和 pwd
        //实际项目中，通常与数据库中的用户名称和用户密码进行比较
        if ("admin".equals(username) && "pwd".equals(password)){
            //验证通过，重定向至首页
            response.sendRedirect(request.getContextPath() + "/index.jsp");
        }else{
            //验证失败，重定向至登录页面
            response.sendRedirect(request.getContextPath() + "/login.html");
        }
    }
}
```

操作步骤：

（1）在 Book 项目中创建 ch05 模块。右击 Book 项目名称，在弹出的快捷菜单中选择 New→Module 命令，在弹出的对话框中选择模块类型为 Java Enterprise，输入模块名称为 ch05、位置为 D:\ideaProj\Book\ch05，选择模块结构为 Web application，选择应用服务器为 Tomcat 9.0.29，然后单击 Next 按钮，在弹出的对话框中单击 Finish 按钮，ch05 模块建立完成。

（2）右击 ch05 模块中的 webapp 文件夹，在弹出的快捷菜单中选择 New→JSP/JSPX 命令，输入文件名 index.jsp，按 Enter 键确认建立文件。

（3）右击 ch05 模块中的 webapp 文件夹，在弹出的快捷菜单中选择 New→HTML 命

令，输入文件名 login.html，按 Enter 键确认建立文件。

（4）右击 com.example.ch05 包，在弹出的快捷菜单中选择 New→Servlet 命令，然后输入名称 DoLoginServlet，按 Enter 键确认建立文件。

（5）分别在三个新建的文件中输入源代码。

（6）在 IDEA 运行工具栏中选择配置 Tomcat，在 Deployment 选项卡内点击“+”按钮，选择 Artifact 选项，在弹出的界面中选择 ch05:war exploded，最后修改 Application context 为“/ch05”。单击 OK 按钮，完成网站部署。

（7）单击运行工具栏中的“运行”按钮 ▶，启动 Tomcat。

（8）在 login.html 代码视图中单击浏览器图标，或者在浏览器地址栏中输入网址 http://localhost:8080/ch05/login.html，查看浏览效果。

程序说明：

- 第一次登录时输入正确的用户名称 admin 和密码 pwd，并且选中“记住我”，登录成功后，关闭浏览器。然后再打开浏览器，输入网址 http://localhost:8080/ch05/login.html，查看页面是否已经自动填写用户名称 admin。
- 浏览本实例的过程中，通过浏览器内置的开发者工具，可以查看请求头中的 Cookie 信息。
- 本实例的 Cookie 有效期为 7 天，可以通过浏览器“设置”→“隐私设置和安全性”查看保存在硬盘 localhost 站点的 Cookie 详细信息。
- 操作步骤中的第（6）步，仅需要在 ch05 模块网站第一次运行时配置。

5.3 Session 技术

5.3.1 Session 概述

HTTP 通信协议是一种无状态协议，即每次服务器端接收到客户端请求时，都是一个全新的请求，服务器端并不知道客户端的历史请求记录。

Session 是设计交互式动态网页的一项重要技术，它可以将客户端的用户数据存储在服务器端。通过在服务器端存储与客户端在同一个会话期间的交互信息，从而实现交互式动态网站。

Cookie 技术采用的是在客户端保持会话状态的方案，而 Session 技术采用的是在服务器端保持会话状态的方案。Session 的主要目的就是为了弥补 HTTP 通信协议的无状态特性。

5.3.2 Session 的运行机制

Session 在客户端第一次访问服务器（Tomcat）时自动创建，但是只有访问 Servlet、JSP 等资源时才会创建 Session，而访问 HTML、CSS、图片等静态资源时并不会创建 Session。

当多个客户端访问服务器端时，服务器端会为每个客户端分别创建不同的 Session，这些 Session 通过 Id 属性进行区分。服务器端依据客户端提供的 Id 来“识别”不同客户，读取相应 Session 的内容，保持与客户的会话状态。

在 Java Web 开发中，Tomcat 管理服务器端 Session，在创建 Session 时，会自动创建名称为 JSESSIONID 的 Cookie，并将 Session 的 Id 属性值赋值该 Cookie，返回给客户端；客户端浏览器会在后续请求中，自动包含该 Cookie。因此，服务器端在与客户端交互过程中，可依据 Cookie 中的 JSESSIONID 读取保存在服务器端的 Session 数据。

由图 5-7 可以看出，服务器端存储了多个客户端的 Session 数据，识别当前客户端的 Session 依据的是客户端请求中包含的 Cookie 中 JSESSIONID 的值。JSESSIONID 的值与 Session 的 Id 属性值是一一对应的。

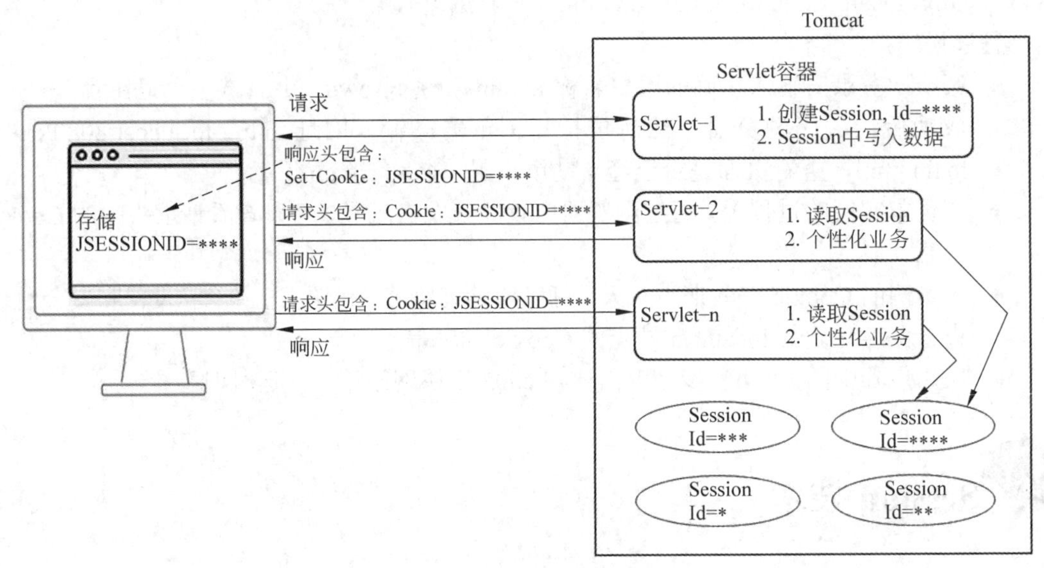

图 5-7　Session 的工作原理

由图 5-2 所示的 Cookie 的工作原理可知，普通的 Cookie 创建并添加到 response 响应中的工作，是开发人员在 Servlet 中编写代码实现的。但是 JSESSIONID 这个 Cookie 不需要开发人员编写代码实现，而是由 Tomcat 自动管理。

通过 Session 技术维护服务器端与客户端的会话状态，需要 Cookie 技术的支持，当客户端浏览器禁用 Cookie 时，Tomcat 会启用 URL 重写机制。这个机制是客户端 Cookie 被禁用时的一个兜底策略，通过在 URL 后面加上“;jsessionid=xxx”来传递 Session 的 Id，这样即使 Cookie 被禁用时，也可以保证 Session 的可用性，但是 Session 的 Id 暴露在 URL 里，本身是不安全的。

默认情况下，用户可以参考图 5-3，查看 Cookie 中的 JSESSIONID 的信息；浏览器 Cookie 被禁用时，用户可以在浏览器地址栏中查看 JSESSIONID 的信息。

■ 5.3.3　Session 的生命周期

Session 数据是保存在服务器端的，为了获得更快的存取速度，服务器端一般把 Session 存储在内存里。每个客户端都有一个独立的 Session，如果 Session 内容过于复杂，当大量客户访问服务器端时可能会导致内存溢出。因此，Session 内的数据信息应该尽量精简。

Session 是在服务器端 Servlet 容器执行 request.getSession()方法时创建。Session 生成后，只要客户端继续访问，服务器端就会更新相应 Session 的最后访问时间，并维护该 Session 状态。客户端每访问服务器端一次，无论是否读写 Session，服务器端都认为该客户端相应的 Session“活跃”了一次。

由于会有越来越多的用户访问服务器端，因此 Session 也会越来越多。为防止内存溢出，服务器端会把长时间内没有“活跃”的 Session 从内存删除。这个时间就是 Session 的超时时间。如果超过了超时时间没访问过服务器端，Session 就自动失效了。

Session 的超时时间为 MaxInactiveInterval 属性，可以通过对应的 getMaxInactiveInterval 方法获取，通过 setMaxInactiveInterval 方法修改。Session 的超时时间也可以在 Tomcat 的 web.xml 文件中修改，默认设置为 30min。另外，通过调用 Session 的 invalidate 方法也可以使 Session 失效。

默认情况下，客户端访问服务器端的过程中，在连续 30min 内，客户端没有任何请求发送到服务器端，如单击超链接、表单提交、刷新页面等交互动作等，服务器端就会清除该客户端对应的 Session 数据。

另一种情况，客户端的浏览器关闭时，服务器端中该客户端对应的 Session 数据还是存在的，只有超过了 Session 的超时时间，服务器端才会清除。

5.3.4 Session 的应用

在 Java Web 开发中，开发人员在服务器端进行 Session 的创建、设置和读取等相关代码的编写。Session 的常用方法如表 5-2 所示。

表 5-2　Session 的常用方法

方 法 名	说　明	方 法 名	说　明
setAttribute	设置 Session 属性	setMaxInactiveInterval	设置 Session 的超时时间
getAttribute	返回 Session 属性	getMaxInactiveInterval	返回 Session 的超时时间
removeAttribute	移除 Session 属性	invalidate	清除 Session

1. 创建 Session

通常在服务器端 Servlet 中编写代码创建 Session，示例代码如下：

```
HttpSession session = request.getSession();
```

request 对象的 getSession 方法从当前 request 中获取 Session，如果 request 中的 Session 为 null，则返回一个新建的 Session 对象。

2. Session 属性的设置与获取

在开发过程中，通常需要通过 Session 存储或者读取用户信息，示例代码如下：

```
HttpSession session = request.getSession();
session.setAttribute("username","user01");
                    //设置 Session 中属性 username 的值为字符串 user01
session.setAttribute("discount",0.75);
                    //设置 Session 中属性 discount 的值为数字 0.75
Customer customer = new Customer(1, "user01","王小齐");
session.setAttribute("customer",customer);
                    //设置 Session 中属性 customer 的值为对象 customer
List<Student> stuList = dao.getStudentListByCourseId(23);
session.setAttribute("stuList",stuList);
                    //设置 Session 中属性 stuList 的值为对象 stuList
```

从上述示例中可以看出，使用 Session 的 setAttribute 方法设置属性时，属性名称是字符串类型，属性值不限制数据类型。但是在使用 getAttribule 方法读取属性值时需要注意类型转换，示例代码如下：

```
HttpSession session = request.getSession();
String username = (String) session.getAttribute("username");
Double discount = (Double) session.getAttribute("discount");
Customer customer = (Customer) session.getAttribute("customer");
List<Student> stuList = (List<Student>) session.getAttribute("stuList");
```

3. 清除 Session

一般情况下，在用户注销登录时需要清除 Session，示例代码如下：

```
HttpSession session = request.getSession();
session.invalidate();
```

在 Java Web 项目开发中，通常包含用户登录功能模块，用户登录后网站就可以为当前用户提供个性化服务。开发人员在编写代码时，通常会把用户信息设置到 Session 的属性中，网站中其他的 Servlet 和 JSP 读取 Session 中存储的用户信息，提供相应的数据和服务。

实例 5-2

实例 5-2　利用 Session 存储顾客信息

本实例在网站登录处理的 Servlet 中，将顾客对象写入 Session 的属性中，在购物页面和结算页面中可以直接从 Session 中获取顾客信息，浏览效果如图 5-8～图 5-10 所示。

图 5-8　利用 Session 存储顾客信息 1

图 5-9　利用 Session 存储顾客信息 2

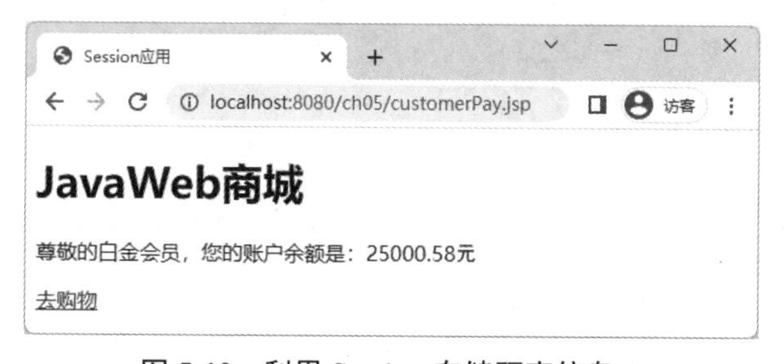

图 5-10　利用 Session 存储顾客信息 3

源程序：customerLogin.html 文件

```
<!DOCTYPE html>
<html lang="en">
<head>
    <meta charset="UTF-8">
    <title>Session应用</title>
</head>
<body>
<form action="CustomerDoLoginServlet" method="post">
    顾客名称：<input type="text"  name="username" id="username" /><br>
    顾客密码：<input type="password" name="password" /><br>
    <input type="submit" value="登录"/>
</form>
</body>
</html>
```

源程序：customerIndex.jsp 文件

```
<%@ page contentType="text/html;charset=UTF-8" language="java" %>
<%@ page import="com.example.ch05.Customer" %>
<!DOCTYPE html>
<html>
<head>
    <title>Session应用</title>
</head>
```

```
<body>
<h1>Java Web 商城</h1>
<%
    //获取 Session 中的当前客户对象
    Customer customer = (Customer)session.getAttribute("customer");
%>
<p>欢迎您，尊敬的<span><%=customer.getType()%></span>客户，开始购物吧！</p>
<p><a href="<%=request.getContextPath()%>/customerPay.jsp">去结算</a></p>
<hr>
<div>
    <span>数据库知识包</span><span>单价：980.54 元</span>
    <a href="#">加入购物车</a>
</div>
<div>
    <span>HTML 知识包</span><span>单价：660.35 元</span>
    <a href="#">加入购物车</a>
</div>
<div>
    <span>Java 知识包</span><span>单价：1560.86 元</span>
    <a href="#">加入购物车</a>
</div>
</body>
</html>
```

源程序：customerPay.jsp 文件

```
<%@ page contentType="text/html;charset=UTF-8" language="java" %>
<%@ page import="com.example.ch05.Customer" %>
<!DOCTYPE html>
<html>
<head>
    <title>Session 应用</title>
</head>
<body>
    <h1>Java Web 商城</h1>
    <%
        //获取 Session 中的当前客户对象
        Customer customer = (Customer)session.getAttribute("customer");
    %>
    <p>
        尊敬的<span><%=customer.getType()%></span>,
        您的账户余额是：<span><%=customer.getBalance()%></span>
    </p>
    <p>
        <a href="<%=request.getContextPath()%>/customerIndex.jsp">去购物</a>
    </p>
</body>
</html>
```

源程序：**Customer.java** 文件的部分代码

```
public class Customer {
    private int id;
    private String name;
    private String type;
    private String pwd;
    private double balance;
    public int getId() {
        return id;
    }
    public void setId(int id) {
        this.id = id;
    }
    public String getName() {
        return name;
    }
    public void setName(String name) {
        this.name = name;
    }
    public String getType() {
        return type;
    }
    public void setType(String type) {
        this.type = type;
    }
    public String getPwd() {
        return pwd;
    }
    public void setPwd(String pwd) {
        this.pwd = pwd;
    }
    public double getBalance() {
        return balance;
    }
    public void setBalance(double balance) {
        this.balance = balance;
    }
    public Customer() {
    }
    public Customer(int id, String name, String type, String pwd, double balance)
    {
        this.id = id;
        this.name = name;
        this.type = type;
        this.pwd = pwd;
        this.balance = balance;
    }
}
```

源程序：**CustomerDoLoginServlet.java** 文件的部分代码

```
@WebServlet("/CustomerDoLoginServlet")
public class CustomerDoLoginServlet extends HttpServlet {
@Override
protected void doPost(HttpServletRequest request,
      HttpServletResponse response) throws ServletException, IOException {
    //注意：request.getParameter 方法参数值与表单中各个标记的 name 值应当一致
    String username = request.getParameter("username");
    String password = request.getParameter("password");
    //实际项目中通常与数据库中的顾客名称和顾客密码进行比较
    //这里实例化一个 Customer 对象，模拟数据库中的顾客信息
    //顾客名称：user01；类型：白金会员；顾客密码：pwd，账户余额：25000.58 元
      Customer customer = new Customer(1,"user01","白金会员","pwd",25000.58);
        if (username.equals(customer.getName()
                && password.equals(customer.getPwd())){
            //验证通过，在 Session 中存储当前用户的 customer 对象
            HttpSession session = request.getSession();
            session.setAttribute("customer",customer);
            response.sendRedirect(
                request.getContextPath() + "/customerIndex.jsp");
        }else{
            //验证失败，重定向至登录页面
            response.sendRedirect(
                request.getContextPath() + "/customerLogin.html");
        }
    }
}
```

操作步骤：

（1）右击 com.example.ch05 包，在弹出的快捷菜单中选择 New→Java Class 命令，然后输入名称 Customer，按 Enter 键确认建立文件。

（2）右击 com.example.ch05 包，在弹出的快捷菜单中选择 New→Servlet 命令，然后输入名称 CustomerDoLoginServlet，按 Enter 键确认建立文件。

（3）右击 ch05 模块中的 webapp 文件夹，在弹出的快捷菜单中选择 New→HTML 命令，输入文件名 customerLogin.html，按 Enter 键确认建立文件。

（4）右击 ch05 模块中的 webapp 文件夹，在弹出的快捷菜单中选择 New→JSP/JSPX 命令，输入文件名 customerIndex.jsp，按 Enter 键确认建立文件。

（5）右击 ch05 模块中的 webapp 文件夹，在弹出的快捷菜单中选择 New→JSP/JSPX 命令，输入文件名 customerPay.jsp，按 Enter 键确认建立文件。

（6）分别在五个新建的文件中输入源代码。

（7）单击运行工具栏中的“运行”按钮 ▶，启动 Tomcat。

（8）在 customerLogin.html 代码视图中，单击浏览器图标，或者在浏览器地址栏中输入网址 http://localhost:8080/ch05/customerLogin.html，查看浏览效果。

程序说明：

- 登录时输入正确的顾客名称 user01 和顾客密码 pwd。

5.4 小结

本章主要介绍 Web 站点中会话的概念，重点介绍了 Cookie 与 Session 两种会话技术。介绍了 Cookie 的运行机制、Cookie 与浏览器之间的依存关系，并以实例展示了 Cookie 在 Web 开发中的应用场景。介绍了 Session 的运行机制与生命周期，说明了 Session 与 Cookie 之间的关系，并以实例展示了 Session 在 Web 开发中的应用方法。

5.5 习题

1．填空题

（1）_______就是为了解决 HTTP 通信协议无状态的特性而设计的。

（2）Cookie 是交互式动态网页的重要技术，它可以将一些简短的数据存储在_______中。

（3）Cookie 的内容主要包括：_______、_______、_______、路径和域。

（4）当多个客户端访问服务器端时，服务器端通过 Session 的_______属性区分不同客户端。

（5）Cookie 中_______的值与 Session 的 Id 属性值是一一对应的。

（6）当客户端浏览器禁用 Cookie 时，Tomcat 会启用_______来确保 Session 正常工作。

（7）在 Tomcat 中，Session 默认的超时时间为_______分钟。

（8）Session 是由_______自动创建，而不是开发人员编写代码创建的。

2．选择题

（1）关于 Session 的说法正确的是（　　）。

A．通常由开发人员在服务器端编写代码创建 Session

B．开发人员使用 Session 的 getObject 方法读取属性值

C．开发人员获取 Session 的属性值时，一般情况先要判断 Session 对象是否为 null

D．开发人员使用 Session 的 removeAttribute 方法清除 Session 对象

（2）关于 Session 的说法不正确的是（　　）。

A．Session 中存储的数据类型可以是字符串、数字和对象

B．服务器端一般把 Session 存储在内存里

C．同一个客户端可能在服务器端存在两个 Session

D．当客户端禁用 Cookie 后，Session 就无法正常工作了

（3）关于 Cookie 的说法正确的是（　　）。

A．通常在客户端编写代码创建 Cookie

B．服务器端的一次响应过程中只能创建与发送一个 Cookie 对象

C．调用 Cookie 对象的 setMaxAge 方法时，参数为-1 表示立即删除该 Cookie

D．使用 Cookie 技术可以实现“7 天内记住用户名”功能

（4）关于 Cookie 的说法不正确的是（　　）。

A．若不设置过期时间，则表示这个 Cookie 的生命周期为浏览器会话期间

B．使用浏览器内置的开发者工具，可以查看当前正在浏览网站的 Cookie 信息

C．只要关闭浏览器，Cookie 就消失了

D．存储在客户端硬盘上的 Cookie 可以在同一个浏览器的不同进程间共享

3．简答题

（1）简述 Cookie 的生命周期和运行机制。

（2）简述 Session 的生命周期和运行机制。

（3）简述 Cookie 与 Session 的区别以及关系。

4．上机操作题

（1）建立并测试本章的所有实例。

（2）使用 Cookie 技术设计和实现网站“3 天内记住用户名”功能。

（3）使用 Session 技术设计和实现网站中不同页面显示已登录用户名功能。

第6章 EL表达式与JSTL

本章要点：

- 能理解 JavaBean，会熟练编写 JavaBean 代码。
- 能理解 EL 表达式，会熟练编写常用 EL 表达式代码。
- 能理解 JSTL 标签库，会熟练编写常用的 JSTL 代码。
- 会熟练使用 EL 中的常见内置对象。
- 会熟练使用 JSTL 中的 Core 标签库。

6.1 JavaBean

6.1.1 JavaBean 概述

JavaBean 是使用 Java 语言开发的一个可重用的组件，它本质上是一个 Java 类。在 Java Web 开发中可以使用 JavaBean 减少重复代码，使 JSP 的开发更简洁。为了规范 JavaBean 的开发，标准的 JavaBean 组件需要遵循如下的编码规范：①必须提供公共的、无参数的构造方法；②类中的属性必须私有化；③类中提供公共的 getter 和 setter 方法。

```
public class Pet {
    private String title;
    public Pet() { }
    public String getTitle() { return title; }
    public void setTitle(String title) { this.title = title; }
}
```

上述代码定义了一个 Pet 类，该类就是一个符合规范的 JavaBean。类中定义了一个名称为 title 的属性和一个无参数构造方法，并提供了公共的 setTitle 和 getTitle 方法供外界访问这个属性。

在 IDEA 开发工具中编写 JavaBean 代码时，使用 Alt + Insert 快捷键调出 Generate 菜单，选择 Getter and Setter 功能项，能自动批量生成 getter 和 setter 方法，提高开发效率。

■ 6.1.2 JavaBean 的属性规范

JavaBean 作为一个组件，通常在 JSP 页面或者被其他 Java 类使用。这个过程通过 Java 的反射机制实现，即在运行时动态地创建对象并调用其属性，这就要求 JavaBean 的属性命名符合通用规范。

例如，在名称为 Pet 的 JavaBean 中包含一个 double 类型的属性 price，那么在 JavaBean 中应该包含 getPrice 和 setPrice 方法，这两个方法的声明如下所示。

```
public double getPrice() { return price; }
public void setPrice(double price) { this.price = price; }
```

getPrice 方法：称为 getter 方法或者属性访问器，该方法以小写的 get 前缀开始，后跟属性名，属性名的第一个字母要大写，如 stock 属性的 getter 方法为 getStock。

setPrice 方法：称为 setter 方法或者属性修改器，该方法必须以小写的 set 前缀开始，后跟属性名，属性名的第一个字母要大写，如 stock 属性的 setter 方法为 setStock。

如果一个属性只有 getter 方法，则该属性为只读属性。如果一个属性只有 setter 方法，则该属性为只写属性。如果一个属性既有 getter 方法，又有 setter 方法，则该属性为读写属性。一般情况下，JavaBean 的属性定义为读写属性。

JavaBean 属性的命名规范有一个例外情况。当属性的类型为 boolean 时，它的命名方式推荐使用 is/set，而不是 get/set。例如，有一个“已注射宠物疫苗”的属性 injected，该属性所对应的方法声明如下所示。

```
public boolean isInjected() { return injected; }
public void setInjected (boolean injected) { this. injected = injected; }
```

由上述代码可知，若使 injected 属性的 getter 方法符合命名规范，则应定义为 isInjected，但是命名为 getInjected 时，该 JavaBean 代码也能够正常运行。

下面通过一个实例展示 JavaBean 代码的编写步骤。

实例 6-1

实例 6-1　设计名称为 Pet 的 JavaBean

本实例设计一个名称为 Pet 的 JavaBean，展示 JavaBean 的代码规范。

源程序：Pet.java 文件

```
package com.example.ch06;
public class Pet {
    private int id;                 //宠物编号
    private String title;           //宠物称呼
    private double price;           //宠物单价
    private int stock;              //宠物库存
    private boolean injected;       //是否已注射疫苗

    public Pet() { }                //无参构造方法
```

```
    public int getId() { return id; }
    public void setId(int id) { this.id = id; }
    public String getTitle() { return title; }
    public void setTitle(String title) { this.title = title; }
    public double getPrice() { return price; }
    public void setPrice(double price) { this.price = price; }
    public int getStock() { return stock; }
    public void setStock(int stock) { this.stock = stock; }
    public boolean isInjected() { return injected; }
    public void setInjected(boolean injected) { this.injected = injected; }
}
```

操作步骤：

（1）在 Book 项目中创建 ch06 模块，具体操作参考 5.2.3 节中模块的创建步骤。

（2）右击 com.example.ch06 包，在弹出的快捷菜单中选择 New→Java Class 命令，然后输入名称 Pet，按 Enter 键确认建立文件。

（3）在 Pet.java 文件中输入源代码，其中 getter 和 setter 方法可以通过 IDEA 工具的代码自动生成。

程序说明：

- 本实例仅展示 JavaBean 的编写，无须运行演示。在实例 6-3 中将演示 JavaBean 的实际使用效果。

6.2 EL 表达式

6.2.1　EL 表达式概述

Java 统一表达式语言（Java Unified Expression Language，JUEL）是一种特殊用途的编程语言，在 Java Web 开发中用于将表达式嵌入 JSP 页面。Java 规范制定者和 Java Web 领域技术专家小组制定了 JUEL。

EL 语言是以 JSTL（JavaServer Pages Standard Tag Library，JSP 标准标签库）的一部分出现的，原本被叫作 SPEL（Simplest Possible Expression Language，简单的表达式语言），后来被称作 EL（Expression Language，表达式语言）。它是一种脚本语言，允许通过 JSP 页面访问 Java 组件（JavaBean）。自 JSP 2.0 以来，EL 表达式已经被内置到 JSP 标签中，用于从 JSP 页面中分离 Java 代码，并可以用更便捷的方式访问 Java 组件。

EL 表达式语法简单，以“${”符号开始，以“}”符号结束，具体格式如下。

```
${表达式}
```

EL 表达式主要代替 JSP 页面中的 Java 脚本代码在 JSP 页面中进行数据的输出，因为 EL 表达式比 Java 脚本代码简洁。

使用 Java 脚本代码：

```
<body>
用户名：<%=request.getAttribute("username")%>
密码：<%=request.getAttribute("password")%>
<hr>
使用 EL 表达式：
用户名：${username}
密码：${password}
</body>
```

上述代码展示了在JSP页面中，分别使用Java脚本代码与使用EL表达式，输出request对象中包含的username和password属性值。EL表达式简化了JSP页面的代码编写，代码简洁且易于维护。另外，当username或者password对象不存在时，使用EL表达式返回空字符串；而使用Java脚本代码返回null，会出现空指针异常。

■ 6.2.2 EL 运算符

EL表达式支持简单的运算，例如，加（+）、减（-）、乘（*）、除（/）等。根据运算方式的不同，EL中的运算符包括以下几种。

1．点运算符（.）

EL表达式中的点运算符，用于访问JSP页面中某些对象的属性，如JavaBean对象、List集合、Array数组等，其语法格式如下。

```
${pet.price}
```

在上述语法格式中，表达式${pet.price}中点运算符的作用就是访问pet对象中的price属性。

2．方括号运算符（[]）

EL表达式中的方括号运算符与点运算符的功能相同，都用于访问JSP页面中对象的属性。当获取的属性名中包含一些特殊符号，如“-”或“?”等并非字母或数字的符号，就只能使用方括号运算符来访问该属性，其语法格式如下。

```
${pet["nick-name"]}
```

需要注意的是，在访问对象的属性时，通常情况会使用点运算符作为简单的写法。但实际上，方括号运算符比点运算符应用得更广泛。

点运算符和方括号运算符在通常情况下可以互换，如${pet.title}等价于${pet["title"]}。

方括号运算符还可以访问List集合或数组中指定索引的某个元素，如表达式${pets[0]}用于访问集合或数组中第1个元素。在这种情况下，只能使用方括号运算符，而不能使用点运算符。

方括号运算符和点运算符可以相互结合使用，例如，表达式${pets[0].id}可以访问集合或数组中的第1个元素的id属性。

3．算术运算符

EL 表达式中的算术运算符可以对整数和浮点数的值进行算术运算。使用这些算术运算符可以方便地在 JSP 页面进行算术运算，并且可以简化页面的代码量。

表 6-1 列举了 EL 表达式中所有的算术运算符。在使用这些运算符时需要注意两个问题，“−”运算符既可以作为减号，也可以作为负号；“/”或“div”运算符在进行除法运算时结果为小数。

表 6-1　算术运算符

算术运算符	说　　明	表　达　式	运 算 结 果
+	加	${13+2}	15
−	减	${13−2}	11
*	乘	${13*2}	26
/（或 div）	除	${13/2} 或 ${13 div 2}	6.5
%（或 mod）	取模（求余）	${13%2} 或 ${13 mod 2}	1

4．比较运算符

EL 表达式中的比较运算符（见表 6-2）用于比较两个操作数的大小，操作数可以是各种常量、EL 变量或 EL 表达式，所有的运算符执行的结果都是布尔类型。

表 6-2　比较运算符

比较运算符	说　　明	表　达　式	运 算 结 果
==（或 eq）	等于	${13 == 2}或{13 eq 2}	false
!=（或 ne）	不等于	${13 != 2}或{13 ne 2}	true
<（或 lt）	小于	${13 < 2}或${13 lt 2}	false
>（或 gt）	大于	${13 > 2}或${13 gt 2}	true
<=（或 le）	小于或等于	${13 <= 2}或${13 le 2}	false
>=（或 ge）	大于或等于	${13 >= 2}或${13 ge 2}	true

为了避免与 JSP 页面的标签产生冲突，对于后四种比较运算符，EL 表达式中通常使用括号内的表示方式。例如，使用“lt”代替“<”运算符，使用“gt”代替“>”运算符。

5．逻辑运算符

EL 表达式中的逻辑运算符（见表 6-3）用于对结果为布尔类型的表达式进行运算，运算的结果仍为布尔类型。

表 6-3　逻辑运算符

<table>
<tr><th>逻辑运算符</th><th>说　　明</th><th>表　达　式</th><th>运 算 结 果</th></tr>
<tr><td>&&（and）</td><td>逻辑与</td><td>${true && false}或${true and false}</td><td>false</td></tr>
<tr><td>||（or）</td><td>逻辑或</td><td>$[false || true}或${false or true}</td><td>true</td></tr>
<tr><td>!（not）</td><td>逻辑非</td><td>${!true}或${not true}</td><td>false</td></tr>
</table>

在使用“&&”运算符时，如果有一个表达式的结果为 false，则结果为 false；在使用“||”运算符时，如果有一个表达式的结果为 true，则结果为 true。

6. empty 运算符

EL 表达式中的 empty 运算符用于判断某个对象是否为 null 或""，结果为布尔类型，其基本的语法格式如下所示。

```
${empty var}
```

（1）当 var 变量不存在，即 var 变量未定义时，表达式返回值为 true。

（2）当 var 变量的值为 null 时，表达式返回值为 true。如表达式${empty pet.title}，如果 pet.title 的值为 null，就返回 true。

（3）当 var 变量引用集合（Set、Map 和 List）类型对象，并且在集合对象中不包含任何元素时，则表达式返回值为 true。如表达式${empty list}，如果 list 集合中没有任何元素，就返回 true。

7. 条件运算符

EL 表达式中的条件运算符用于执行某种条件判断，它类似于 Java 语言中的 if-else 语句，其语法格式如下。

```
${A?B:C}
```

在上述语法格式中，表达式 A 的计算结果为布尔类型，如果表达式 A 的计算结果为 true，就执行表达式 B，并返回 B 的值；如果表达式 A 的计算结果为 false，就执行表达式 C，并返回 C 的值。例如，表达式${ (1>2) ? 3 : 4}的结果为 4。

8. 圆括号运算符（()）

EL 表达式中的圆括号用于改变其他运算符的优先级，如表达式${a*b+c}，正常情况下会先计算 a*b，然后再将计算的结果与 c 相加。如果在这个表达式中加一个圆括号运算符，将表达式修改为${a*(b+c)}，这样则先计算 b 与 c 的和，再将计算的结果与 a 相乘。

EL 表达式中的运算符都有不同的运算优先级（见表 6-4），当 EL 表达式中包含多种运算符时，它们必须按照各自优先级的大小来进行运算。

表 6-4 运算符的优先级

优 先 级	运 算 符
1	[]
2	()
3	–（负号）、not、! empty
4	*、/、div、%、mod
5	+、–（减法）
6	<、>、<=、>=、lt、gt、le、ge
7	==、!=、eq、ne

续表

优　先　级	运　算　符
8	&&、and
9	‖、or
10	?:

对于初学者来说，这些运算符的优先级无须刻意地去记忆。为了防止产生歧义，建议读者尽量使用“( )”运算符来明确运算顺序。

■ 6.2.3　EL 内置对象

在第 4 章中，介绍过 JSP 内置对象。在 EL 技术中，同样提供了内置对象。EL 中的内置对象共有 11 个，具体如表 6-5 所示。

表 6-5　EL 中的内置对象

内置对象名称	说　　明
pageContext	对应于 JSP 页面中的 pageContext 对象
pageScope	代表 page 域中用于保存属性的 Map 对象
requestScope	代表 request 域中用于保存属性的 Map 对象
sessionScope	代表 session 域中用于保存属性的 Map 对象
applicationScope	代表 application 域中用于保存属性的 Map 对象
param	表示一个保存了所有请求参数的 Map 对象
paramValues	表示一个保存了所有请求参数的 Map 对象，它对于某个请求参数，返回的是一个 String 类型数组
header	表示一个保存了所有 HTTP 请求头字段的 Map 对象
headerValues	表示一个保存了所有 HTTP 请求头字段的 Map 对象，返回 String 类型数组
cookie	用来取得客户端的 cookie 值，cookie 的类型是 Map
initParam	表示一个保存了所有 Web 应用初始化参数的 Map 对象

在表 6-5 列举的内置对象中，pageContext 可以获取其他 10 个内置对象。pageScope、requestScope、sessionScope、applicationScope 是用于获取指定域的内置对象，param 和 paramValues 是用于获取请求参数的内置对象，header 和 headerValues 是用于获取 HTTP 请求消息头的内置对象，cookie 是用于获取 Cookie 信息的内置对象，initParam 是用于获取 Web 应用初始化信息的内置对象。本节将对常用的内置对象进行详细的介绍。

1．pageContext 对象

为了获取 JSP 页面的内置对象，可以使用 EL 表达式中的 pageContext 内置对象。pageContext 内置对象的示例代码如下。

```
${pageContext.response.characterEncoding} //响应的字符编码
${pageContext.request.requestURI}          //请求 URI
${pageContext.response.contentType}       //Content-Type 响应头
```

```
${pageContext.servletContext.serverInfo}  //服务器信息
${pageContext.servletConfig.servletName}  //Servlet 注册名
```

2．Web 域相关对象

在 Java Web 开发中，PageContext、HttpServletRequest、HttpSession 和 ServletContext 这四个对象之所以可以存储数据，是因为它们内部都定义了一个 Map 集合。这些 Map 集合是有一定作用范围的，例如，HttpServletRequest 对象存储的数据只在当前请求中可以获取到。通常习惯把这些 Map 集合称为域，这些 Map 集合所在的对象称为域对象。在 EL 表达式中，为了获取指定域中的数据，提供了 pageScope、requestScope、sessionScope 和 applicationScope 四个内置对象，示例代码如下。

```
${pageScope.userName}
${requestScope.userName}
${sessionScope.userName}
${applicationScope.userName}
```

在上述代码中，EL 表达式指定了作用域名称和属性名称。另外 EL 表达式也可以直接通过域中的属性名称获取数据，示例代码如下。

```
${userName}
```

在上述代码中，EL 表达式将在 pageScope、requestScope、sessionScope 和 applicationScope 这四个作用域依次查找 userName 属性。如果这四个作用域上都没有 userName 属性，则返回空字符串；如果多个作用域上有 userName 属性，则返回次序在前面的作用域上的 userName 属性值。

3．param 和 paramValues 对象

在 JSP 页面中，经常需要获取客户端传递的请求参数。为此，EL 表达式提供了 param 和 paramValues 两个内置对象，它们专门用于获取客户端访问 JSP 页面时传递的请求参数。

param 对象用于获取请求参数的某个值，它是 Map 类型，与 request.getParameter 方法相同，在使用 EL 获取参数时，如果参数不存在，返回的是空字符串，而不是 null。param 对象的语法格式如下。

```
$ {param.name}
```

如果一个请求参数有多个值，可以使用 paramValues 对象来获取请求参数的所有值，该对象用于返回请求参数所有值组成的数组。如果要获取某个请求参数的第 1 个值，可以使用如下代码。

```
${paramValues.hobbys[0]}
```

4．cookie 对象

在 JSP 开发中，经常需要获取客户端的 Cookie 信息，为此，在 EL 表达式中提供了 cookie 内置对象，该对象是一个代表所有 Cookie 信息的 Map 集合，Map 集合中元素的键为各个

Cookie 的名称，值则为对应的 cookie 对象，示例代码如下。

```
${cookie.userName}          //获取 cookie 对象的信息
${cookie.userName.name}     //获取 cookie 对象的名称
${cookie.userName.value}    //获取 cookie 对象的值
```

6.3 JSTL

6.3.1　JSTL 概述

JSTL 技术标准是由 JCP（Java Community Process）组织的 JSR052 专家组发布的，Apache 组织将其列入 Jakarta 项目，Sun 公司将 JSTL 的程序包加入互联网服务开发工具包（Web Services Developer Pack，WSDP）内，作为 JSP 技术应用的一个标准。

JSTL 标签是基于 JSP 页面的，这些标签可以插入 JSP 代码中，本质上，JSTL 也是提前定义好的一组标签，这些标签封装了不同的功能，在页面上调用标签时，就等于调用了封装起来的功能。JSTL 的目标是简化 JSP 页面的设计。对于页面设计人员来说，使用脚本语言操作动态数据是比较困难的，而采用标签和表达式语言则相对容易，JSTL 的使用为页面设计人员和程序开发人员的分工协作提供了便利。

JSTL 标签库的作用是减少 JSP 页面的 Java 脚本代码，使 Java 脚本代码与 HTML 代码分离，所以 JSTL 标签库符合 MVC 设计理念。MVC 设计理念是将动作控制、数据处理、结果显示三者分离。

JSTL 标签库是由 5 个不同功能的标签库共同组成的。在 JSTL 1.1 规范中，为这 5 个标签库分别指定了不同的 URI 以及建议使用的前缀，如表 6-6 所示。

表 6-6　JSTL 包含的标签库

标 签 库	标签库的 URI	前　　缀
Core	http:/java.sun.com/jsp/jstl/core	c
I18N	http://java.sun.com/jsp/jstl/fmt	fmt
SQL	http://java.sun.comjsp/jstlsql	sql
XML	http:/java.sun.com/jsp/jstl/xml	x
Functions	http://java.sun.comjspljstl/functions	fn

1．核心标签库

Core 是一个核心标签库，它包含了实现 Java Web 应用中通用操作的标签。例如，用于输出文本内容的<c:out>标签、用于条件判断的<c:if>标签和用于迭代循环的<c:forEach>标签。

2．国际化/格式化标签库

I18N 是一个国际化/格式化标签库，它包含实现 Java Web 应用程序的国际化标签和格式化标签。例如，设置 JSP 页面的本地信息、设置 JSP 页面的时区和使日期按照本地格式显示等。

3．数据库标签库

SQL 是一个数据库标签库，它包含了用于访问数据库和对数据库中的数据进行操作的标签。例如，从数据库中获得数据库连接、从数据库表中检索数据等。由于在软件分层开发模型中，JSP 页面仅作为表示层，一般不会在 JSP 页面中直接操作数据库。因此，JSTL 中提供的这套标签库不经常使用。

4．XML 标签库

XML 是一个操作 XML 文档的标签库，它包含对 XML 文档中的数据进行操作的标签。例如，解析 XML 文件、输出 XML 文档中的内容，以及迭代处理 XML 文档中的元素。XML 广泛应用于 Web 开发，使用 XML 标签库处理 XML 文档更加简单方便。

5．函数标签库

Functions 是一个函数标签库，它提供了一套自定义 EL 函数，包含了常用的字符串操作。例如，提取字符串中的子字符串、获取字符串的长度等。

■ 6.3.2 引入 JSTL

在早期的 Java Web 开发中，通常需要下载 JSTL 的 jar 包文件，然后将其复制到项目的 WEB-INF/lib 文件夹中。

目前主流的开发软件中都集成了 Maven，Maven 是一个项目管理及自动构建工具，基于项目对象模型概念，利用配置文件管理项目的构建、报告和文档。通过 Maven 可以方便高效地管理项目中依赖的第三方库。

在 IDEA 中，打开 ch06 模块的 pom.xml 文件，添加 JSTL 的依赖配置代码，如图 6-1 所示。

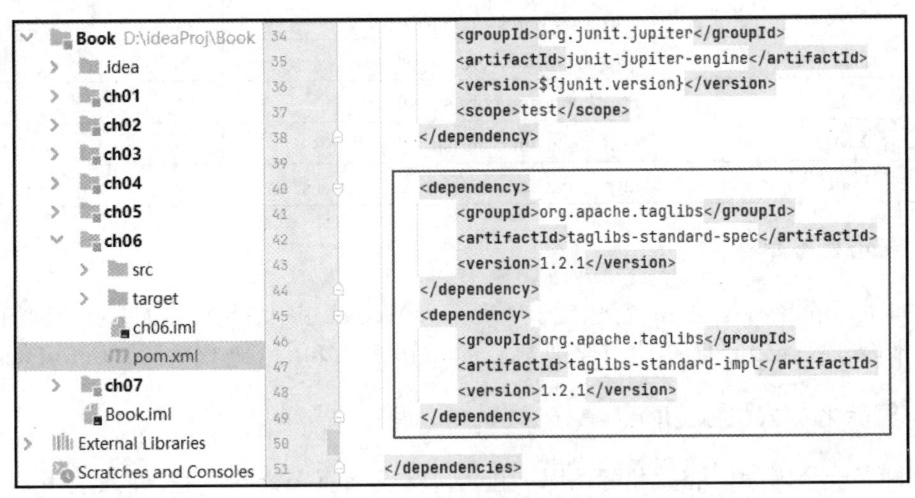

图 6-1　JSTL 依赖配置

ch06 模块中的 pom.xml 编写完成后，Maven 工具将自动通过网络下载 jar 包并将其引入项目中。本项目中使用的 JSTL 标签库依赖的 jar 包版本为 1.2.1，包含“taglibs-standard-impl-1.2.1.jar”和“taglibs-standard-spec-1.2.1.jar”，具体如图 6-2 所示。

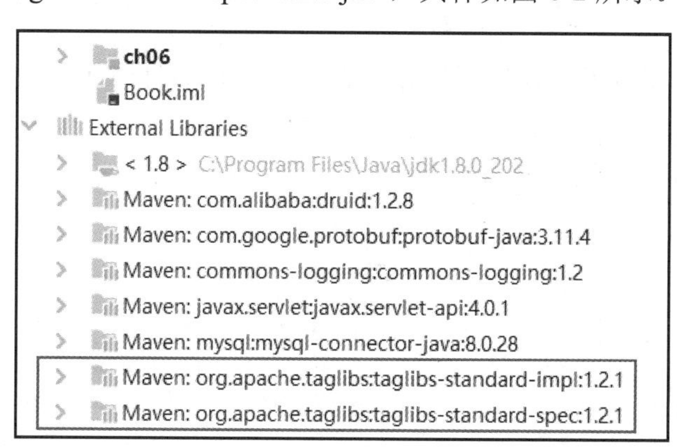

图 6-2　项目中 JSTL 的 jar 包文件

上述配置完成后，开发人员就可以在 JSP 页面中使用 JSTL 标签库了。

6.3.3　JSTL Core 标签库

Core 标签库是 JSTL 中的核心标签库，包含了 Java Web 应用中通用操作的标签。

1．<c:out>标签

在 JSP 页面中，最常见的操作就是向页面输出一段文本信息，为此，Core 标签库提供了一个<c:out>标签，该标签可以将一段文本内容或表达式的结果输出到客户端。如果<c:out>标签输出的文本内容中包含需要进行转义的特殊字符，如>、<、&、'、"等，<c:out>标签会默认对它们进行 HTML 编码转换后再输出。<c:out>标签有两种语法格式，具体如下。

语法 1：没有标签体的情况。

```
<c:out value="value" [default="defaultValue"] [escapeXml="{true|false}"]/>
```

语法 2：有标签体的情况。

```
<c:out value="value" [escapeXml-"{true|false}">defaultValue</c:out>
```

在上述语法格式中，没有标签体的情况，需要使用 default 属性指定默认值；有标签体的情况，在标签体中指定输出的默认值。可以看到，<c:out>标签有多个属性，接下来针对这些属性进行讲解，具体如下。

- value 属性用于指定输出的文本内容。
- default 属性用于指定当 value 属性为 null 时所输出的默认值，该属性是可选的（方括号中的属性都是可选的）。
- escapeXml 属性用于指定是否将>、<、&、'、• 等特殊字符进行 HTML 编码转换后再进行输出，默认值为 true。

需要注意的是，只有当 value 属性值为 null 时，<c:out>标签才会输出默认值，如果没有指定默认值，则默认输出空字符串。

2．<c:set>标签

<c:set>标签可以设置变量值，以及设置 JavaBean 的属性值或 Map 值。设置变量值时，<c:set>标签有两种语法格式，具体如下。

语法 1：没有标签体的情况。

```
<c:set var="varValue" value="value"
    [scope="{page|request|session|application}"] />
```

语法 2：有标签体的情况。

```
<c:set var="varValue" [scope="{page|request|session|application}"] />
    value content
</c:set>
```

在 Java Web 开发中，JSP 页面在显示超链接、图片等内容格式时，经常要输出当前 Web 应用的虚拟路径。在 JSP 页面中，使用 EL 表达式${pageContext.request.contextPath}输出，为了简化该表达式的书写形式，可以通过使用<c:set>标签设置变量来实现，具体代码如下：

```
<c:set var="ctx" value="${pageContext.request.contextPath}"
       scope="application" />
```

在后续 JSP 页面中，可以使用${ctx}来代替${pageContext.request.contextPath}，示例代码如下：

```
<a href="${ctx}/detail?id=${pet.id}">
   <img src="${ctx}/images/${pet.imgUrl}" alt="petImg">
</a>
```

设置 JavaBean 的属性值或 Map 值时，<c:set>标签有两种语法格式，具体如下。

语法 1：没有标签体的情况。

```
<c:set target="target" property="property" value="value"
    [scope="{page|request|session|application}"] />
```

语法 2：有标签体的情况。

```
<c:set target="target" property="property"
    [scope="{page|request|session|application}"] />
    value content
</c:set>
```

如果 target 是一个 Map，则 property 指定的是该 Map 的一个键；如果 target 是一个 JavaBean，则 property 指定的是该 JavaBean 的一个属性名。

3. <c:if>标签

在 Java Web 开发中，经常需要使用 if 语句进行条件判断，如果要在 JSP 页面中进行条件判断，就需要使用<c:if>标签，该标签专门用于完成 JSP 页面中的条件判断，它有两种语法格式，具体如下。

语法 1：没有标签体的情况。

```
<c:if test="testCondition" var="result"
      [scope="{page|request|session|application}"] />
```

语法 2：有标签体的情况，在标签体中指定要输出的内容。

```
<c:if test="testCondition" var="result"
      [scope="{page|request|session|application}"]>
   body content
</c:if>
```

在上述语法格式中，可以看到<c:if>标签有 3 个属性。

- test 属性用于设置逻辑表达式。如果属性 test 的计算结果为 true，那么标签体将被执行，否则标签体不会被执行。
- var 属性用于指定逻辑表达式中变量的名字。
- scope 属性用于指定 var 变量的作用范围，默认值为 page。

实例 6-2　利用 JSTL 标签显示用户姓名

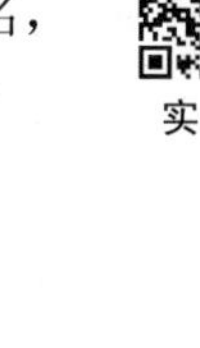
实例 6-2

本实例将用户姓名写入 Session 域中，在 JSP 页面中通过 JSTL 的 if 标签显示用户姓名，浏览效果如图 6-3 所示。

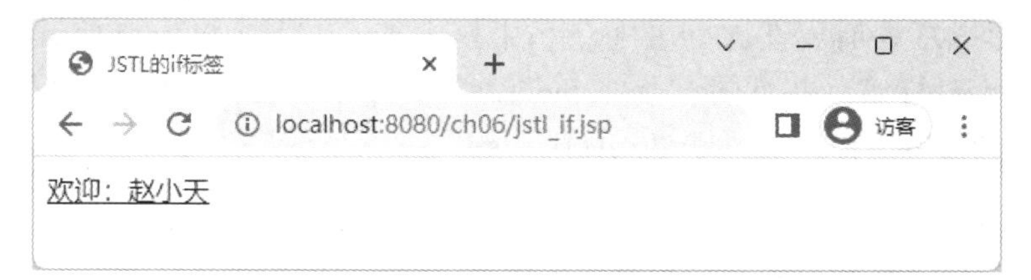

图 6-3　利用 JSTL 标签显示用户姓名

源程序：jstl_if.jsp 文件

```
<%@ page contentType="text/html;charset=UTF-8" language="java" %>
<%@ taglib uri="http://java.sun.com/jsp/jstl/core" prefix="c" %>
<html>
<head>
   <title>JSTL 的 if 标签</title>
</head>
<body>
   <% session.setAttribute("customerName","赵小天");%>
   <%--在 session 中设置属性 isLogin 为布尔值 true，表示用户已登录 --%>
   <% session.setAttribute("isLogin",true); %>
```

```
    <c:if test="${!isLogin}">
        <a href="#">请登录</a>
    </c:if>
    <c:if test="${isLogin}">
        <a href="#">欢迎：${customerName}</a>
    </c:if>
</body>
</html>
```

操作步骤：

（1）右击 ch06 模块中的 webapp 文件夹，在弹出的快捷菜单中选择 New→JSP/JSPX 命令，输入文件名 jstl_if.jsp，按 Enter 键确认建立文件。

（2）在新建的文件中输入源代码。

（3）单击运行工具栏中的“运行”按钮 ，启动 Tomcat。

（4）在 jstl_if.jsp 代码视图中，单击浏览器图标 ，或者在浏览器地址栏中输入网址 http://localhost:8080/ch06/jstl_if.jsp，查看浏览效果。

程序说明：

- 修改源代码中 isLogin 的值为 false，运行测试未登录时的页面效果。
- <c: if>标签没有相应的 else 标签，可以通过 test 属性相反的<c: if>标签来代替。

4. <c:choose>标签

在 Java Web 开发中不仅需要使用 if 条件语句，还经常会使用 if-else 语句。为了在 JSP 页面中也可以完成同样的功能，Core 标签库提供了<c:choose>标签，该标签用于指定多个条件选择的组合边界，它必须与<c:when>、<c:otherwise>标签一起使用。

<c:choose>标签没有属性，在它的标签体中只能嵌套一个或多个<c:when>标签和零个或一个<c:otherwise>标签，并且同一个<c:choose>标签中所有的<c:when>子标签必须出现在<c:otherwise>子标签之前，其语法格式如下。

```
<c:choose>
    Body content (<when> and <otherwise> subtags)
</c:choose>
```

<c:when>标签只有一个 test 属性，该属性的值为布尔类型。test 属性支持动态值，其值可以是一个条件表达式，如果条件表达式的值为 true，就执行这个<c:when>标签体的内容，其语法格式如下。

```
<c:when test="testCondition">
    Body content
</c:when>
```

<c:otherwise>标签没有属性，它必须作为<c:choose>标签最后的分支出现。当所有的<c:when>标签的 test 条件都不成立时，才执行和输出<c:otherwise>标签体的内容，其语法格式如下。

```
<c:otherwise>
    conditional block
</c:otherwise>
```

5. <c:forEach>标签

在 JSP 页面中，经常需要对集合对象进行循环迭代操作。为此，Core 标签库提供了一个<c:forEach>标签，该标签专门用于迭代集合对象中的元素，如 Set、List、Map、数组等，并且能重复执行标签体中的内容，它有两种语法格式，具体如下。

语法 1：迭代包含多个对象的集合。

```
<c:forEach [var="varName"] items="collection" [varStatus="varstatusName"]
           [begin="begin"] [end="end"] [step="step"]>
      body content
</c:forEach>
```

语法 2：迭代指定范围内的集合。

```
<c:forEach [var="varName"] [varStatus="varstatusName"]
           [begin="begin"] [end="end"] [step="step"]>
     body content
</c:forEach>
```

在上述语法格式中，var 属性用于指定将当前迭代到的元素保存到 page 域中的名称。items 属性用于指定将要迭代的集合对象。varStatus 属性用于指定当前迭代状态信息的对象保存到 page 域中的名称。begin 属性用于指定从集合中第几个元素开始进行迭代，begin 的索引值从 0 开始。如果没有指定 items 属性，就从 begin 指定的值开始迭代，直到迭代结束为止。step 属性用于指定迭代的步长，即迭代因子的增量。

实例 6-3 利用 JSTL 标签显示宠物列表

实例 6-3

本实例将宠物对象列表写入 Session 域中，在 JSP 页面中通过 JSTL 的 forEach 标签显示宠物列表信息，浏览效果如图 6-4 所示。

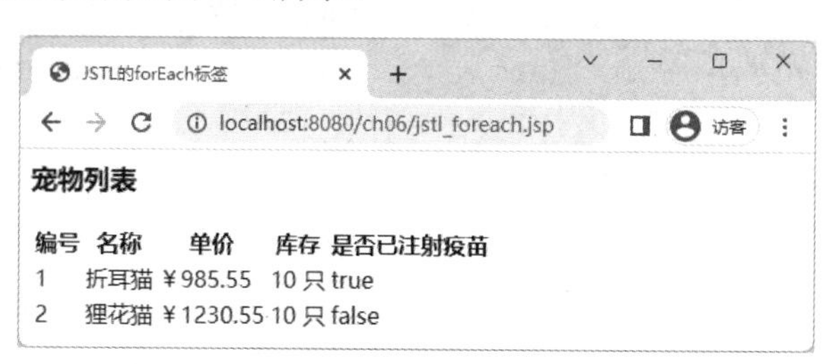

图 6-4 利用 JSTL 标签显示宠物列表信息

源程序：**InitPetListServlet.java** 文件

```
@WebServlet("/InitPetListServlet")
public class InitPetListServlet extends HttpServlet {
   @Override
   protected void doPost(HttpServletRequest request, HttpServletResponse
```

```
response) throws ServletException, IOException {
        //实例化宠物列表对象
        ArrayList<Pet> petList =  new ArrayList<Pet>();
        //实例化宠物对象 1
        Pet pet = new Pet();
        pet.setId(1);
        pet.setTitle("折耳猫");
        pet.setInjected(true);
        pet.setPrice(985.55);
        pet.setStock(10);
        petList.add(pet);//宠物对象 1 添加入列表
        //实例化宠物对象 2
        pet = new Pet();
        pet.setId(2);
        pet.setTitle("狸花猫");
        pet.setInjected(false);
        pet.setPrice(1230.55);
        pet.setStock(10);
        petList.add(pet);//宠物对象 2 添加入列表

        HttpSession session = request.getSession();
        //宠物列表对象写入 Session 域，JSP 页面通过 EL 表达式读取  ${petList}
        session.setAttribute("petList",petList);
        response.sendRedirect(request.getContextPath()+ "/jstl_foreach.jsp");
    }
    @Override
    protected void doGet(HttpServletRequest request, HttpServletResponse
response) throws ServletException, IOException {
        doPost(request,response);
    }
}
```

源程序：jstl_foreach.jsp 文件

```
<%@ page contentType="text/html;charset=UTF-8" language="java" %>
<%@ taglib uri="http://java.sun.com/jsp/jstl/core" prefix="c" %>
<html>
<head>
    <title>JSTL 的 forEach 标签</title>
</head>
<body>
<h3>宠物列表</h3>
<table>
    <tr>
        <th>编号</th><th>名称</th><th>单价</th>
        <th>库存</th><th>是否已注射疫苗</th>
    </tr>
    <%-- pet 为每一次迭代时从集合中取得的对象变量,petList 列表对象来自 Session 域--%>
```

```
    <c:forEach var="pet" items="${petList}" >
        <tr>
            <%-- pet 对象（JavaBean）中属性值，可以使用属性名称获取--%>
            <%-- 例如 pet.id，实际去调用 pet 对象的 getId()方法--%>
            <td>${pet.id}</td><td>${pet.title}</td><td>￥${pet.price}</td>
            <%-- El 表达式可调用对象的方法显示数据--%>
            <td>${pet.getStock()} 只</td><td>${pet.isInjected()}</td>
        </tr>
    </c:forEach>
</table>
</body>
</html>
```

操作步骤：

（1）右击 ch06 模块中的 webapp 文件夹，在弹出的快捷菜单中选择 New→JSP/JSPX 命令，输入文件名 jstl_if.jsp，按 Enter 键确认建立文件。

（2）右击 com.example.ch06 包，在弹出的快捷菜单中选择 New→Servlet 命令，然后输入名称 InitPetListServlet，按 Enter 键确认建立文件。

（3）分别在两个新建的文件中输入源代码。

（4）单击运行工具栏中的“运行”按钮 ▶，启动 Tomcat。

（5）在浏览器地址栏中输入网址 http://localhost:8080/ch06/InitPetListServlet，查看浏览效果。

程序说明：

- 测试浏览时必须访问 InitPetListServlet，因为宠物列表信息在 Servlet 中初始化。通常情况下在 Servlet 中准备数据，写入 Request 域或 Session 域中，再请求转发或者重定向到 JSP 页面，JSP 页面通过 EL 表达式和 JSTL 标签展示数据。
- <c:forEach>标签内一般情况为 HTML 标签与 JSTL 标签混合。

6.4 小结

本章主要介绍 JavaBean、EL 表达式与 JSTL 标签，重点说明了如何在 JSP 页面中应用 EL 表达式与 JSTL 标签。还介绍了 JavaBean 的定义规范、EL 运算符以及 EL 内置对象，JSTL 标签库的引入方法以及 Core 标签库的常用标签，并以实例进行了演示。

6.5 习题

1．填空题

（1）________是使用 Java 语言开发的一个可重用的组件，它本质上是一个 Java 类。

（2）JavaBean 属性的类型为 boolean，它的命名方式应该使用 ________，而不是 get/set。

（3）EL 表达式语法简单，以“_______”符号开始，以“_______”符号结束。

（4）_______主要代替 Java 脚本代码在 JSP 页面中进行数据的输出。

（5）EL 表达式中的_______运算符用于判断某个对象是否为 null 或""，结果为布尔类型。

（6）_______的中文全称是 JSP 标准标签库。

（7）JSTL 标签库由_______、I18N、SQL、XML 和 Functions 五个标签库共同组成。

（8）JSTL 中的_______标签专门用于迭代集合对象中的元素。

2．选择题

（1）下列选项中不属于标准的 JavaBean 组件需要遵循的编码规范的是（　　）。

A．类中提供公共的 getter 和 setter 方法

B．必须提供公共的、带参数的构造方法

C．类中的属性必须私有化

D．必须提供公共的、无参数的构造方法

（2）在 EL 表达式中，关于域对象的说法不正确的是（　　）。

A．4 个域对象为 pageScope、requestScope、sessionScope 和 applicationScope

B．在 4 个作用域依次查找特定属性时，最先查找的是 pageScope

C．在 4 个作用域依次查找特定属性时，最后查找的是 applicationScope

D．如果多个作用域上有相同的特定属性时，则无法获取正确的数据

（3）关于 JSTL 的说法不正确的是（　　）。

A．JSP 3.0 版本内置了 JSTL

B．JSTL 在使用前，需要在项目中添加 JSTL 的 jar 包依赖配置

C．JSP 页面中通过 EL 表达式和 JSTL 标签展示数据

D．<c:forEach>标签内的一般情况为 HTML 标签与 JSTL 标签混合

3．简答题

（1）简述 EL 表达式的特点。

（2）简述 JSTL 在 Java Web 项目中使用的步骤。

（3）如果<c: if>标签没有相应的 else 标签，则如何实现 else 标签的效果？

4．上机操作题

（1）建立并测试本章的所有实例。

（2）设计和实现类名为 Student 的 JavaBean，属性名自定义。

（3）设计和实现类名为 InitStudentServlet 的 Servlet，其中代码逻辑为：构造一个学生对象列表，该列表包含 3 个学生对象，并将列表写入 Session 域。

（4）设计和实现名为 show 的 JSP 页面，其中代码逻辑为：通过 JSTL 的 forEach 标签读取并显示 Session 域中学生的列表信息。

第7章 JDBC与JDBCUtils工具

本章要点：

- 能理解 JDBC 的概念，熟悉 JDBC 常用的 API。
- 能理解 JDBCUtils 类的设计原理。
- 会熟练应用 JDBC 编写操作数据库相关代码。
- 会熟练应用 JDBCUtils 工具类和 JDBCTemplate 编写数据库相关代码。

7.1 JDBC

7.1.1 JDBC 概述

JDBC（Java DataBase Connectivity，Java 数据库连接）是一套用于执行 SQL 语句的 Java API。应用程序可通过这套 API 连接到关系数据库，并使用 SQL 语句来完成对数据库中数据的查询、更新、新增和删除操作。JDBC 通过 Java 代码操作数据库，JDBC 中定义了操作数据库的各种接口与类，如表 7-1 所示。

表 7-1 JDBC 接口与类

接 口 与 类	描 述
Driver	驱动接口，定义建立连接数据库的方式
DriverManager	工具类，用于管理驱动，可以获取数据库的连接
Connection	与数据库建立的连接对象（接口）
Statement	封装与发送 SQL 语句的工具
PreparedStatement	继承自 Statement 接口，封装与发送包含参数的 SQL 语句的工具
ResultSet	结果集，用于获取查询语句的结果

JDBC 是规范（接口）不是实现（类），是 Sun 公司提供的一套完整的接口，由数据库厂商根据特点予以实现，因此只要掌握接口的使用就可以用 JDBC 编写适用于各种数据库的程序。不同数据库的底层技术不同，不少数据库是非开源的，Sun 公司无法为所有数据库提供具体实现，只能提供接口而由数据库厂商提供具体实现。Sun 公司只是制定 JDBC

标准，各个厂商遵守标准提供具体的实现。面向 JDBC 接口规范编程，编写的 JDBC 代码可以在不同厂商的数据库间迁移。

本书使用 MySQL 数据库，版本为 8.0.19。MySQL 提供的 JDBC 实现称为 MySQL Connector，不同的数据库版本需要使用不同版本的 Connector。实际开发时，开发人员需要根据数据库版本和 JDK 版本选择不同版本的 Connector。

7.1.2 JDBC 常用的 API

1. Driver 接口

Driver 接口是所有 JDBC 驱动程序必须实现的接口，该接口专门提供给数据库厂商使用。在编写 JDBC 程序时，必须要把所使用的数据库驱动程序或类库加载到项目中。

2. DriverManager 类

DriverManager 类用于加载 JDBC 驱动并且创建与数据库的连接。在 DriverManager 类中定义了两个重要的静态方法，如表 7-2 所示。

表 7-2　DriverManager 类的方法

方　法	描　述
registerDriver	向 DriverManager 中注册给定的 JDBC 驱动程序
getConnection	建立和数据库的连接，并返回表示连接的 Connection 对象

3. Connection 接口

Connection 接口是 Java 程序和数据库的连接，只有获得该连接对象后才能访问、操作数据库。在 Connection 接口中定义了一系列方法，其常用方法如表 7-3 所示。

表 7-3　Connection 接口中的方法

方　法	描　述
getMetaData	返回表示数据库的元数据的 DatabaseMetaData 对象
createStatement	创建一个 Statement 对象并将 SQL 语句发送到数据库
prepareStatement	创建一个 PreparedStatement 对象并将参数化的 SQL 语句发送到数据库

4. Statement 接口

Statement 接口用于执行静态的 SQL 语句，并返回一个结果对象，该接口的对象通过 Connection 实例的 createStatement 方法获得。利用该对象把静态的 SQL 语句发送到数据库编译执行，然后返回数据库的处理结果。在 Statement 接口中提供了 3 种常用的执行 SQL 语句的方法，具体如表 7-4 所示。

5. PreparedStatement 接口

Statement 接口封装了 JDBC 执行 SQL 语句的方法，可以用来完成 Java 程序执行 SQL 语句的操作。然而，在实际开发过程中往往需要将程序中的变量作为 SQL 语句的查询条件，

表 7-4　Statement 接口中的方法

方　法	描　述
execute	执行各种 SQL 语句，该方法返回一个 boolean 类型的值，如果为 true，表示所执行的 SQL 语句有查询结果，可通过 Statement 的 getResultSet 方法获得查询结果
executeUpdate	执行 SQL 中的 INSERT、UPDATE 和 DELETE 语句，该方法返回一个 int 类型的值，表示数据库中受该 SQL 语句影响的记录条数
executeQuery	执行 SQL 中的 SELECT 语句，该方法返回一个表示查询结果的 ResultSet 对象

而使用 Statement 接口操作这些 SQL 语句会过于烦琐，并且存在安全方面的问题。针对这一问题，JDBC API 提供了扩展的 PreparedStatement 接口。

PreparedStatement 是 Statement 的子接口，用于执行预编译的 SQL 语句。该接口扩展了带有参数 SQL 语句的执行操作，应用该接口中的 SQL 语句可以使用占位符“?”来代替其参数，然后通过 setXxx 方法为 SQL 语句的参数赋值。在 PreparedStatement 接口中提供了一些常用方法，具体如表 7-5 所示。

表 7-5　PreparedStatement 接口中的方法

方　法	描　述
executeUpdate	在 PreparedStatement 对象中执行 SQL 语句，该语句必须是一个 DML 语句或者是无返回内容的 SQL 语句，比如 DDL 语句
executeQuery	在 PreparedStatement 对象中执行 SQL 查询，该方法返回的是 ResultSet 对象
setInt	将指定参数设置为给定的 int 值
setFloat	将指定参数设置为给定的 float 值
setString	将指定参数设置为给定的 String 值
setDate	将指定参数设置为给定的 Date 值

6. ResultSet 接口

ResultSet 接口用于保存 JDBC 执行查询时返回的结果集，该结果集封装在一个逻辑表格中。在 ResultSet 接口内部有一个指向表格数据行的游标，ResultSet 对象初始化时，游标在表格的第 1 行之前，调用 next 方法可将游标移动到下一行。如果下一行没有数据，则返回 false。在应用程序中经常使用 next 方法作为 While 循环的条件来迭代 ResultSet 结果集。ResultSet 接口中的常用方法如表 7-6 所示。

表 7-6　ResultSet 接口中的方法

方　法	描　述
getString(int columnIndex)	获取指定字段的 String 类型的值，参数 columnIndex 代表字段的索引
getString(String columnName)	获取指定字段的 String 类型的值，参数 columnName 代表字段的名称
getint(int columnIndex)	获取指定字段的 int 类型的值，参数 columnIndex 代表字段的索引
getInt(String columnName)	获取指定字段的 int 类型的值，参数 columnName 代表字段的名称
getDate(int columnIndex)	获取指定字段的 Date 类型的值，参数 columnIndex 代表字段的索引
getDate(String columnName)	获取指定字段的 Date 类型的值，参数 columnName 代表字段的名称
next	将游标从当前位置向下移一行

续表

方　法	描　述
absolute	将游标移动到此 ResultSet 对象的指定行
afterLast	将游标移动到此 ResultSet 对象的末尾，即最后一行之后
beforeFirst	将游标移动到此 ResultSet 对象的开头，即第一行之前
previous	将游标移动到此 ResultSet 对象的上一行
last	将游标移动到此 ResultSet 对象的最后一行

■ 7.1.3　JDBC 操作数据库的步骤

利用 JDBC 编写代码操作数据库主要分为六个步骤，如图 7-1 所示。

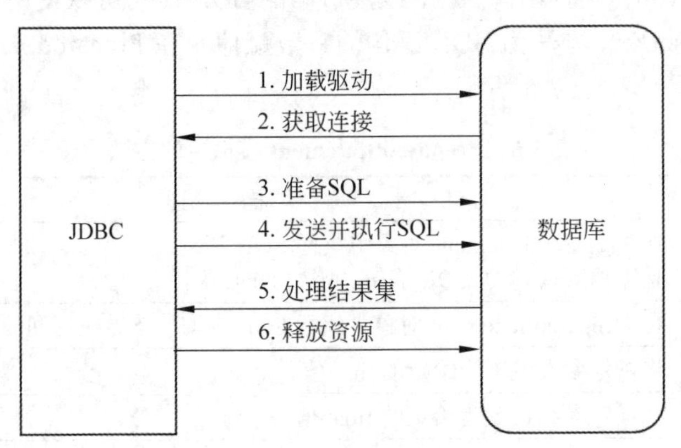

图 7-1　JDBC 操作数据库的步骤

1．加载并注册数据库驱动

注册数据库驱动的具体方法有两种，示例代码如下。

```
DriverManager.registerDriver(Driver driver);
class.forName( "DriverName");
```

2．获取数据库连接

获取数据库连接的示例代码如下。

```
Connection conn = DriverManager. getConnection(
                        String url,String user, String pwd);
```

从上述代码中可以看出，getConnection 方法中有 3 个参数，它们分别表示连接数据库的 URL 地址、登录数据库的用户名和密码。以 MySQL 数据库为例，其 URL 地址的书写格式如下。

```
jdbc:mysql://hostname:port/databasename
```

上述代码中，“jdbc:mysql:”是固定的写法，mysql 指的是 MySQL 数据库，hostname 指的是主机的名称。如果数据库在本机中，hostname 可以为 localhost 或 127.0.0.1；如果要连接的数据库在其他主机上，hostname 为所要连接主机的 IP 地址。port 指的是连接数据库的端口号，MySQL 数据库的端口号默认为 3306，而 databasename 指的是 MySQL 中相应数据库的名称。

3．创建 Statement 对象，准备 SQL 语句

SQL 语句不包含参数时，使用基本的 Statement 对象，示例代码如下。

```
String sql="select * from users";
Statement stmt = conn.createStatement(sql);
```

SQL 语句包含参数时，使用 PreparedStatement 对象，示例代码如下。

```
String sql =" select * from users where id = ?";
PreparedStatement stmt =conn.prepareStatement(sql);
stmt.setInt(1,5);//设置 sql 语句中第一个参数的值为 5
```

4．使用 Statement 对象执行 SQL 语句

执行查询语句，使用 executeQuery 方法，返回代表结果集的 ResultSet 对象，示例代码如下。

```
ResultSet rs = stmt.ExecuteQuery(sql);
```

执行 DML 语句，如 INSERT、UPDATE 和 DELETE，使用 executeUpdate 方法，返回受 SQL 语句影响的行数，示例代码如下。

```
int affectedRows = stmt.executeUpdate(sql);
```

5．处理 ResultSet 结果集

如果执行的 SQL 语句是查询语句，执行结果将返回一个 ResultSet 对象，该对象里保存了 SQL 语句查询的结果。程序可以通过操作该 ResultSet 对象来读取查询结果，示例代码如下。

```
String sql="select * from users";
Statement stmt = conn.createStatement();
ResultSet rs = stmt.ExecuteQuery(sql);
while (rs.next(){
  int id = rs.getInt("id");
  String name = rs.getString("name");
  … //省略具体业务处理代码
}
```

6．关闭连接，释放资源

每次操作数据库结束后都要关闭数据库连接，释放资源，包括关闭 ResultSet、Statement 和 Connection 等资源。

下面通过三个实例展示使用 JDBC 操作数据库的步骤。

实例 7-1

实例 7-1　利用 JDBC 显示宠物分类

本实例使用 JDBC 连接 MySQL 数据库 petstore，在页面上展示宠物分类信息，浏览效果如图 7-2 所示。

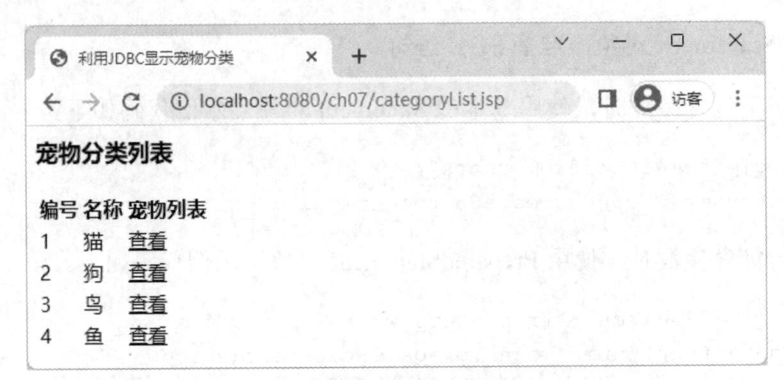

图 7-2　利用 JDBC 显示宠物分类

源程序：petstore.sql 数据库初始化脚本文件

```
CREATE DATABASE petstore charset = utf8;
USE petstore;
-- 创建宠物分类表
CREATE TABLE category
(
    id int auto_increment primary key,
    name varchar(255) not null
) charset = utf8;
-- 插入宠物分类数据
INSERT INTO category (id, name) VALUES (1, '猫');
INSERT INTO category (id, name) VALUES (2, '狗');
INSERT INTO category (id, name) VALUES (3, '鸟');
INSERT INTO category (id, name) VALUES (4, '鱼');
-- 创建宠物表
CREATE TABLE pets
(
    id int auto_increment primary key,
    category_id int  not null,
    title varchar(50) not null,
    tag varchar(50) not null,
    photo varchar(50) not null,
    price decimal(10, 2) default 0.00 not null,
    stock int  default 0  not null,
    descs varchar(1000) not null,
    constraint fk_category_id
        foreign key (category_id) references category (id)
) charset = utf8;
-- 插入宠物数据
INSERT INTO pets (id, category_id, title, tag, photo, price, stock, descs)
```

```
VALUES (1, 3, '金丝雀', '艳丽,活泼', 'bird1.jpg', 70.00, 5, '金丝雀简介…');
    INSERT INTO pets (id, category_id, title, tag, photo, price, stock, descs)
VALUES (2, 3, '八哥', '善鸣叫,习人语', 'bird2.jpg', 50.00, 5, '八哥简介…');
    INSERT INTO pets (id, category_id, title, tag, photo, price, stock, descs)
VALUES (3, 3, '画眉鸟', '极善鸣啭,歌声动听', 'bird3.jpg', 60.00, 5, '画眉鸟简介…');
    INSERT INTO pets (id, category_id, title, tag, photo, price, stock, descs)
VALUES (4, 3, '百灵鸟', '能歌善舞,委婉动听', 'bird4.jpg', 80.00, 5, '百灵鸟简介…');
```

源程序：pom.xml 配置文件

```
<!-- 在ch07模块中的pom.xml文件中，添加如下依赖信息-->
<!-- https://mvnrepository.com/artifact/mysql/mysql-connector-java -->
<!-- mysql数据库驱动程序包-->
<dependency>
    <groupId>mysql</groupId>
    <artifactId>mysql-connector-java</artifactId>
    <version>8.0.28</version>
</dependency>
<!-- jstl程序包-->
<dependency>
    <groupId>org.apache.taglibs</groupId>
    <artifactId>taglibs-standard-spec</artifactId>
    <version>1.2.1</version>
</dependency>
<dependency>
    <groupId>org.apache.taglibs</groupId>
    <artifactId>taglibs-standard-impl</artifactId>
    <version>1.2.1</version>
</dependency>
```

源程序：Category.java 文件

```
package com.example.ch07;
public class Category {
    private int id;           //编号
    private String name;      //名称
    public Category() { }    //无参构造方法
    public int getId() { return id; }
    public void setId(int id) { this.id = id; }
    public String getName() { return name; }
    public void setName(String name) { this.name = name; }
}
```

源程序：GetCategoryServlet.java 文件

```
package com.example.ch07;
import javax.servlet.*;
import javax.servlet.http.*;
import javax.servlet.annotation.*;
import java.io.IOException;
```

```
import java.sql.*;
import java.util.ArrayList;
@WebServlet("/GetCategoryServlet")
public class GetCategoryServlet extends HttpServlet {
   @Override
   protected void doPost(HttpServletRequest request, HttpServletResponse
response) throws ServletException, IOException {
         Connection conn = null;
         Statement stmt = null;
         ResultSet rs = null;
         ArrayList<Category> categoryList = null;
         //1. 加载并注册数据库驱动
         try {
            Class.forName("com.mysql.cj.jdbc.Driver");
         } catch (ClassNotFoundException e) {
            e.printStackTrace();
         }
         try {
            //2. 获取数据库连接
            conn= DriverManager.getConnection(
                  "jdbc:mysql://localhost:3306/petstore","root","root");
            //3. 创建Statement对象，准备SQL语句
            stmt = conn.createStatement();
            String sql = "select id,name from category";
            //4. 使用Statement对象执行SQL语句
            rs = stmt.executeQuery(sql);
            //5. 处理ResultSet结果集
            //将结果数据封装为Category对象，加入ArrayList<Category>
            categoryList = new ArrayList<Category>();
            while(rs.next()){
               Category category = new Category();
               category.setId(rs.getInt("id"));
               category.setName(rs.getString("name"));
               categoryList.add(category);
            }
            //6. 关闭连接，释放资源
            rs.close();
            stmt.close();
            conn.close();
         } catch (SQLException e) {
            e.printStackTrace();
         }
       HttpSession session = request.getSession();
       //分类对象列表写入Session域，JSP页面通过EL表达式读取并展示
       session.setAttribute("categoryList",categoryList);
       response.sendRedirect(request.getContextPath()+ "/categoryList.jsp");
    }
```

```
    @Override
    protected void doGet(HttpServletRequest request, HttpServletResponse
response) throws ServletException, IOException {
        doPost(request,response);
    }
}
```

源程序：categoryList.jsp 文件

```
<%@ page contentType="text/html;charset=UTF-8" language="java" %>
<%@ taglib uri="http://java.sun.com/jsp/jstl/core" prefix="c" %>
<html>
<head>
   <title>利用 JDBC 显示宠物分类</title>
   </head>
<body>
   <h3>宠物分类列表</h3>
   <table>
       <tr>
         <th>编号</th><th>名称</th><th>宠物列表</th>
       </tr>
      <%-- category 为每次迭代时从集合中取得的对象变量，--%>
      <%-- categoryList 类型为列表，来自 Session 域--%>
      <c:forEach var="category" items="${categoryList}" >
        <tr>
          <td>${category.id}</td><td>${category.name}</td>
          <td><a href="${pageContext.request.contextPath}/
          GetPetServlet?category_id=${category.id}">查看</a></td>
        </tr>
      </c:forEach>
   </table>
   <hr>
   <a href="${pageContext.request.contextPath}
                    /AddCategoryServlet?category_name=昆虫">新增分类</a>
</body>
</html>
```

操作步骤：

（1）使用 MySQL 数据库客户端软件，在 MySQL 数据库中创建数据库 petstore，创建表 category，插入宠物分类记录，创建表 pets，插入宠物信息记录，具体代码参考脚本文件 petstore.sql。

（2）在 Book 项目中创建 ch07 模块，具体操作参考 5.2.3 节中模块的创建步骤。

（3）打开 pom.xml 文件，在</dependencies>的前一行插入 MySQL 和 JSTL 依赖配置信息，具体代码参考 pom.xml 配置文件。

（4）右击 com.example.ch07 包，在弹出的快捷菜单中选择 New→Java Class 命令，然后输入名称 Category，按 Enter 键确认建立文件。

（5）在 Category.java 文件中输入源代码，其中 getter 和 setter 方法可以通过 IDEA 工具

的代码自动生成。

（6）右击 com.example.ch07 包，在弹出的快捷菜单中选择 New→Servlet 命令，然后输入名称 GetCategoryServlet，按 Enter 键确认建立文件，输入源代码。

（7）右击 ch07 模块中的 webapp 文件夹，在弹出的快捷菜单中选择 New→JSP/JSPX 命令，输入文件名 categoryList.jsp，按 Enter 键确认建立文件，输入源代码。

（8）单击运行工具栏中的“运行”按钮 ▶，启动 Tomcat。

（9）在浏览器地址栏中输入网址 http://localhost:8080/ch07/GetCategoryServlet，查看浏览效果。

程序说明：

- 模块 ch07 第一次运行时，需要先进行部署配置。
- 本实例测试时，URL 地址栏应输入 GetCategoryServlet，因为该 Servlet 先连接数据库、执行 SQL 语句、获取数据并写入 Session，再重定向至 JSP 页面显示数据信息。
- 本实例中数据库的用户名为 root，密码为 root，读者需要根据实际情况进行相应的修改。
- 若页面显示的文字信息出现乱码，需在数据库连接字符串中添加编码参数，示例如下：

```
jdbc:mysql://localhost:3306/petstore?characterEncoding=UTF-8
```

- 在 JSP 页面中，通常用${pageContext.request.contextPath} 表示当前站点的上下文路径，本实例中它的值为 http://localhost:8080/ch07/。

实例 7-2

实例 7-2　利用 JDBC 查询宠物信息

本实例使用 JDBC 连接 MySQL 数据库 petstore，在页面中展示宠物列表，浏览效果如图 7-3 所示。

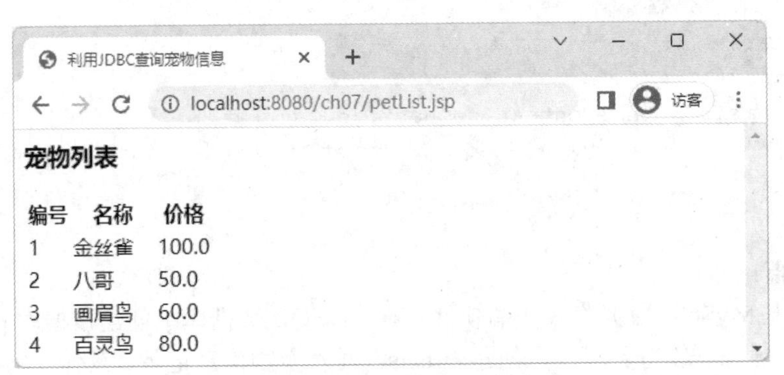

图 7-3　利用 JDBC 查询宠物信息

源程序：Pet.java 文件

```
package com.example.ch07;
public class Pet{
   private int id;
   private int category_id;
   private String title;
```

```
    private String tag;
    private String photo;
    private double price;
    private int stock;
    private String descs;
    public Pet() { }        //无参构造方法
    public int getId() { return id;}
    public void setId(int id) {this.id = id;}
    public int getCategory_id() {return category_id;}
    public void setCategory_id(int category_id)
        {this.category_id = category_id;}
    public String getTitle() {return title;}
    public void setTitle(String title) {this.title = title;}
    public String getTag() {return tag;}
    public void setTag(String tag) {this.tag = tag;}
    public String getPhoto() {return photo;}
    public void setPhoto(String photo) {this.photo = photo;}
    public double getPrice() {return price;}
    public void setPrice(double price) {this.price = price;}
    public int getStock() {return stock;}
    public void setStock(int stock) {this.stock = stock;}
    public String getDescs() {return descs;}
    public void setDescs(String descs) {this.descs = descs;}
}
```

源程序：GetPetServlet.java 文件

```
package com.example.ch07;
import javax.servlet.*;
import javax.servlet.http.*;
import javax.servlet.annotation.*;
import java.io.IOException;
import java.sql.*;
import java.util.ArrayList;
@WebServlet("/GetPetServlet")
public class GetPetServlet extends HttpServlet {
    @Override
    protected void doPost(HttpServletRequest request, HttpServletResponse
response) throws ServletException, IOException {
        //读取参数 category_id
        String category_id = request.getParameter("category_id");
        Connection conn = null;
        PreparedStatement stmt = null;
        ResultSet rs = null;
        ArrayList<Pet> petList = null;
        //1. 加载并注册数据库驱动
        try {
            Class.forName("com.mysql.cj.jdbc.Driver");
```

```
            } catch (ClassNotFoundException e) {
                e.printStackTrace();
            }
            try {
                //2. 获取数据库连接
                conn= DriverManager.
        getConnection("jdbc:mysql://localhost:3306/petstore","root","root");
                //3. 创建 Statement 对象，准备 SQL 语句
                stmt = conn.prepareStatement("select * from pets
                                                    where category_id = ?");
                //设置 SQL 语句中第 1 个 "?" 所在位置的参数值
                stmt.setString(1,category_id);
                //4. 使用 PreparedStatement 对象执行 SQL 语句
                rs = stmt.executeQuery();
                //5. 处理 ResultSet 结果集
                //将结果数据封装为 Pet 对象，加入 ArrayList<Pet>
                petList = new ArrayList<Pet>();
                while(rs.next()){
                    Pet pet = new Pet();
                    pet.setId(rs.getInt("id"));
                    pet.setTitle(rs.getString("title"));
                    pet.setTag(rs.getString("tag"));
                    pet.setPhoto(rs.getString("photo"));
                    pet.setPrice(rs.getDouble("price"));
                    pet.setStock(rs.getInt("stock"));
                    pet.setDescs(rs.getString("descs"));
                    petList.add(pet);
                }
                //6. 关闭连接，释放资源
                rs.close();
                stmt.close();
                conn.close();
            } catch (SQLException e) {
                e.printStackTrace();
            }

          HttpSession session = request.getSession();
          //宠物对象列表写入 Session 域，JSP 页面通过 EL 表达式读取并展示
          session.setAttribute("petList", petList);
          response.sendRedirect(request.getContextPath()+ "/petList.jsp");
        }
        @Override
        protected void doGet(HttpServletRequest request, HttpServletResponse
response) throws ServletException, IOException {
          doPost(request,response);
        }
    }
```

源程序：**petList.jsp** 文件

```
<%@ page contentType="text/html;charset=UTF-8" language="java" %>
<%@ taglib uri="http://java.sun.com/jsp/jstl/core" prefix="c" %>
<html>
<head>
    <title>利用 JDBC 查询宠物信息</title>
    </head>
<body>
    <h3>宠物列表</h3>
    <table>
         <tr>
            <th>编号</th><th>名称</th><th>价格</th>
         </tr>
        <c:forEach var="pet" items="${petList}" >
          <tr>
             <td>${pet.id}</td><td>${pet.title}</td><td>${pet.price}</td>
          </tr>
        </c:forEach>
     </table>
</body>
</html>
```

操作步骤：

（1）右击 com.example.ch07 包，在弹出的快捷菜单中选择 New→Java Class 命令，然后输入名称 Pet，按 Enter 键确认建立文件。

（2）在 Pet.java 文件中输入源代码，其中 getter 和 setter 方法可以通过 IDEA 工具的代码自动生成。

（3）右击 com.example.ch07 包，在弹出的快捷菜单中选择 New→Servlet 命令，然后输入名称 GetPetServlet，按 Enter 键确认建立文件，输入源代码。

（4）右击 ch07 模块中的 webapp 文件夹，在弹出的快捷菜单中选择 New→JSP/JSPX 命令，输入文件名 petList.jsp，按 Enter 键确认建立文件，输入源代码。

（5）单击运行工具栏中的“运行”按钮 ▶，启动 Tomcat。

（6）在浏览器地址栏中输入网址 http://localhost:8080/ch07/GetCategoryServlet，查看浏览效果。

（7）在宠物分类列表页面中单击宠物分类“鸟”右侧的“查看”超链接，查看鸟类宠物。

实例 7-3　利用 JDBC 添加宠物分类

实例 7-3

本实例使用 JDBC 连接 MySQL 数据库 petstore，在宠物分类表中添加昆虫类，浏览效果如图 7-4 所示。

源程序：**AddCategoryServlet.java** 文件

```
package com.example.ch07;
import javax.servlet.*;
```

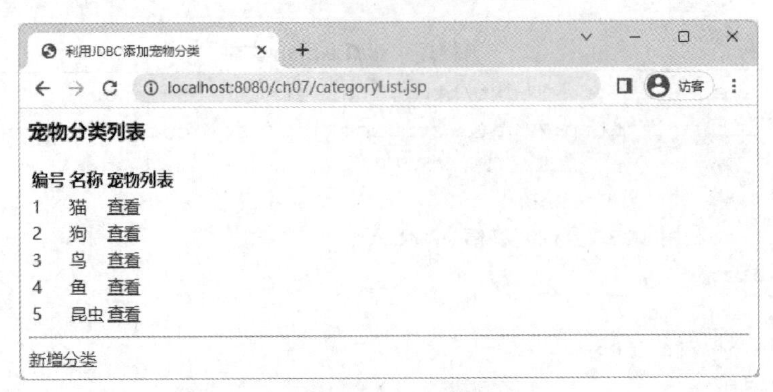

图 7-4　利用 JDBC 添加宠物分类

```
import javax.servlet.http.*;
import javax.servlet.annotation.*;
import java.io.IOException;
import java.sql.*;
import java.util.ArrayList;
@WebServlet("/AddCategoryServlet")
public class AddCategoryServlet HttpServlet {
    @Override
    protected void doPost(HttpServletRequest request, HttpServletResponse
response) throws ServletException, IOException {
        //读取参数 category_name
        String category_name  = request.getParameter("category_name");
        Connection conn = null;
        PreparedStatement stmt = null;
        ArrayList<Pet> petList = null;
        //1. 加载并注册数据库驱动
        try {
            Class.forName("com.mysql.cj.jdbc.Driver");
        } catch (ClassNotFoundException e) {
            e.printStackTrace();
        }
        try {
            //2. 获取数据库连接
            conn= DriverManager.
    getConnection("jdbc:mysql://localhost:3306/petstore","root","root");
            //3. 创建 Statement 对象, 准备 SQL 语句
            stmt = conn.prepareStatement(
                    "insert into category(name) values(?)" );
            stmt.setString(1,category_name);
            //4. 使用 Statement 对象执行 SQL 语句
            stmt.executeUpdate();
            //5. 处理 ResultSet 结果集,因为当前代码是新增记录操作，所以无须处理返回结果集
            //6. 关闭连接，释放资源
            stmt.close();
            conn.close();
```

```
        } catch (SQLException e) {
            e.printStackTrace();
        }

      //重定向至 GetCategoryServlet，获取并展示全部宠物分类信息
        response.sendRedirect(request.getContextPath() +
                                          "/GetCategoryServlet");
    }
    @Override
    protected void doGet(HttpServletRequest request, HttpServletResponse
response) throws ServletException, IOException {
      doPost(request,response);
    }
}
```

操作步骤：

（1）右击 com.example.ch07 包，在弹出的快捷菜单中选择 New→Servlet 命令，然后输入名称 AddCategoryServlet，按 Enter 键确认建立文件，输入源代码。

（2）单击运行工具栏中的“运行”按钮 ▶，启动 Tomcat。

（3）在浏览器地址栏中输入网址 http://localhost:8080/ch07/GetCategoryServlet，查看浏览效果。

（4）在宠物分类列表页面中，单击“新增分类”超链接，查看新增分类效果。

程序说明：

- 本实例为固定增加“昆虫”分类，实际开发中应设计为由用户输入分类名称。

7.2 JDBCUtils 工具类

从 7.1 节 JDBC 的实例代码中可以看出，每次操作数据库时，都会执行创建和释放 Connection 对象的操作，这类操作不仅有大量重复代码，而且影响数据库的访问效率。因此在实际开发过程中，开发人员通常会使用数据库连接池来避免这些问题。

7.2.1 数据库连接池

在 JDBC 编程中，每次创建和断开 Connection 对象都会消耗一定的资源和时间。首先初始化 Connection 对象需要耗费内存资源和时间。其次 Connection 对象与数据库建立连接时使用的协议是基于 TCP，每次需要三次握手才能建立，耗费大量时间。另外当 Web 站点遇到大量并发访问，数据库连接超出数据库服务器所能承载的 TCP 并发连接数时，容易导致数据库服务器崩溃。

为了避免频繁地创建数据库连接，提高 Web 站点的执行效率，数据库连接池（DataBase Connection Pool，DBCP）技术应运而生。数据库连接池负责分配、管理和释放数据库连接，它允许应用程序重复使用现有的数据库连接，而不是重新创建。Web 站点通过连接池连接

数据库的过程，如图 7-5 所示。

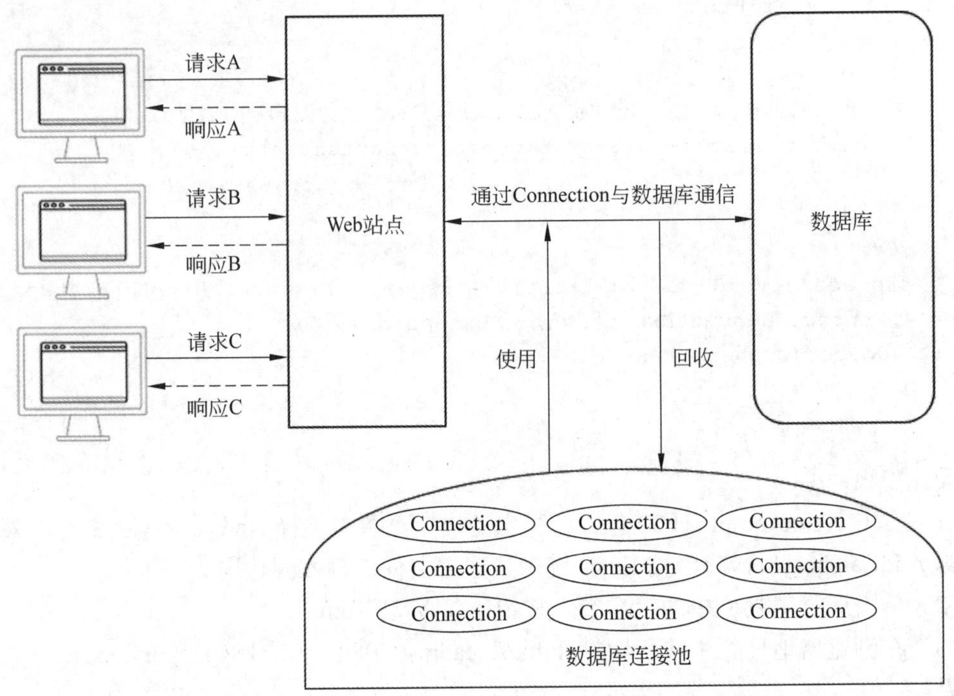

图 7-5 Web 站点通过数据库连接池连接数据库的过程

数据库连接池初始化时，在其内部创建一定数量的数据库连接对象，当 Web 站点访问数据库时并不是直接创建 Connection 对象，而是向连接池申请一个 Connection 对象。如果连接池中有空闲的 Connection 对象，则将其返回，否则创建新的 Connection 对象。使用完毕后，连接池回收 Connection 对象，并交付给其他的线程使用。通过数据库连接池，减少创建和断开数据库连接的次数，提高数据库的访问效率。

■ 7.2.2 数据源

为了获取数据库连接对象（Connection），JDBC 提供了 javax.sql.DataSource 接口，它负责与数据库建立连接，并定义了返回值为 Connection 对象的方法。

通常把实现了 javax.sql.DataSource 接口的类称为数据源。在数据源中存储了所有建立数据库连接时需要的信息，通过提供正确的数据源名称，就可以获取相应的数据库连接。

目前有多个开源组织提供了数据源的独立实现，常用的有 DBCP 数据源、C3P0 数据源、Proxool 数据源和 Druid 数据源。

1. DBCP 数据源

DBCP 是 Apache 组织下的开源连接池实现，也是 Tomcat 服务器使用的连接池组件。DBCP 没有自动回收空闲连接的功能。

2. C3P0 数据源

C3P0 是目前流行的开源数据库连接池之一，它实现了 DataSource 数据源接口，支持 JDBC2 和 JDBC3 的标准规范，易于扩展并且性能优越，著名的开源框架 Hibernate 和 Spring 都支持该数据源。C3P0 内部通过异步操作实现，有自动回收空闲连接的功能。

3. Proxool 数据源

Proxool 是一种 Java 数据库连接池技术，是 Sourceforge 下的一个开源项目，提供一个稳健、易用的数据库连接池。Proxool 提供监控的功能，便于发现连接泄漏的情况。

4. Druid 数据源

Druid 是阿里巴巴开源平台上的一个数据库连接池实现，它结合了 DBCP、C3P0、Proxool 等数据库连接池的优点，提供强大的监控特性。Druid 包含 SQL 监控、SQL 防火墙、Web 应用监控、URL 监控、Session 监控等功能，适合大规模高并发 Web 站点开发使用。

7.2.3 JDBCUtils 类设计

本节介绍如何使用 Druid 数据源创建自定义 JDBCUtils 工具类。

在 7.1 节的实例中，数据库配置信息是硬编码在 Java 代码中的，这会增加后期代码的维护难度。为了避免这个问题，可以把数据库的配置信息单独放在一个外部的配置文件中，然后通过读取该文件来获取数据库的配置信息。

数据库的配置信息主要包括数据库驱动类名、连接字符串、用户名、密码。使用 Druid 数据源时，这四项配置可以单独编写在 druid.properties 文件中，而 druid.properties 文件默认保存在项目的 resources 文件夹中，这样 JDBCUtils 工具类就可以从 classpath 下读取该配置文件。以下是 druid.properties 文件内容的一个示例。

```
driverClassName=com.mysql.cj.jdbc.Driver
url=jdbc:mysql://localhost:3306/petstore
username=root
password=root
```

在 JDBCUtils 类的静态代码块中编写读取 druid.properties 文件内容，并通过 DruidDataSourceFactory 类初始化数据库连接池对象，具体代码如下：

```
public class JDBCUtils {
  private static DataSource ds ;
  static {
    try {
      //1.加载配置文件
      Properties pro = new Properties();
      //使用 ClassLoader 加载配置文件，获取字节输入流
      InputStream is = JDBCUtils.class.getClassLoader().
                                    getResourceAsStream("druid.properties");
```

```
        pro.load(is);
        //2.初始化连接池对象
        ds = DruidDataSourceFactory.createDataSource(pro);
    } catch (NullPointerException | IOException e) {
        throw new RuntimeException("找不到 druid.properties 文件,
                请在 resources 文件夹中创建 druid.properties 文件", e);
    } catch (Exception e) {
        throw new RuntimeException("数据库初始化异常", e);
    }
  }
...
```

每次使用 JDBC 之前获取 Connection 对象的代码是固定的，因此可以提取为一个公共方法，方法名称为 getConnection。同时提供一个获取连接池对象的方法，方法名称为 getDataSource，具体代码如下：

```
public class JDBCUtils {
  ...
  public static Connection getConnection() throws SQLException {
    return  ds.getConnection();
  }
  public static DataSource getDataSource(){
    return ds;
  }
  ...
}
```

实例 7-4

实例 7-4　创建 JDBCUtils 工具类

本实例为建立使用 Druid 数据源的 JDBCUtils 工具类，项目模块的文件结构如图 7-6 所示。

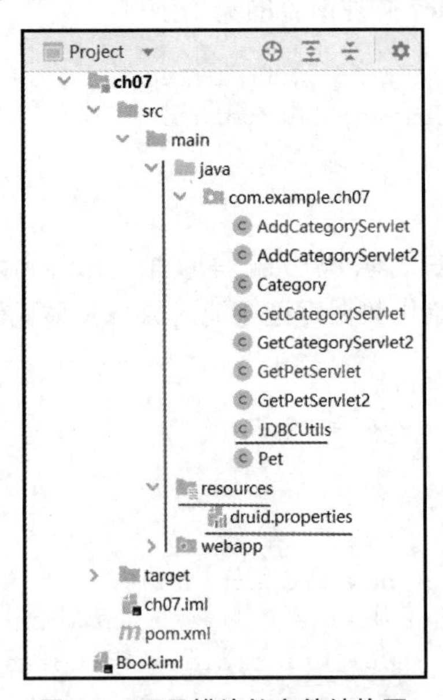

图 7-6　项目模块的文件结构图

源程序：pom.xml 配置文件

```
<!-- 在 ch07 模块中的 pom.xml 文件中，添加如下依赖信息-->
<!-- https://mvnrepository.com/artifact/com.alibaba/druid -->
<!-- Druid 是 JDBC 连接池、监控组件-->
     <dependency>
         <groupId>com.alibaba</groupId>
         <artifactId>druid</artifactId>
         <version>1.2.8</version>
     </dependency>
<!--https://mvnrepository.com/artifact/commons-logging/commons-logging-->
<!-- commons-logging 提供了操作日志的接口 -->
     <dependency>
        <groupId>commons-logging</groupId>
        <artifactId>commons-logging</artifactId>
        <version>1.2</version>
     </dependency>
```

源程序：druid.properties 配置文件

```
driverClassName=com.mysql.cj.jdbc.Driver
url=jdbc:mysql://localhost:3306/petstore
username=root
password=root
```

源程序：JDBCUtils.java 文件

```
package com.example.ch07;
import javax.sql.DataSource;
import java.io.IOException;
import java.io.InputStream;
import java.sql.Connection;
import java.sql.SQLException;
import java.util.Properties;
import com.alibaba.druid.pool.DruidDataSourceFactory;
public class JDBCUtils {
   private static DataSource ds ;
   static {
      try {
         //1.加载配置文件
         Properties pro = new Properties();
         //使用 ClassLoader 加载配置文件，获取字节输入流
         InputStream is = JDBCUtils.class.getClassLoader()
                  .getResourceAsStream("druid.properties");
         pro.load(is);
         //2.初始化连接池对象
         ds = DruidDataSourceFactory.createDataSource(pro);
      } catch (IOException e) {
        throw new RuntimeException("找不到 druid.properties 文件，
              请在 resources 文件夹中创建 druid.properties 文件", e);
```

```
        } catch (Exception e) {
            throw new RuntimeException("数据库初始化异常", e);
        }
    }
    public static DataSource getDataSource(){
        return ds;
    }
    public static Connection getConnection() throws SQLException {
        return  ds.getConnection();
    }
}
```

操作步骤：

（1）打开 pom.xml 文件，在</dependencies>前一行插入 Druid 和 Commons-logging 依赖配置信息，具体代码参考 pom.xml 配置文件。

（2）右击 main 文件夹，在弹出的快捷菜单中选择 New→Directory 命令，然后输入名称 resources，按 Enter 键确认建立文件夹。

（3）右击 resources 文件夹，在弹出的快捷菜单中选择 New→File 命令，然后输入名称 druid.properties，按 Enter 键确认建立文件，并输入数据库的配置信息。

（4）右击 com.example.ch07 包，在弹出的快捷菜单中选择 New→Java Class 命令，然后输入名称 JDBCUtils，按 Enter 键确认建立文件，并输入源代码。

程序说明：

- 本实例仅展示 JDBCUtils 工具类的编写，无须运行演示。在本章的后续实例中将演示 JDBCUtils 工具类的实际使用效果。

7.3 JDBCTemplate

7.3.1 JDBCTemplate 的简介

JDBCTemplate 是 Spring 框架对传统的 JDBC API 进行封装。为了使 JDBC 更加易于使用，Spring 在 JDBC API 上定义了一个抽象层，以此建立一个 JDBC 存取框架。作为 SpringJDBC 框架的核心，JDBCTemplate 的设计目的是为不同类型的 JDBC 操作提供模板方法，每个模板方法都能控制整个过程，并允许覆盖过程中的特定任务。通过这种方式，可以在尽可能保留灵活性的情况下，将数据库存取的代码工作量降到最低。

实例 7-1、实例 7-2、实例 7-3 都是直接使用 JDBC API，需要加载数据库驱动、创建连接、释放连接、异常处理等一系列的动作，烦琐且代码看起来不直观。若使用 JDBCTemplate 则无须关注加载驱动、释放资源、异常处理等一系列操作，只需要提供 SQL 语句并且处理数据结果即可。此外，JDBCTemplate 能直接将查询结果集映射成实体对象，不再需要对 ResultSet 进行遍历、取值等操作，提高开发效率。

7.3.2 JDBCTemplate 的常用方法

JDBCTemplate 主要提供五类方法。

（1）execute 方法：可以执行任何 SQL 语句，一般用于执行 DDL 语句。

（2）update 方法：用于执行数据记录新增、修改、删除等语句。

（3）batchUpdate 方法：用于执行批处理相关语句，batchUpdate 方法的第二个参数是元素为 Object 数组类型的 List 集合。

（4）query 方法及 queryFor 方法：用于执行查询相关语句，查询结果为基本数据类型或者单个对象时一般使用 queryForObject 方法。

- queryForInt 方法：查询一行数据并返回 int 型结果，示例代码如下。

```
int petsCount = jdbcTemplate.queryForInt("select count(*) from pets");
```

- queryForObject 方法：查询一行任何类型的数据，最后一个参数指定返回结果类型，该方法将查询结果数据自动封装到一个对象中，示例代码如下。

```
Pet pet = jdbcTemplate.queryForObject("selct * from pets where id = 5",
          new BeanPropertyRowMapper<Pet>(Pet.class));
```

- queryForMap 方法：查询一行数据并将该行数据转换为 Map 类型返回，将列名作为 key，列值作为 value，封装成 Map 对象。
- List<Map<String, Object>> queryForList 方法：将查询结果集封装为 List 集合，该集合的每一条元素都是一个 Map 对象。
- query 方法：查询多行数据，并将结果集封装为元素是 JavaBean 的 List，示例代码如下。

```
String sql = "select * from pets";
List<Pet> petList =
        jdbcTemplate.query(sql, new BeanPropertyRowMapper<>(Pet.class));
```

（5）call 方法：用于执行存储过程、函数相关语句。

下面通过实例展示编写 JDBCTemplate 操作数据库代码的步骤。

实例 7-5 利用 JDBCTemplate 操作数据库

实例 7-5

本实例使用 JDBCUtils 工具类和 JDBCTemplate 操作数据库 petstore，实现展示宠物分类、展示宠物信息和添加宠物分类功能，浏览效果分别见图 7-2～图 7-4。

源程序：pom.xml 配置文件

```
<!-- 在 ch07 模块中的 pom.xml 文件中，添加如下依赖信息-->
<!--https://mvnrepository.com/artifact/org.springframework/spring-jdbc -->
<!-- Spring 的 JDBCTemplate，简化数据库操作 -->
<dependency>
    <groupId>org.springframework</groupId>
    <artifactId>spring-jdbc</artifactId>
```

```
        <version>5.3.17</version>
    </dependency>
```

源程序：**GetCategoryServlet2.java** 文件

```
package com.example.ch07;
import org.springframework.jdbc.core.BeanPropertyRowMapper;
import org.springframework.jdbc.core.JdbcTemplate;
import javax.servlet.ServletException;
import javax.servlet.annotation.WebServlet;
import javax.servlet.http.HttpServlet;
import javax.servlet.http.HttpServletRequest;
import javax.servlet.http.HttpServletResponse;
import javax.servlet.http.HttpSession;
import java.io.IOException;
import java.util.List;
@WebServlet("/GetCategoryServlet2")
public class GetCategoryServlet2 extends HttpServlet {
    @Override
    protected void doPost(HttpServletRequest request, HttpServletResponse
response) throws ServletException, IOException {
        JdbcTemplate template = new JdbcTemplate(JDBCUtils.getDataSource());
        String sql = "select id,name from category";
        List<Category> categoryList =
            template.query(sql, new BeanPropertyRowMapper<>(Category.class));
        HttpSession session = request.getSession();
        session.setAttribute("categoryList",categoryList);
        response.sendRedirect(request.getContextPath()+"/categoryList.jsp");
    }
    @Override
    protected void doGet(HttpServletRequest request, HttpServletResponse
response) throws ServletException, IOException {
        doPost(request,response);
    }
}
```

源程序：**GetPetServlet2.java** 文件

```
package com.example.ch07;
import org.springframework.jdbc.core.BeanPropertyRowMapper;
import org.springframework.jdbc.core.JdbcTemplate;
import javax.servlet.ServletException;
import javax.servlet.annotation.WebServlet;
import javax.servlet.http.HttpServlet;
import javax.servlet.http.HttpServletRequest;
import javax.servlet.http.HttpServletResponse;
import javax.servlet.http.HttpSession;
import java.io.IOException;
import java.util.List;
```

```
@WebServlet("/GetPetServlet")
public class GetPetServlet2 extends HttpServlet {
    @Override
    protected void doPost(HttpServletRequest request, HttpServletResponse
response) throws ServletException, IOException {
        String category_id = request.getParameter("category_id");
        JdbcTemplate template = new JdbcTemplate(JDBCUtils.getDataSource());
        String sql = "select * from pets where category_id = ?";
        List<Pet> petList = template.query(sql,
                    new BeanPropertyRowMapper<>(Pet.class),category_id);
        HttpSession session = request.getSession();
        session.setAttribute("petList",petList);
        response.sendRedirect(request.getContextPath() + "/petList.jsp");
    }
    @Override
    protected void doGet(HttpServletRequest request, HttpServletResponse
response) throws ServletException, IOException {
        doPost(request,response);
    }
}
```

源程序：**AddCategoryServlet2.java** 文件

```
package com.example.ch07;
import org.springframework.jdbc.core.JdbcTemplate;
import javax.servlet.ServletException;
import javax.servlet.annotation.WebServlet;
import javax.servlet.http.HttpServlet;
import javax.servlet.http.HttpServletRequest;
import javax.servlet.http.HttpServletResponse;
import java.io.IOException;
@WebServlet("/AddCategoryServlet2")
public class AddCategoryServlet2 extends HttpServlet {
    @Override
    protected void doPost(HttpServletRequest request, HttpServletResponse
response) throws ServletException, IOException {
        String category_name = request.getParameter("category_name");
        JdbcTemplate template = new JdbcTemplate(JDBCUtils.getDataSource());
        String sql = "insert into category(name) values(?)";
        template.update(sql,category_name);
        response.sendRedirect(request.getContextPath() +
                            "/GetCategoryServlet2");
    }
    @Override
    protected void doGet(HttpServletRequest request, HttpServletResponse
response) throws ServletException, IOException {
        doPost(request,response);
    }
}
```

操作步骤：

（1）右击 com.example.ch07 包，在弹出的快捷菜单中选择 New→Servlet 命令，然后输入名称 GetCategoryServlet2，按 Enter 键确认建立文件，输入源代码。

（2）右击 com.example.ch07 包，在弹出的快捷菜单中选择 New→Servlet 命令，然后输入名称 GetPetServlet2，按 Enter 键确认建立文件，输入源代码。

（3）右击 com.example.ch07 包，在弹出的快捷菜单中选择 New→Servlet 命令，然后输入名称 AddCategoryServlet2，按 Enter 键确认建立文件，输入源代码。

（4）打开 categoryList.jsp 文件，将源代码中的 GetPetServlet 替换为 GetPetServlet2，AddCategoryServlet 替换为 AddCategoryServlet2。

（5）单击运行工具栏中的“运行”按钮 ▶，启动 Tomcat。

（6）在浏览器地址栏中输入网址 http://localhost:8080/ch07/GetCategoryServlet2，查看浏览效果。

程序说明：

- 本实例测试时 URL 地址栏应输入 GetCategoryServlet2。
- 本实例显示效果与利用 JDBC 操作数据实例相同。
- 通过比较 GetPetServlet.java 与 GetPetServlet2.java 的源代码可知，两个文件代码的执行效果一致，但是后者使用了 JDBCUtils 工具，代码量有了大幅精简。

7.4 小结

本章主要介绍 JDBC 的基本知识以及使用 JDBC 实现对数据库的查询、新增等操作。说明了数据库连接池的原理，介绍了四种常见的数据源，重点说明以 Druid 数据源为基础的 JDBCUtils 工具类的设计。通过实例演示了使用 JDBCUtils 工具类和 JDBCTemplate 操作数据库的方法，展示了使用 JDBCUtils 工具开发 Web 网站的优势。

7.5 习题

1．填空题

（1）_______的全称是 Java 数据库连接，它是一套用于执行 SQL 语句的 Java API。

（2）MySQL 数据库的端口号默认为_______。

（3）使用 Statement 对象执行查询 SQL 语句，执行结果将返回一个_______对象。

（4）关闭数据库连接，释放资源，包括关闭 ResultSet、Statement 和_______等资源。

（5）_______技术是为了避免频繁地创建数据库连接，提高 Web 站点的执行效率。

（6）_______是 Spring 框架对传统的 JDBC API 进行封装。

2．选择题

（1）关于 JDBC 常用 API 的说法不正确的是（　　）。

A. PreparedStatement 是 Statement 的子接口，用于执行预编译的 SQL 语句
B. ResultSet 对象初始化时，游标指向第 1 行
C. Statement 接口用于执行静态的 SQL 语句，并返回一个结果对象
D. Connection 接口是 Java 程序和数据库的连接

（2）关于 JDBCTemplate 常用方法的说法不正确的是（　　）。
A. execute 方法用于执行存储过程、函数相关语句
B. 查询多行数据并将结果集封装为元素是 JavaBean 的 List 时使用 query 方法
C. 查询结果为基本数据类型或单个对象时一般使用 queryForObject 方法
D. update 方法用于执行数据记录新增、修改、删除等语句

（3）下列选项中不属于数据源的是（　　）。
A. Druid　　B. C3P0　　C. Proxool　　D. DBDP

3. 简答题

（1）简述数据库连接池的工作原理。
（2）简述使用 JDBC 原生 API 与 JDBCTemplate 开发数据库应用的区别。
（3）简述 JDBCUtils 工具类的设计流程。

4. 上机操作题

（1）建立并测试本章的所有实例。
（2）JDBCTemplate 应用练习——新增宠物分类。

习题要求：

① 在实例 7-5 的基础上修改 categoryList.jsp 页面，在页面上新增一个表单，表单中设置一个用于用户输入宠物分类名称的文本框和一个提交按钮，表单以 Post 方式提交 AddCategoryServlet。

② AddCategoryServlet 读取表单提交宠物分类名称，通过 JDBCTemplate 在 category 表中添加宠物分类，然后请求重定向到 categoryList. jsp。

命名规范： JSP 页面命名为 categoryList.jsp；Servlet 命名为 AddCategoryServlet。

习题指导： ①数据库使用本章的 petstore 数据库；②pom.xml 配置文件、druid.properties 配置文件、Category 类、Pet 类参考本章实例；③Servlet 代码参考实例 7-5；④categoryList.jsp 页面中表单的 action 属性值，它的路径应采用动态获取方式，参考代码如下：

```
<form method="post"
    action="${pageContext.request.contextPath}/AddCategoryServlet">
</form>.
```

扩展要求： 在 JSP 页面上适当添加 CSS 样式代码，使整体页面美观。

（3）JDBCTemplate 应用练习——修改宠物分类。

习题要求：

① 在实例 7-5 的基础上修改 categoryList.jsp 页面，在页面表格中添加一列，内容为“编辑”超链接，链接目标为 categoryEdit.jsp。

② 在 categoryEdit.jsp 页面上设计一个表单，表单标题为“宠物分类修改”，表单内容为 2 个文本框，分别为分类编号和分类名称，其中分类编号为只读，表单提交到

EditCategoryServlet。

③ EditCategoryServlet 读取表单提交分类编号和分类名称，通过 JDBCTemplate 在 category 表中修改宠物分类，然后请求重定向到 categoryList. jsp。

命名规范： JSP 页面命名为 categoryList.jsp、categoryEdit.jsp；Servlet 命名为 EditCategoryServlet。

习题指导：

① categoryList.jsp 页面中的"编辑"超链接请参考实例 7-1 中的"新增分类"超链接，传递参数为分类编号和分类名称。

② categoryEdit.jsp 表单中文本框的值直接用 EL 表达式，参考代码如下：

```
value="${参数名称}".
```

③ categoryEdit.jsp 页面中表单的 action 属性值，它的路径应采用动态获取方式，参考代码如下：

```
<form method="post"
    action="${pageContext.request.contextPath}/EditCategoryServlet">
</form>.
```

（4）JDBCTemplate 应用练习——宠物模糊查询。

习题要求：

① 在实例 7-5 的基础上新增 petSearch.jsp 页面，其标题为"宠物模糊查询"；在页面中设计一个表格和一个表单，表格中显示宠物列表的信息，包括宠物编号、宠物名称、宠物单价、宠物库存；表单中设置一个输入宠物名称关键字的文本框，表单以 Get 方式提交到 SearchPetServlet。

② SearchPetServlet 读取表单提交的宠物名称关键字，接着使用 JDBCTemplate 执行模糊查询 SQL 语句，并将查询结果中的宠物对象列表写入 Session，最后请求重定向到 petSearch. jsp。

命名规范： JSP 页面命名为 petSearch.jsp；Servlet 命名为 SearchPetServlet。

习题指导：

① 模糊查询 SQL 语句，参考代码如下：

```
String sql ="select * from pets where title like concat('%',?,'%')"
```

② petSearch.jsp 页面中表单的 action 属性值，它的路径应采用动态获取方式，参考代码如下：

```
<form method="get"
    action="${pageContext.request.contextPath}/SearchPetServlet">
</form>.
```

第8章　宠物商城项目设计与项目架构

本章要点：

- 能理解项目设计的基本流程和方法。
- 能理解项目设计过程中各个阶段之间的关系。
- 能理解数据库的设计方法，会熟练设计中小型项目数据库。
- 能理解 MVC 开发模式，会搭建基于 MVC 开发模式的项目架构。

8.1 需求分析

8.1.1 项目背景

随着电子商务的发展，越来越多的企业也开始涉足网上交易。随着经济的发展和居民生活水平的提高，我国宠物行业市场规模巨大且仍有提升空间。因此开设一家网上宠物商城（PetStore），专门销售各类家养宠物，具有良好的发展前景。开设的网上宠物商城希望达到如表 8-1 所示的目标。

表 8-1　PetStore 的目标

接　口	目　标
P01	让顾客全面了解宠物的详细信息，消除网上购物的信息不对称问题
P02	通过宠物分类来组织众多的商品，方便顾客找到所需要的宠物
P03	通过设计合理的订单处理流程来提高顾客的购物体验
P04	提供多种支付方式，满足不同顾客的付款需求

8.1.2 业务流程分析

首先通过和项目相关人员访谈、收集整理资料来掌握现有业务流程，然后结合业务前景对流程进行优化。下面分析 PetStore 项目的核心业务流程，注意业务流程分析只聚焦做什么，而不是如何做。图 8-1 是 PetStore 项目的核心业务流程图，重点在于对业务情况的整体梳理。

项目中大量细节的内容，用流程图来表示会显得非常烦琐，此时可以用表 8-2 的方式对流程图进行描述。为了便于将描述表和流程图对照起来，图 8-1 中给流程框图编了号。

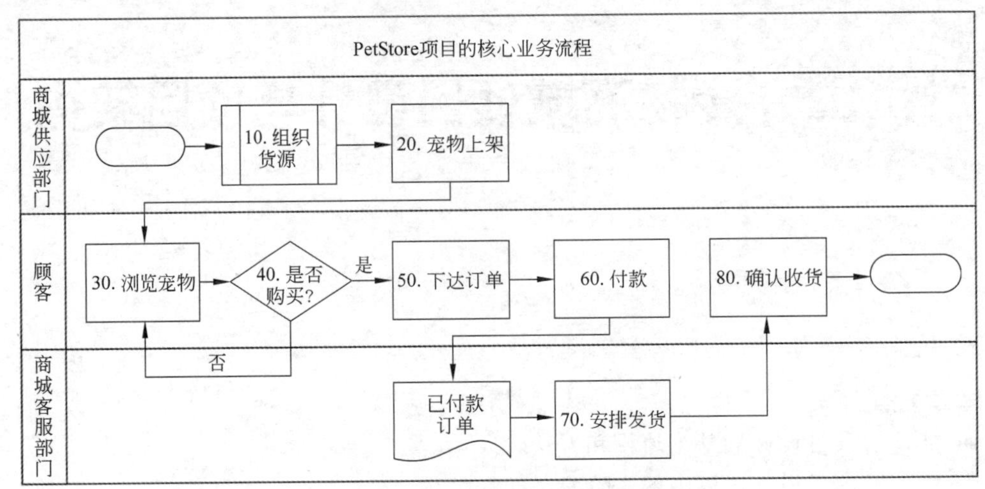

图 8-1　PetStore 项目的核心业务流程图

表 8-2　业务流程描述

编号	责　任　人	描　　述
10	商城供应部门	商城供应部门根据宠物商城确定的经营策略，组织采购货源
20	商城供应部门	新采购到的宠物需要编制相关说明，将其添加到商城的宠物分类中，称为上架
30	顾客	顾客通过各种方式，查看商城所提供的宠物。对于有购买意向的宠物，顾客可以将商品加入购物车
40	顾客	顾客可以调整购物车中的宠物，确定是否购买。也可以继续浏览宠物
50	顾客	顾客根据购物车中的宠物确认总金额，指定收货人信息，生成订单
60	顾客	顾客完成订单付款，生成已付款订单，订单状态变成已付款状态
70	商城客服部门	商城客服部门根据已付款订单安排发货。发货后，订单变成已发货状态
80	顾客	顾客收到宠物确认后，订单变成已收货状态

8.1.3　用例分析

根据业务流程，结合前景分析得到 PetStore 项目的用例。由于用例较多，为了避免单个用例图过于复杂，根据业务逻辑将用例划分到多个用例图。

顾客用例图给出针对顾客这个角色的用例图，如图 8-2 所示。

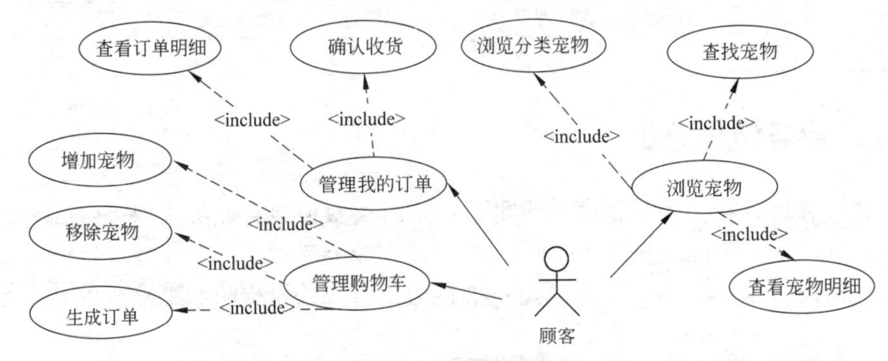

图 8-2　顾客用例图

图 8-3 给出了后台管理用例图，用例名称通常用动词。

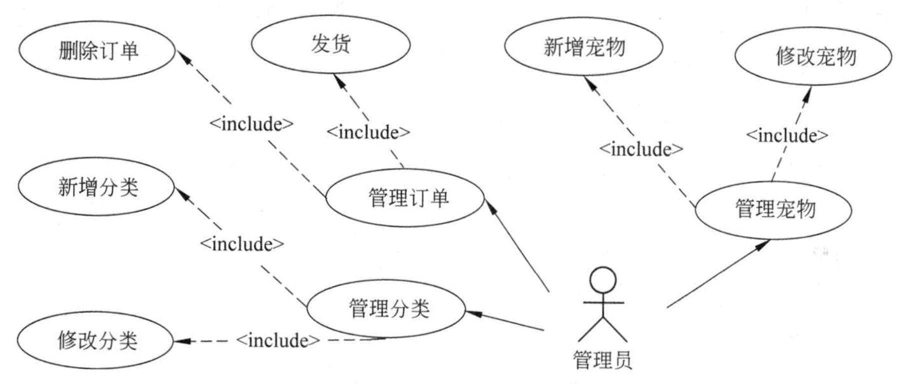

图 8-3　后台管理用例图

8.2 系统设计

8.2.1　功能模块设计

图 8-4 是 PetStore 项目的功能模块图，由于功能模块比较多，所以采用分层设计，将所有功能分为“基础功能”“前台购物”“顾客中心”“管理员后台”四大部分。

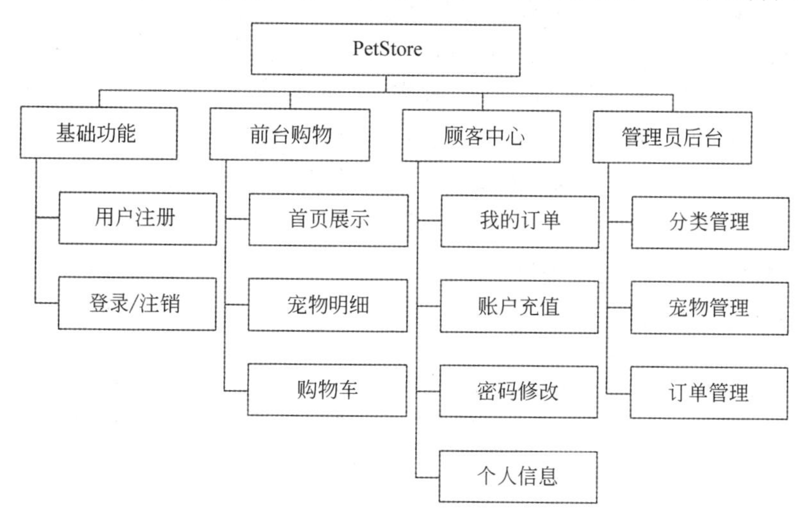

图 8-4　功能模块图

表 8-3 给出了 PetStore 项目功能模块的简要说明。

表 8-3　PetStore 项目功能模块的简要说明

模　　块	功　　能	说　　明
基础功能	用户注册	所有人都可以注册成为顾客用户
	登录/注销	顾客登录商城系统和退出商城系统

续表

模　块	功　能	说　明
前台购物	首页展示	首页列出最新宠物、当前用户、购物车、查找宠物按钮，以及版权信息等。所有人可以查看
	宠物明细	某个指定宠物的详细信息，并可以将宠物加入购物车。所有人可以查看
	购物车	查看和管理购物车中的宠物。所有人可以查看
顾客中心	我的订单	查看顾客的全部订单和订单详情，执行订单确认收货等操作
	账户充值	顾客账户充值
	密码修改	顾客修改密码
	个人信息	顾客查看和修改个人资料
管理员后台	分类管理	管理员浏览所有宠物分类，允许添加、修改宠物分类
	宠物管理	管理员浏览全部宠物，允许添加、修改宠物
	订单管理	管理员浏览全部顾客订单，允许发货或取消订单

■ 8.2.2　MVC 开发模式

MVC 是一种软件的开发模式，目前主流的软件系统开发都受到这种思想的指导。

M 即模型（Model），是表示系统业务处理相关代码组件的集合。在 MVC 的三个部件中，模型拥有最多的处理任务。同一个模型能为多个视图提供数据，由于应用于模型的代码只需写一次就可以被多个视图重用，所以减少了代码的重复性。

V 即视图（View），是指用户看到并与之交互的界面。如由 HTML 元素组成的网页界面，或者软件的客户端界面。MVC 的好处之一在于它能为应用程序处理很多不同的视图。在视图中其实没有真正的处理发生，它只是作为一种输出数据并允许用户操作的方式。

C 即控制器(Controller)，控制器接收用户的输入并调用模型和视图去完成用户的需求，控制器本身不输出任何东西和做任何处理。它只是接收请求并决定调用哪个模型去处理请求，然后再确定用哪个视图来显示返回的数据。

MVC 开发模式有如下四个优点。

1. 耦合性低

视图和模型分离，这样就允许更改视图层代码而不用重新编译模型和控制器代码，同样，一个应用的业务流程或者业务规则的改变只需要改动模型层即可。因为模型与控制器和视图相分离，所以很容易改变应用程序的模型层和业务规则。

2. 重用性高

MVC 模式允许使用各种不同样式的视图来访问同一个服务器端的代码，因为多个视图能共享一个模型，它包括任何 Web 浏览器或者无线浏览器（Wap）。由于模型返回的数据没有与界面代码混合，所以同样的数据能被不同的界面使用。

3. 开发效率高，生命周期成本低

MVC 模式下，开发和维护接口代码的技术含量降低。使用 MVC 模式使开发时间得到相当大的缩减，它使开发人员（Java 开发人员）聚焦于业务逻辑，界面程序员（HTML 和 JSP 开发人员）集中精力于表现形式上。

4. 可维护性高

MVC 模式下各个层次的耦合性低，有利于项目的后期维护和修改。

PetStore 项目采用 Java Web 开发技术，结合 MVC 开发模式，项目中各个组件的职责划分如图 8-5 所示。

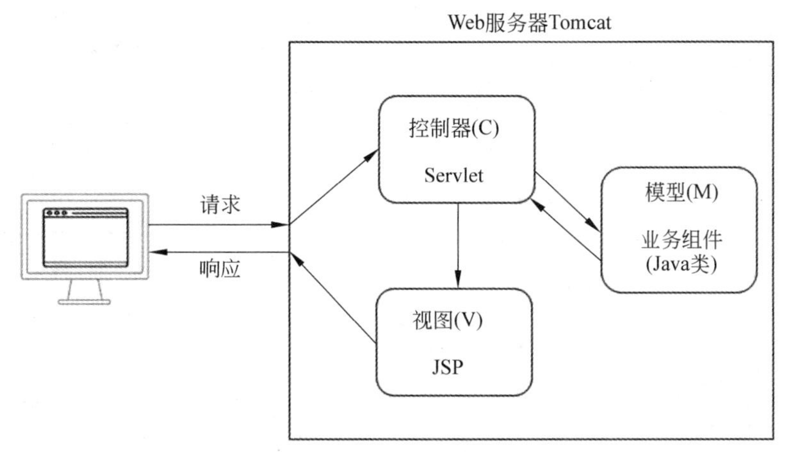

图 8-5　PetStore 项目中各个组件的职责划分

Servlet 组件承担了控制器（Controller）的角色，它们的常规工作流程如下。

- 接收客户端的请求信息。
- 调用执行业务模型，获取其执行后返回的数据。
- 把数据传递给视图，将视图展示给客户端。

JSP 组件承担了视图（View）的角色，它们的主要工作是使用 EL 或者 JSTL 在页面中展示数据。项目在后续加入 JQuery 框架的 Ajax 请求时，会使用 JavaScript 在页面上展示数据。

项目中的其他组件，如数据库存取类、业务数据类、业务逻辑类、工具类等内容，承担了模型（Model）的角色，它们的主要工作是处理项目的业务逻辑，返回结果数据。例如，在订单下达这个业务处理时，需要使用购物车类、数据库存取类等组件在数据库新建订单记录和订单明细记录，并返回处理结果订单数据。订单下达业务相对比较复杂，需要使用模型中的多个组件协同完成。

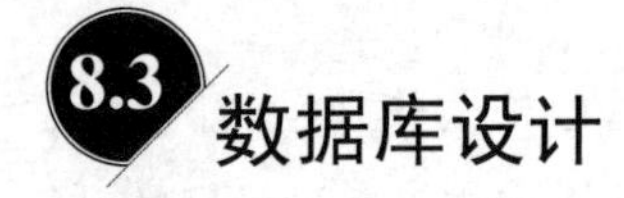

8.3 数据库设计

■ 8.3.1 概念模型

根据前面的需求分析和系统设计，可以得到如图 8-6 所示的实体类图。

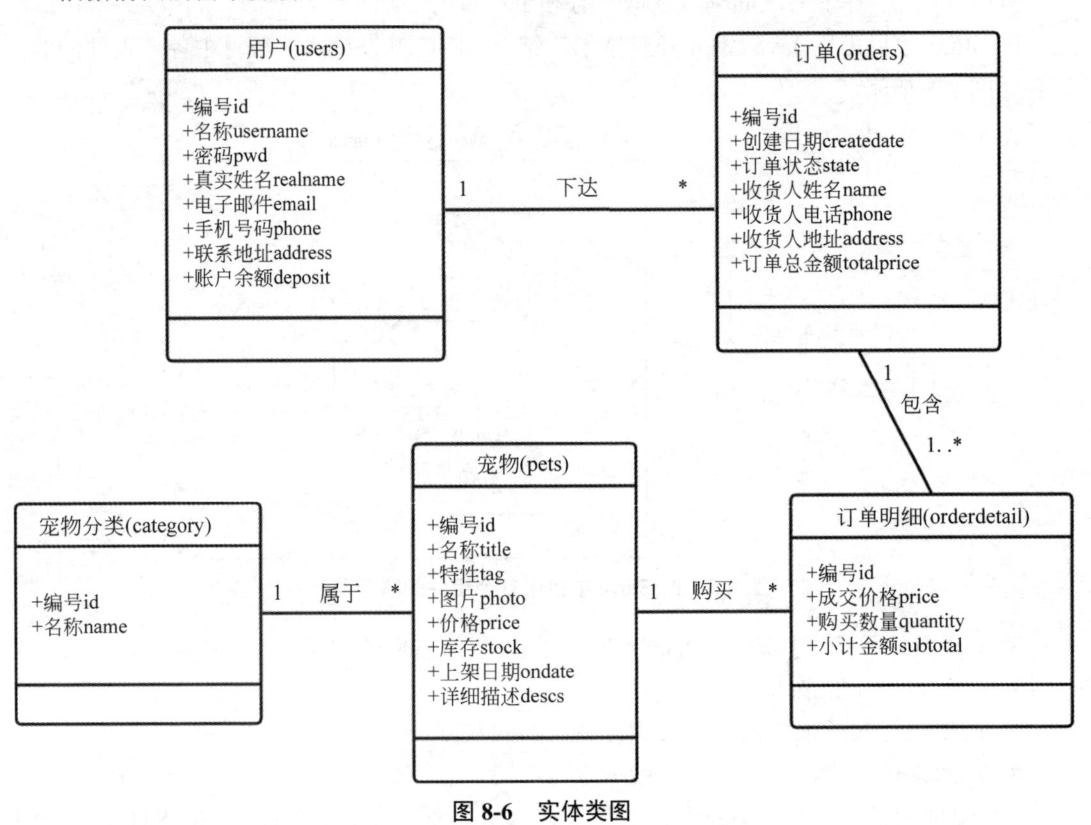

图 8-6 实体类图

概念模型设计过程中的实体类图需要确保满足如下具体的业务需求。

- 用户有一个账户余额，用于在取消订单时的退款。
- 可以设置宠物分类，宠物分类仅支持单级。一个宠物分类中可以有多个宠物。
- 宠物有名称、图片、详细描述等信息，以及价格、上架日期等内容。
- 一个用户可以下达多个订单，记录订单总金额、收货人地址、收货人姓名和收货人电话以及用于管理订单的创建日期和订单状态。
- 一个订单至少有一条订单明细，也可以有多条订单明细，表示该订单中包含了哪些宠物，以及这些宠物的成交价格、购买数量。
- 一条订单明细必然对应一种宠物，而一种宠物可能被多次购买。

8.3.2　关系模型

PetStore项目的关系模型采用表格方式进行描述，关系模型的设计基于需求分析和实体类图，特别注意关系模型如何体现实体类之间的关系，也就是表中外键字段的说明。

如表8-4所示，用户（users）表用于保存系统中所有用户的基本信息。

表8-4　用户表

字段名	类　型	属　性	说　明
id	int	PK、IDENTITY	编号
username	varchar(50)	NOT NULL	名称
pwd	varchar(50)	NOT NULL	密码，采用加密方式存储
realname	varchar(50)	NULL	真实姓名
email	varchar(50)	NULL	电子邮件
phone	varchar(50)	NULL	手机号码
address	varchar(100)	NULL	联系地址
deposit	decimal(10,2)	NOT NULL	账户余额，默认为0

如表8-5所示，宠物分类（category）表用于保存宠物分类信息。其中，PetStore项目中仅设置一级分类。

表8-5　宠物分类表

字段名	类　型	属　性	说　明
id	int	PK、IDENTITY	编号
name	varchar(50)	NOT NULL	名称

如表8-6所示，宠物（pets）表用于保存系统中所有宠物的基本信息。

表8-6　宠物表

字段名	类　型	属　性	说　明
id	int	PK、IDENTITY	编号
category_id	int	NOT NULL、FK	外键，宠物所属的分类编号
title	varchar(50)	NOT NULL	名称
tag	varchar (50)	NULL	特性
photo	varchar (50)	NOT NULL	图片
price	decimal(10,2)	NOT NULL	价格
stock	int	NOT NULL	库存，默认为0
ondate	datetime	NOT NULL	上架日期，默认为添加宠物的日期
descs	varchar (1000)	NOT NULL	详细描述

如表8-7所示，订单（orders）表用于保存用户下达的订单信息，用于订单的管理。

表 8-7　订单表

字段名	类　型	属　性	说　明
id	int	PK、IDENTITY	订单编号
user_id	int	NOT NULL、FK	外键，下达订单的用户编号
createdate	datetime	NOT NULL	创建日期
state	varchar(50)	NOT NULL	订单状态：已付款、已发货、已收货、已取消
name	varchar(50)	NOT NULL	收货人姓名
phone	varchar(50)	NOT NULL	收货人电话
address	varchar(200)	NOT NULL	收货人地址
totalprice	decimal(10,2)	NOT NULL	订单总金额

如表 8-8 所示，订单明细（orderdetail）表用于保存订单的明细信息。

表 8-8　订单明细表

字段名	类　型	属　性	说　明
id	int	PK、IDENTITY	编号
order_id	int	NOT NULL、FK	外键，订单明细所属的订单编号
pet_id	int	NOT NULL、FK	外键，订单明细对应的宠物编号
price	decimal(10,2)	NOT NULL	成交价格
quantity	int	NOT NULL	购买数量
subtotal	decimal(10,2)	NOT NULL	小计金额

■ 8.3.3　物理设计

完成关系模型的设计后，针对所采用的数据库系统完成物理设计，也就是确定数据库的存储结构、表结构等内容。

首先确定数据库系统采用 MySQL，数据库名为 petstore。下面给出具体的数据库创建脚本代码，开发人员在数据库客户端中执行 petstore.sql 文件中的代码即可完成数据库物理实现。

源程序：petstore.sql 数据库脚本文件

```
-- 创建数据库
CREATE DATABASE petstore charset = utf8;
USE petstore;
-- 创建宠物分类表
CREATE TABLE category
(
    id int auto_increment primary key,
    name varchar(255) not null
) charset = utf8;
-- 创建宠物表
CREATE TABLE pets
```

```
(
   id int auto_increment primary key,
   category_id int not null,
   title varchar(50) not null,
   tag varchar(50) not null,
   photo varchar(50)  not null,
   price decimal(10, 2) default 0.00 not null,
   stock int default 0  not null,
   ondate datetime not null,
   descs varchar(1000) not null,
   constraint fk_category_id
      foreign key (category_id) references category (id)
) charset = utf8;
-- 创建用户表
CREATE TABLE users
(
   id int auto_increment primary key,
   username varchar(50) not null,
   pwd varchar(50) not null,
   realname varchar(50) not null,
   email varchar(50) not null,
   phone varchar(50) not null,
   address varchar(100) not null,
   deposit decimal(10, 2) default 0.00 not null
)  charset = utf8;
-- 创建订单表
CREATE TABLE orders
(
   id int auto_increment primary key,
   user_id int not null,
   createdate datetime not null,
   state varchar(50) not null,
   name varchar(50) not null,
   phone varchar(50) not null,
   address varchar(200) not null,
   totalprice decimal(10, 2) not null,
   constraint fk_user_id
      foreign key (user_id) references users (id)
) charset = utf8;
-- 创建订单明细表
CREATE TABLE orderdetail
(
   id int auto_increment primary key,
   order_id int not null,
   pet_id int not null,
   quantity int not null,
   price decimal(10, 2) not null,
   subtotal decimal(10, 2) not null,
```

```
    constraint fk_order_id
        foreign key (order_id) references orders (id),
    constraint fk_pet_id
        foreign key (pet_id) references pets (id)
) charset = utf8;
```

为了在系统开发过程中帮助开发人员进行代码调试，需在数据库中初始化一批测试数据，具体数据在测试数据脚本文件 petstore_data.sql 中给出。

源程序：petstore_data.sql 测试数据脚本文件

```
USE petstore;
-- 插入宠物分类测试数据
INSERT INTO category (id, name) VALUES (1, '猫');
INSERT INTO category (id, name) VALUES (2, '狗');
INSERT INTO category (id, name) VALUES (3, '鸟');
INSERT INTO category (id, name) VALUES (4, '鱼');
-- 插入宠物测试数据
INSERT INTO pets (id, category_id, title, tag, photo, price, stock, ondate, descs) VALUES (1, 3, '金丝雀', '艳丽,活泼', 'bird1.jpg', 70.00, 5, '2022-09-09', '金丝雀简介…');
INSERT INTO pets (id, category_id, title, tag, photo, price, stock, ondate, descs) VALUES (2, 3, '八哥', '善鸣叫,习人语', 'bird2.jpg', 50.00, 5, '2022-09-09', '八哥简介…');
INSERT INTO pets (id, category_id, title, tag, photo, price, stock, ondate, descs) VALUES (3, 3, '画眉鸟', '极善鸣啭,歌声动听', 'bird3.jpg', 60.00, 5, '2022-09-09','画眉鸟简介…');
INSERT INTO pets (id, category_id, title, tag, photo, price, stock, ondate, descs) VALUES (4, 3, '百灵鸟', '能歌善舞,委婉动听', 'bird4.jpg', 80.00, 5, '2022-09-09','百灵鸟简介…');
-- 插入用户测试数据，密码的明文是1234@qwer
INSERT INTO users (id,username, pwd, realname,email,phone,address) values(1, 'Admin', '9bdc59cfe4b46f08d182c0fc440c86e8', '管理员', 'admin@qq.com', '13505751111', '管理员的联系地址') ;
INSERT INTO users (id,username, pwd, realname,email,phone,address) values(2, 'Tommy', '9bdc59cfe4b46f08d182c0fc440c86e8', '童米米', 'tommy@qq.com', '13505752222', '童米米的联系地址') ;
INSERT INTO users (id,username, pwd, realname,email,phone,address) values(3, 'Jack', '9bdc59cfe4b46f08d182c0fc440c86e8', '杰克', 'jack@qq.com', '13505753333', '杰克的联系地址') ;
```

项目 8-1

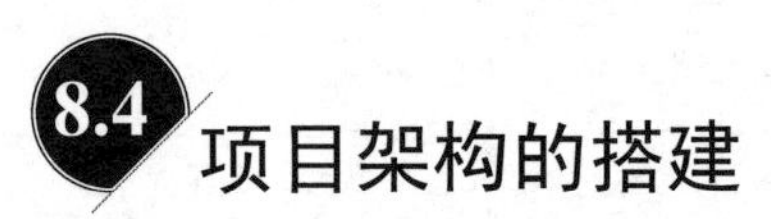

8.4 项目架构的搭建

8.4.1 创建项目

在 IDEA 菜单栏中，选择 File→New→Project 命令，在弹出的对话框中选择 Java

Enterprise 项目类型，输入项目名称为 PetStore、位置为 D:\IdeaProjects\PetStore，选择模块结构为 Web application，选择应用服务器为 Tomcat 9.0.29，如图 8-7 所示。

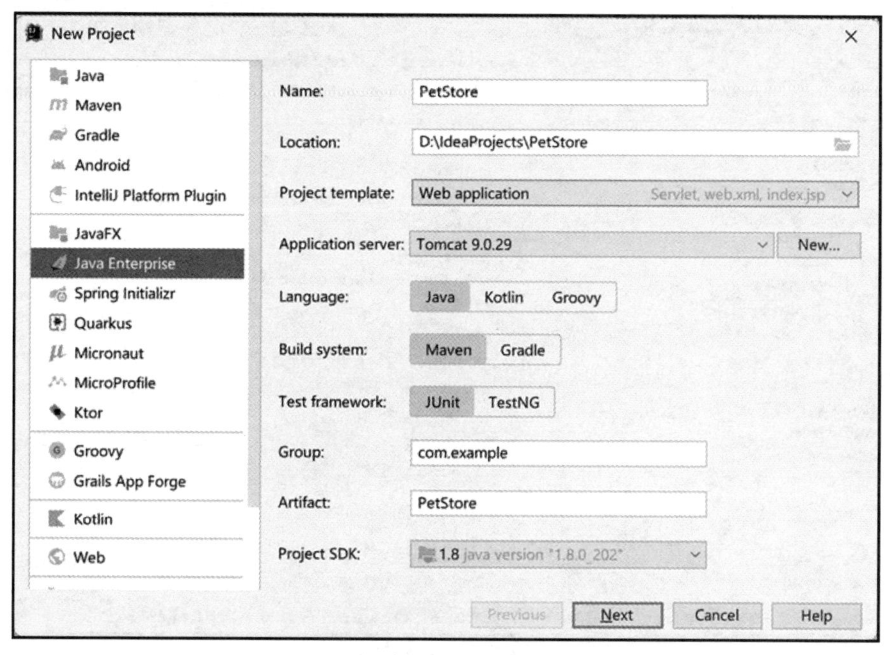

图 8-7　新建 PetStore 项目界面 1

单击 Next 按钮，进入项目配置界面，如图 8-8 所示。

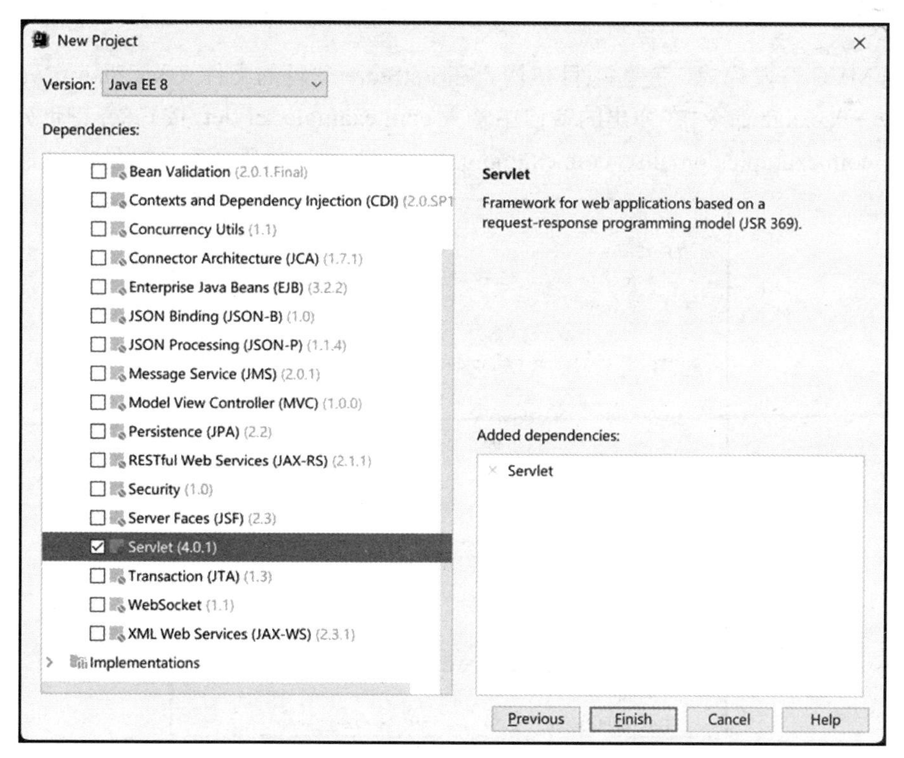

图 8-8　新建 PetStore 项目界面 2

单击 Finish 按钮，完成项目创建。PetStore 项目初始的文件结构如图 8-9 所示。

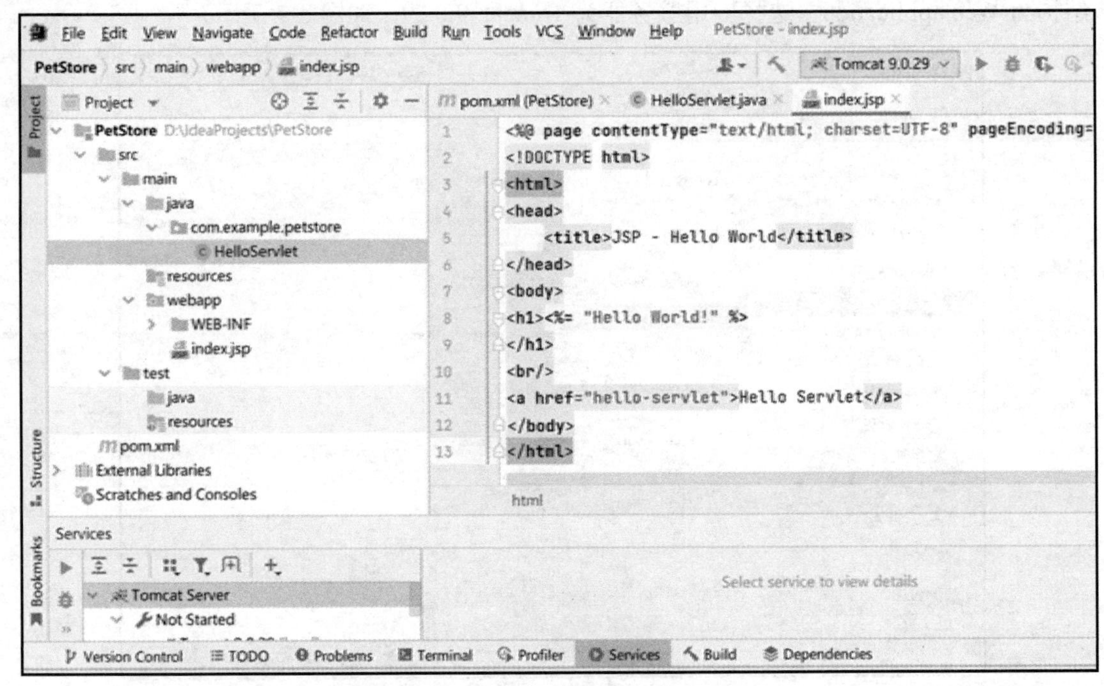

图 8-9　PetStore 项目初始的文件结构

■ 8.4.2　项目架构

依据 MVC 开发模式，完善项目架构。在 PetStore 项目的文件夹 src\main\java 上右击，选择 New→Package 命令，在弹出的窗口中输入 com.example.servlet，按 Enter 键创建 Package。同理创建 com.example.domain、com.example.dao、com.example.utils，如图 8-10 所示。

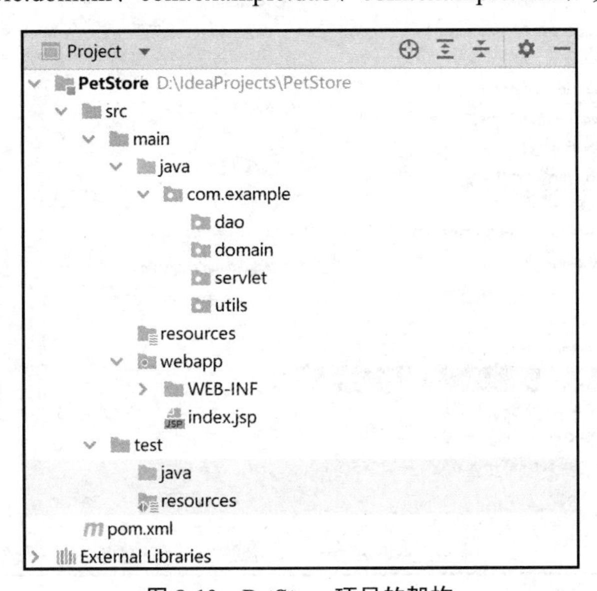

图 8-10　PetStore 项目的架构

在实际的项目开发中，Package 名称中的 example 用公司名称的缩写代替，读者在项目开发时可以用姓名的首字母缩写代替。

PetStore 项目中的 MVC 模式说明：com.example.domain 包中编写业务数据类、业务逻辑类代码；com.example.dao 包中编写数据库存取类代码，它们代表模型层（M）；webapp 站点中编写 JSP 代码，代表视图层（V）；com.example.servlet 包中编写 Servlet 代码，代表控制层（C），详细说明如表 8-9 所示。

表 8-9　项目架构说明表

包 Package/文件夹	包 含 内 容	备　注
com.example.domain	宠物商城业务数据实体类、业务逻辑处理类	MVC 开发模式中的模型层（M）
com.example.dao	数据库存储代码类	MVC 开发模式中的模型层（M）
webapp	宠物商城网站 JSP 页面	MVC 开发模式中的视图层（V）
com.example.servlet	宠物商城网站 Servlet 类	MVC 开发模式中的控制层（C）
com.example.utils	通用工具类	

基于 MVC 开发模式的项目架构，没有固定的结构和命名规范，开发人员可以根据项目的复杂程度自定义结构，符合 MVC 思想即可。

8.4.3　配置 jar 包

在 PetStore 项目的开发过程中，使用了多个第三方 jar 包，具体清单如表 8-10 所示。

表 8-10　第三方 jar 包清单

jar 包名称	说　明	版　本
mysql-connector-java	MySQL 数据库驱动	8.0.28
druid	JDBC 数据源	1.2.8
commons-logging	日志操作	1.2
spring-jdbc	JDBCTemplate 数据库工具	5.3.17
fastjson2	JSON 解析和生成器	2.0.18
taglibs-standard-spec	JSTL 接口	1.2.1
taglibs-standard-impl	JSTL 实现	1.2.1
commons-io	文件上传基础	2.2
commons-fileupload	文件上传	1.4

第三方 jar 包在 PetStore 项目中由 maven 工具管理，开发人员配置项目中的 pom.xml 文件，maven 工具自动从网络中下载相应 jar 包到项目中。

源程序：pom.xml 文件中依赖配置代码

```
<dependencies>
        <dependency>
            <groupId>javax.servlet</groupId>
            <artifactId>javax.servlet-api</artifactId>
```

```
        <version>4.0.1</version>
        <scope>provided</scope>
    </dependency>
    <dependency>
        <groupId>org.junit.jupiter</groupId>
        <artifactId>junit-jupiter-api</artifactId>
        <version>${junit.version}</version>
        <scope>test</scope>
    </dependency>
    <dependency>
        <groupId>org.junit.jupiter</groupId>
        <artifactId>junit-jupiter-engine</artifactId>
        <version>${junit.version}</version>
        <scope>test</scope>
    </dependency>
    <!-- mysql 数据库驱动程序包-->
    <dependency>
        <groupId>mysql</groupId>
        <artifactId>mysql-connector-java</artifactId>
        <version>8.0.28</version>
    </dependency>
    <!-- Druid 是 JDBC 连接池、监控组件-->
    <dependency>
        <groupId>com.alibaba</groupId>
        <artifactId>druid</artifactId>
        <version>1.2.8</version>
    </dependency>
    <!-- commons-logging 提供了操作日志的接口 -->
    <dependency>
        <groupId>commons-logging</groupId>
        <artifactId>commons-logging</artifactId>
        <version>1.2</version>
    </dependency>
    <!-- Spring 的 JDBCTemplate，简化了数据库的操作 -->
    <dependency>
        <groupId>org.springframework</groupId>
        <artifactId>spring-jdbc</artifactId>
        <version>5.3.17</version>
    </dependency>
    <!-- JSON 解析和生成器 -->
    <dependency>
       <groupId>com.alibaba.fastjson2</groupId>
       <artifactId>fastjson2</artifactId>
       <version>2.0.18</version>
    </dependency>
    <!-- JSTL 接口程序包-->
    <dependency>
```

```
            <groupId>org.apache.taglibs</groupId>
            <artifactId>taglibs-standard-spec</artifactId>
            <version>1.2.1</version>
        </dependency>
        <!-- JSTL 实现程序包-->
        <dependency>
            <groupId>org.apache.taglibs</groupId>
            <artifactId>taglibs-standard-impl</artifactId>
            <version>1.2.1</version>
        </dependency>
        <!-- io 程序包 -->
        <dependency>
            <groupId>commons-io</groupId>
            <artifactId>commons-io</artifactId>
            <version>2.2</version>
        </dependency>
        <!-- 文件上传程序包 -->
        <dependency>
            <groupId>commons-fileupload</groupId>
            <artifactId>commons-fileupload</artifactId>
            <version>1.4</version>
        </dependency>
    </dependencies>
```

编写 pom.xlm 文件中的第三方 jar 包依赖配置代码，一般情况下开发人员不是直接编写的，而是从网络中复制配置代码。站点 MVNrepository 就是提供这类服务的网站，其网址为 https://mvnrepository.com/。在这个网站上，开发人员搜索 jar 包的关键字即可获取相应的配置代码。

通常第三方 jar 包配置完成后，在 IDEA 的项目中可以查看相应的 jar 包文件，如图 8-11 所示。

■ 8.4.4 网站结构

PetStore 项目中默认已有 webapp 站点，需要进一步初始化站点的文件夹，文件夹清单如表 8-11 所示。

表 8-11 webapp 站点的文件夹清单

文件夹名称	说明
css	存放样式文件，文件格式为*.css
img	存放图片文件，文件格式为*.png 和 *.ico
js	存放 JavaScript 脚本文件，文件格式为 *.js
petimg	存放宠物图片文件，文件格式为 *.jpg
font	Font Awesome 字符图标库
WEB-INF	Web 站点的安全文件夹，存放 web.xml 等文件

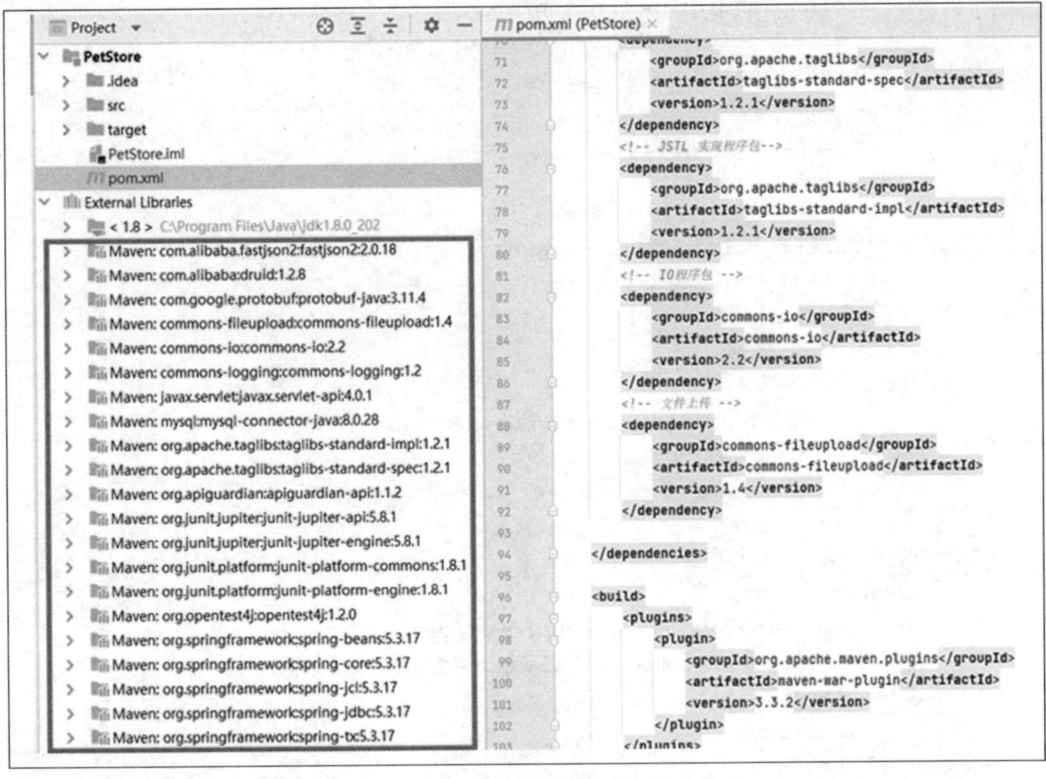

图 8-11　PetStore 项目依赖的第三方 jar 包

在 PetStore 项目的文件夹 webapp 上右击，在弹出的快捷菜单中选择 New→Directory 命令，在弹出的窗口中输入 css，按 Enter 键创建文件夹，使用同样的方法创建文件夹 img、js、petimg、font。创建完成后，webapp 文件夹的结构如图 8-12 所示。

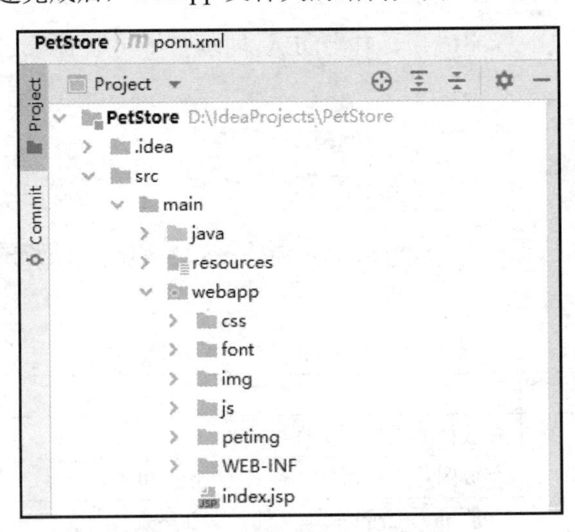

图 8-12　webapp 文件夹的结构

PetStore 项目中，宠物信息存放在 MySQL 数据库中，宠物图片在数据库中只保存了文件名，宠物图片物理文件保存在站点的 petimg 文件夹中。读者可以从配套资源中下载本书的项目源代码，其中包含了项目中使用的宠物图片文件。项目中使用的宠物图片文件，如图 8-13 所示。

图 8-13　宠物图片文件

■ 8.4.5　数据库连接配置

PetStore 项目中使用 Druid 数据源连接池以及 JDBCTemplate 工具，需要在项目中配置数据库连接信息文件。

在 PetStore 项目的文件夹 src\main\resources 上右击，在弹出的快捷菜单中选择 New→File 命令，在弹出的窗口中输入 druid.properties，按 Enter 键创建文件。同理在文件夹 src\test\resources 中创建文件 druid.properties。在这两个新文件中编写配置信息，配置代码如图 8-14 所示。

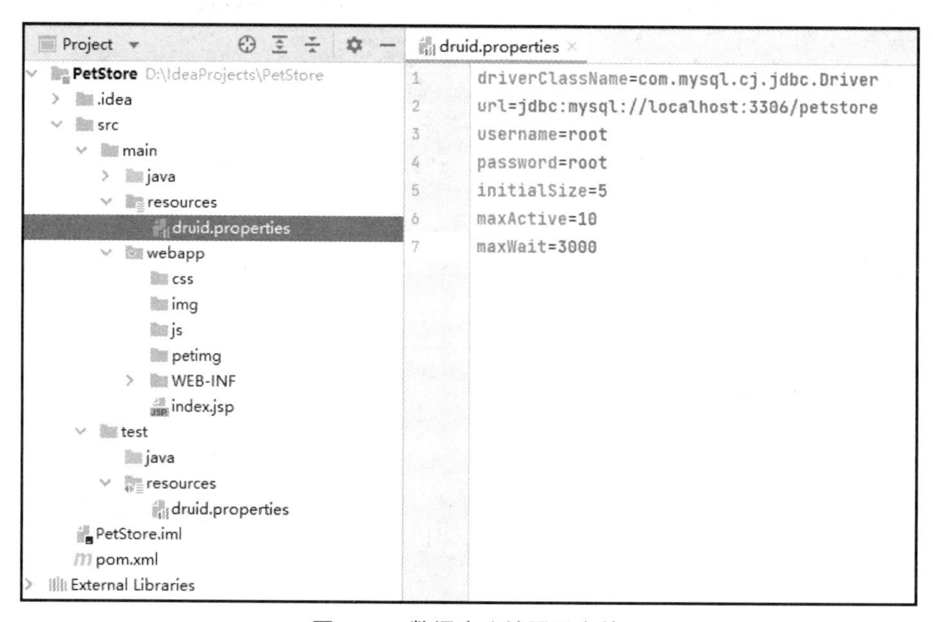

图 8-14　数据库连接配置文件

PetStore 项目中使用 Druid 数据源连接池，需要设计一个工具类供项目中的数据存取类使用，该工具类命名为 JDBCUtils。

在 PetStore 项目的 com.example.utils 包上右击，在弹出的快捷菜单中选择 New→Java Class 命令，在弹出的窗口中输入 JDBCUtils，按 Enter 键创建文件并输入源代码。

源程序：JDBCUtils.java 文件

```
package com.example.utils;
import javax.sql.DataSource;
import java.io.IOException;
import java.io.InputStream;
import java.sql.Connection;
import java.sql.SQLException;
import java.util.Properties;
import com.alibaba.druid.pool.DruidDataSourceFactory;

public class JDBCUtils {
    private static DataSource ds ;
    static {
        try {
            //1.加载配置文件
            Properties pro = new Properties();
            //使用 ClassLoader 加载配置文件，获取字节输入流
            InputStream is = JDBCUtils.class.getClassLoader()
                    .getResourceAsStream("druid.properties");
            pro.load(is);
            //2.初始化连接池对象
            ds = DruidDataSourceFactory.createDataSource(pro);
        } catch (IOException e) {
            throw new RuntimeException("找不到 druid.properties 文件，"
                    +"请在 resources 文件夹中创建 druid.properties 文件", e);
        } catch (Exception e) {
            throw new RuntimeException("数据库初始化异常", e);
        }
    }
    public static DataSource getDataSource(){
        return ds;
    }
    public static Connection getConnection() throws SQLException {
        return ds.getConnection();
    }
}
```

通过上述步骤的实施，PetStore 项目的架构已经搭建完毕。第 9～12 章将在此基础上，逐步添加功能模块，直到项目完成。

8.5 小结

本章首先介绍宠物商城项目的背景和建设目标，对项目业务流程进行梳理，以用例图的形式对系统进行了需求分析；其次对项目进行了详细的功能模块设计，并确定了项目开发采用的 MVC 开发模式；然后通过概念模型设计、关系模型设计和物理设计三个步骤，给出了详细的项目数据库设计；最后在 IDEA 开发工具中完成了项目架构的搭建，包括配置第三方 jar 包，初始化网站文件夹，配置数据库连接信息文件。

8.6 习题

1．填空题

（1）数据库设计通常分为概念模型设计、________设计和物理设计 3 个步骤。

（2）在制作用例图时，角色名称用名词，________通常用动词。

（3）________是一种软件的开发模式，目前主流的软件系统开发都受到这种思想的指导。

（4）在 MVC 开发模式中，________是表示系统业务处理相关代码组件的集合。

（5）在 MVC 开发模式中，________是指用户看到并与之交互的界面。

（6）在 MVC 开发模式中，________接收用户输入并调用模型和视图完成用户的需求。

2．选择题

（1）数据库存取类在 MVC 开发模式中属于（　　）。

A．模型　　B．视图　　C．控制器　　D．以上都不对

（2）JSP 页面在 MVC 开发模式中属于（　　）。

A．模型　　B．视图　　C．控制器　　D．以上都不对

（3）关于 MVC 开发模式的说法不正确的是（　　）。

A．视图和模型分离，耦合性低

B．多个视图能共享一个模型，重用性高

C．简单易用，适合简单项目的单人开发

D．项目中各个组件的职责划分明确，适合团队开发

3．简答题

（1）简述中小型 Java Web 项目设计的基本流程。

（2）简述中小型 Java Web 项目设计过程中各个阶段之间的关系。

（3）简述 MVC 开发模式的优点。

4．上机操作题

（1）在 MySQL 数据库中创建 petstore 数据库，并创建数据表以及写入测试数据。

（2）在 IDEA 工具中创建 PetStroe 项目，按照 MVC 开发模式创建相应的包和文件夹。

（3）在 IDEA 工具中为 PetStroe 项目配置第三方 jar 包。

（4）在 IDEA 工具中为 PetStroe 项目配置数据库连接文件。

第9章　宠物商城购物模块

本章要点：

- 能理解基于 MVC 开发模式的功能模块开发方法。
- 会熟练编写模型代码，并进行单元测试。
- 会熟练编写控制器代码和视图代码。
- 会熟练配置项目的部署信息和 Web 服务器信息。
- 会熟练进行视图拆分设计。

9.1 首页展示

项目 9-1

9.1.1 功能简介

首页展示的主要功能是展示最新上架的 12 只宠物，并在页面顶部展示站点导航信息以及页面底部的版权信息等内容。结合功能需求和 MVC 开发模式，确定实现首页展示功能需要编写的文件，如图 9-1 所示。

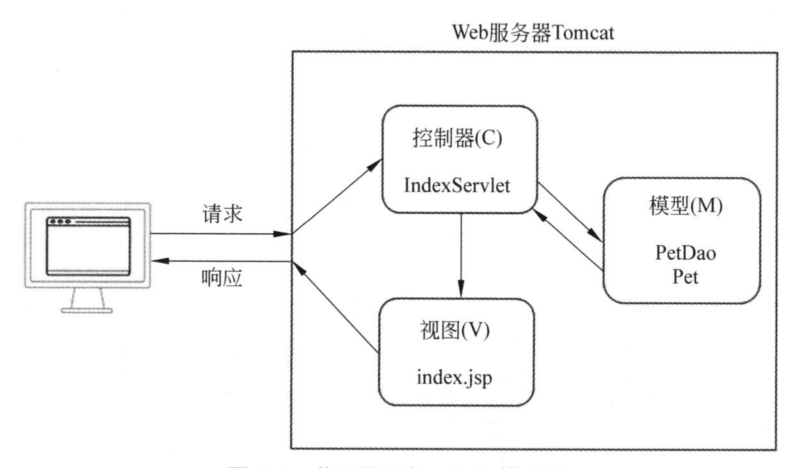

图 9-1　首页展示的 MVC 模式图

■ 9.1.2 模型代码的编写

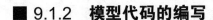

在 PetStore 项目的 com.example.domain 包上右击，在弹出的快捷菜单中选择 New→Java Class 命令，在弹出的窗口中输入 Pet，按 Enter 键创建文件并输入源代码。

源程序：Pet.java 文件

```
package com.example.domain;
public class Pet {
    private int id;
    private int category_id;
    private String title;
    private String tag;
    private String photo;
    private double price;
    private int stock;
    private Date ondate;
    private String descs;
    public Pet() { }      //无参构造方法
    public int getId() { return id;}
    public void setId(int id) {this.id = id;}
    public int getCategory_id() {return category_id;}
    public void setCategory_id(int category_id)
        {this.category_id = category_id;}
    public String getTitle() {return title;}
    public void setTitle(String title) {this.title = title;}
    public String getTag() {return tag;}
    public void setTag(String tag) {this.tag = tag;}
    public String getPhoto() {return photo;}
    public void setPhoto(String photo) {this.photo = photo;}
    public double getPrice() {return price;}
    public void setPrice(double price) {this.price = price;}
    public int getStock() {return stock;}
    public void setStock(int stock) {this.stock = stock;}
    public Date getOndate() {return ondate;}
    public void setOndate(Date ondate) {this.ondate = ondate;}
    public String getDescs() {return descs;}
    public void setDescs(String descs) {this.descs = descs;}
}
```

Pet.java 文件的代码中设计了一个简单的宠物类，只有一些属性及其 getter 和 setter 方法，没有业务逻辑方法。在模型（M）中满足这些规则的类可以理解为简单的实体类，是为了方便开发人员表示数据库表中的数据。所以实体类的设计简单方便，依据数据库表字段的属性名和数据类型，即可快速编写实体类代码。

在本项目中，每个实体类添加了无参构造方法（构造器），这是为后续 JDBCTemplate 对象的查询方法获取数据库表中数据后自动封装为实体对象做准备。

在 PetStore 项目的 com.example.dao 包上右击，在弹出的快捷菜单中选择 New→Java Class 命令，在弹出的窗口中输入 PetDao，按 Enter 键创建文件并输入源代码。

源程序：PetDao.java 文件

```
package com.example.dao;
import com.example.domain.Pet;
import com.example.utils.JDBCUtils;
import org.springframework.jdbc.core.BeanPropertyRowMapper;
import org.springframework.jdbc.core.JdbcTemplate;
import java.util.List;
public class PetDao {
    private JdbcTemplate template =
                        new JdbcTemplate(JDBCUtils.getDataSource());
    // 获取最新上架的 12 只宠物对象列表
    public List<Pet> getNewList(){
        List<Pet> petList = null;
        try {
            String sql = "select * from pets order by ondate desc limit 12";
            petList =
              template.query(sql, new BeanPropertyRowMapper<>(Pet.class));
        } catch (Exception e) {
            e.printStackTrace();
        } finally {
            return petList;
        }
    }
}
```

PetDao.java 文件的代码中设计了一个宠物数据存取类，主要包含从数据库中获取宠物数据对象的方法以及修改数据库中宠物数据的方法。目前只有 getNewList 一个方法，第 10～12 章中将会逐步增加其他方法。

程序说明：

- 本项目中的数据存取类使用了 JDBCTemplate 工具类，该工具代码简洁并且能自动封装查询数据结果为相应的实体对象，有利于提高开发效率。
- getNewList 方法可获取最新上架的 12 只宠物的对象列表，业务功能通过 SQL 语句完成。SQL 语句中的“order by ondate desc”表示根据 ondate 字段降序排列，即最新上架的宠物排在前面；“limit 12”表示仅获取前 12 条数据。

■ 9.1.3　模型代码的测试

在 IDEA 创建 Java Enterprises 项目时，默认包含了 JUnit 单元测试框架，开发人员可以轻松地使用该框架进行单元测试。

JUnit 用于编写和运行可重复的自动化测试开源框架，通过单元测试可以保证项目的代码按预期工作。JUnit 可以用于测试整个对象，以及对象的一部分或者几个对象之间的交互。JUnit 提供了注解以确定测试方法，提供断言测试的预期结果。JUnit 的主要优点有如下几个。

- JUnit 优雅简洁。不复杂且不需要花费太多的时间。
- JUnit 测试可以自动运行，检查预期的结果，并提供即时反馈。
- JUnit 测试可以组织成测试套件包含测试实例，甚至其他测试套件。
- JUnit 可显示测试进度，如果测试没有问题，进度条是绿色的，如果测试失败则会变成红色。

在 MVC 开发模式下，模型、控制器、视图需要协同工作，具体的功能模块需要三个部分的代码都正常运行才能顺利完成。为了简化系统开发过程的复杂度，模型、控制器、视图三个部分若能进行独立的单元测试，则可以将复杂问题简单化，提高开发效率。

模型部分的 Java 代码不涉及 Web 运行环境，适合使用 JUnit 框架进行测试。此外，IDEA 集成了快捷编写测试代码的方式，减少了测试代码编写的工作量。下面对 PetDao 中的 getNewList 方法编写单元测试代码。

打开 PetStore 项目的 PetDao.Java 文件，在方法 getNewList 内右击，在弹出的菜单中选择 Generate→Test 命令，弹出 Create Test 对话框，如图 9-2 所示。

Create Test
Testing library: JUnit5
Class name: PetDaoTest
Superclass:
Destination package: com.example.dao
Generate: setUp/@Before
tearDown/@After
Generate test methods for: Show inherited methods
Member
getNewList():List<Pet>
OK Cancel

图 9-2　Create Test 对话框

测试类的名称采用被测试类名加上后缀 Test 的方式，这种命名方式简单直观，便于查找和维护。选择需要测试的方法 getNewList，最后单击 OK 按钮完成。按照这个步骤创建的测试类文件 PetDaoTest.java，保存在 PetStore 项目的文件夹 src\test\java 中，如图 9-3 所示。

图 9-3　PetDaoTest 类文件

源程序：PetDaoTest.java 文件

```
package com.example.dao;
import com.example.domain.Pet;
import org.junit.jupiter.api.Test;
import org.junit.jupiter.api.Before Each;
import java.util.List;
import static org.junit.jupiter.api.Assertions.*;
class PetDaoTest {
   private PetDao petDao;
   //每个测试方法执行前，初始化 petDao 对象
   @BeforeEach
   public void init(){
      petDao = new PetDao();
   }
   @Test
   void getNewList() {
      List<Pet> newPetList = petDao.getNewList();//执行被测试方法
      assertEquals(12,newPetList.size());//断言：测试结果列表大小是否为 12
      for (Pet pet : newPetList) {        //输出宠物信息，非测试必须代码
         System.out.println(pet.getTitle());
      }
   }
}
```

在测试类文件 PetDaoTest.java 中输入源代码，其中@Test 是注解声明，表示 PetDaoTest 类中的 getNewList 方法是一个测试方法，可以在 JUnit 框架中运行测试。

assertEquals 方法主要用于比较传递进去的两个参数，当两个参数相等时则测试通过，否则测试失败。该方法中的第一个参数是期望值，第二个参数是测试方法运行的结果值，本实例中期望值为 12，实际值为 newPetList 列表包含的数据个数，当两个值一致时表示 getNewList 方法是正确的，测试通过。assertEquals 方法有多个重载方法，可以支持多种数据类型。

测试代码编写完成后，可以直接在代码界面运行测试。在图 9-4 中，单击行号 13 右侧的三角箭头，在弹出的快捷菜单中选择“Run 'getNewList()'”命令，执行测试方法。

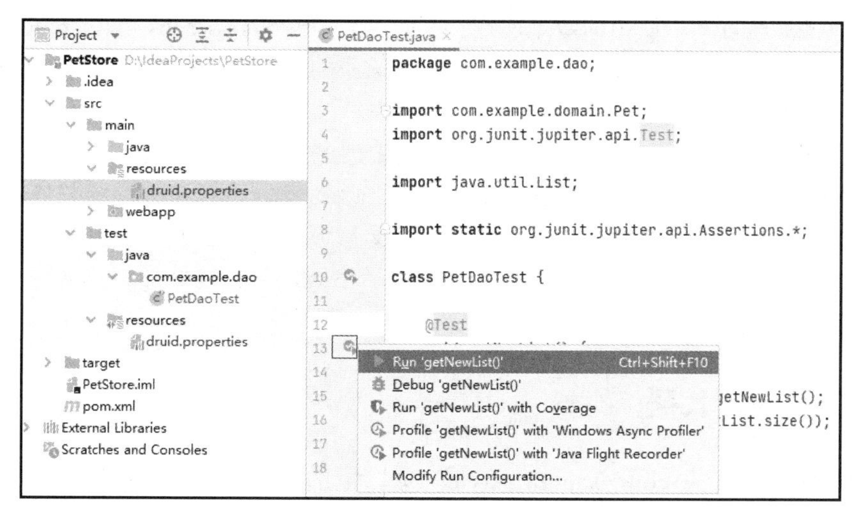

图 9-4 运行测试方法

测试运行结果如图 9-5 所示，方法名称前出现的“√”符号，表示测试通过，说明 getNewList 方法成功获取了数据库中的 12 条宠物数据。

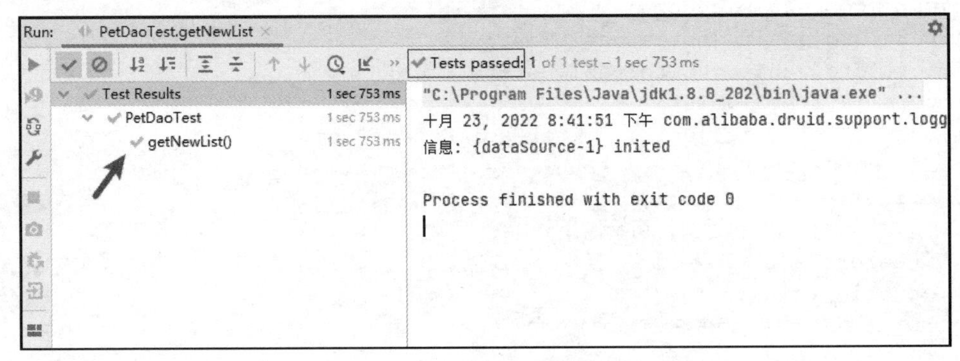

图 9-5　方法测试通过

测试运行结果如图 9-6 所示时，方法名称前出现叹号，表示测试失败，说明 getNewList 方法未能正确执行，开发人员需根据错误提示信息解决问题后再次进行测试，直到测试通过。

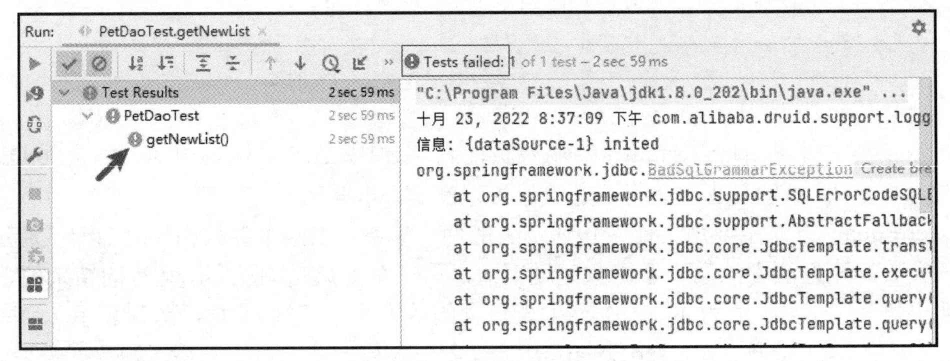

图 9-6　方法测试失败

测试说明：

- 执行测试程序时，使用的数据库连接配置文件 druid.properties 是在 src\test\resources 文件夹中，该文件与 src\main\resources 文件夹中的 druid.properties 文件内容保持一致。
- 当项目业务需求发生变化，数据库表结构进行调整时，所有 com.example.dao 包中的类都应该重新测试，确保模型（M）中的程序是能正确运行的。
- 模型（M）中的方法在编写完成后，都应当进行单元测试，为后续整体功能模块测试奠定基础。整体功能模块测试时需要涉及 MVC 三者之间的调用关系和数据流转，有一定的复杂性。此时若模型（M）中还有 Bug，会大幅增加整体功能模块的测试难度。

■ 9.1.4　控制器代码

在 PetStore 项目的 com.example.servlet 包上右击，在弹出的快捷菜单中选择 New→Servlet 命令，在弹出的窗口中输入 IndexServlet，按 Enter 键创建文件并输入源代码。

源程序：IndexServlet.java 文件

```
package com.example.servlet;

import com.example.dao.PetDao;
import com.example.domain.Pet;
import javax.servlet.*;
import javax.servlet.http.*;
import javax.servlet.annotation.*;
import java.io.IOException;
import java.util.List;

@WebServlet("/IndexServlet")
public class IndexServlet extends HttpServlet {
    @Override
    protected void doGet(HttpServletRequest request,
        HttpServletResponse response) throws ServletException, IOException{
        //1.获取请求参数（本次请求处理中无参数）

        //2.使用模型（M）对象执行业务方法，获取业务数据
        PetDao petDao = new PetDao();
        List<Pet> petList = petDao.getNewList();
        //3.将数据传递给视图（V）并展示（请求转发，浏览器的 URL 无变化）
        request.setAttribute("petList",petList);
        request.getRequestDispatcher("/index.jsp")
                .forward(request,response);
        //4.将数据传递给视图（V）并展示（重定向，浏览器的 URL 变化）
        //request.getSession().setAttribute("petList",petList);
        //response.sendRedirect(request.getContextPath()+"/index.jsp");
    }
    @Override
    protected void doPost(HttpServletRequest request, HttpServletResponse
response) throws ServletException, IOException {
        this.doGet(request, response);
    }
}
```

本项目中的控制器（C），即 Servlet 的代码文件，包含如下三个步骤。

- 获取请求参数。从 request 对象中读取请求参数值，该步骤根据业务功能的具体情况是可选的。
- 使用模型（M）对象执行业务方法，获取业务数据。该步骤的结果通常为获取一组对象或者单个对象。
- 将数据传递给视图。该步骤通常使用 request 对象或者 Session 对象向视图传递数据。request 对象用 setAttribute 方法写入数据后，使用请求转发方式向客户端展示视图，session 对象用 setAttribute 方法写入数据后，使用重定向方式向客户展示视图，开发人员可以根据实际需求选择使用这两种方式中的一种。

■ 9.1.5 视图代码

打开 PetStore 项目 src\main\webapp 文件夹中 index.jsp 文件，并输入源代码。

源程序：index.jsp 文件

```
<%@ page contentType="text/html; charset=UTF-8" pageEncoding="UTF-8" %>
<%@ taglib prefix="c" uri="http://java.sun.com/jsp/jstl/core" %>
<c:set var="ctx" value="${pageContext.request.contextPath}" />
<!DOCTYPE html>
<html>
<head>
    <title>宠物商城</title>
    <style>
        .petbox{
            width: 300px;
            padding: 0 20px;
            float: left;
        }
    </style>
</head>
<body>
    <h1>首页展示</h1>
    <c:forEach items="${petList}" var="pet">
     <div class="petbox">
         <img src="${ctx}/petimg/${pet.photo}"
                width="200" height="250" />
         <p>${pet.title}</p>
         <p>${pet.tag}</p>
         <p>${pet.price}</p>
         <p><a href="${ctx}/DetailServlet?id=${pet.id}">查看详情</a></p>
     </div>
    </c:forEach>
</body>
</html>
```

程序说明：

- JSP 页面使用 HTML 标记结合 JSTL 标签。
- “<%@ taglib prefix="c" uri="http://java.sun.com/jsp/jstl/core" %>”表示在页面中导入 JSTL 标签库。
- “<c:set var="ctx" value="${pageContext.request.contextPath}" />”表示在页面中定义 ctx 变量，在当前页面内有效，为了简化代码编写。
- 使用 JSTL 的 forEach 标签遍历 Servlet 传递的数据对象列表 petList，在页面上展示宠物的各项数据信息。
- “查看详情”超链接中 DetailServlet 的详细代码暂未编写，是为后续宠物详情功能做准备。

■ 9.1.6　项目部署配置

在项目功能模块测试运行前，需要对项目进行部署配置。在 IDEA 中，选择快捷菜单中的 Edit Configurations 命令，如图 9-7 所示。

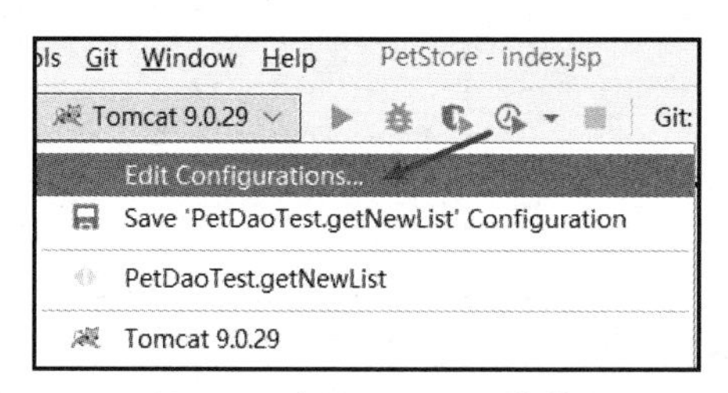

图 9-7　选择项目配置菜单

在弹出 Run/Debug Configurations 对话框中，选择 Web 服务器 Tomcat 9.0.29，再选择 Deployment 选项卡部署配置选项，选中或者添加 PetStore:war exploded 选项，配置 Application context 网站的虚拟路径为“/PetStore”，配置界面如图 9-8 所示。

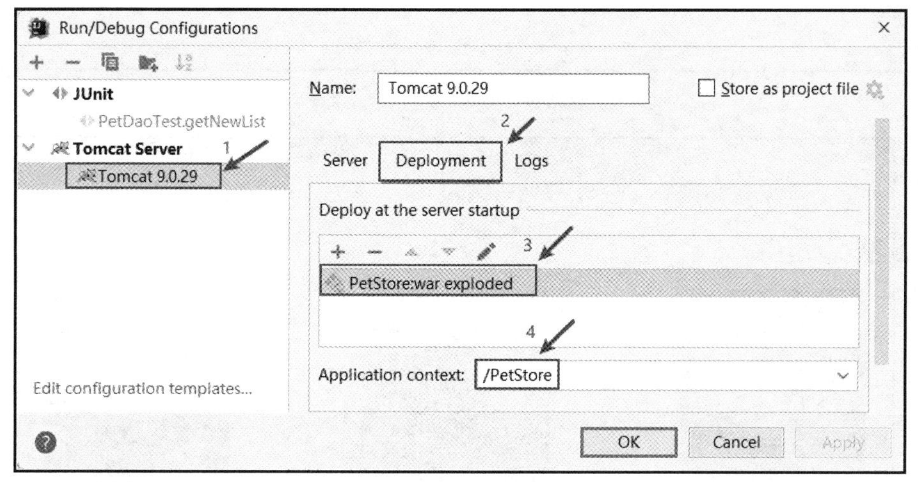

图 9-8　项目部署配置

在弹出的界面中，继续选择 Server 选项卡，设置项目启动时浏览器的默认访问网址为 http://localhost:8080/PetStore/IndexServlet。另外设置 On 'Update' action 和 On frame deactivation 的值为 Update classes and resources，当源代码发生改变并保存时，项目会自动重新编译并部署到 Tomcat 服务器，方便开发人员预览最新代码的运行效果，配置界面如图 9-9 所示。

■ 9.1.7　功能测试

单击运行工具栏中的“运行”按钮 ▶，启动 Tomcat。首页展示的效果图如图 9-10 所示。

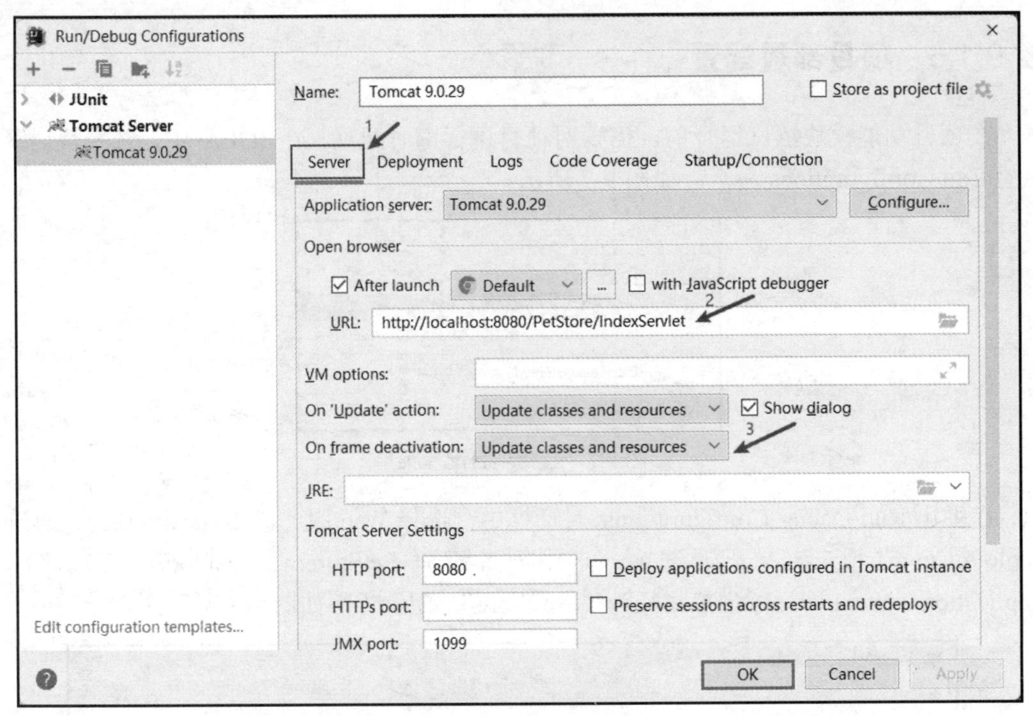

图 9-9　Web 服务器配置

图 9-10　首页展示的效果图

在测试首页展示效果时，浏览器的网址应为 http://localhost:8080/PetStore/IndexServlet。本项目采用 MVC 开发模式，客户端请求由控制器（C），即 Servlet 进行处理，Servlet 调用模型（M）对象的方法获取业务数据，再将数据传递给视图（V）并响应给客户端浏览器，所以浏览器地址栏显示为访问 IndexServlet。

■ 9.1.8 视图优化

在视图 index.jsp 页面代码中，重点在于宠物数据信息的展示，未对页面进行美化修饰，页面样式比较简单。下面通过引入 Bootstrap 前端样式框架，对 index.jsp 页面进行优化。

在 PetStroe 项目的 webapp\img 文件夹添加 favicon.ico 和 logo.png 图片文件，webapp\css 文件夹添加 bootstrap-4.6.1.min.css、font-awesome-3.2.1.min.css 和 site.css 样式文件，webapp\js 文件夹添加 jquery-3.6.0.min.js 脚本文件，webapp\font 文件夹添加 fontawesome-webfont.eot、fontawesome-webfont.svg、fontawesome-webfont.ttf、fontawesome-webfont.woff 和 FontAwesome.otf。这些文件的用途如表 9-1 所示。读者可以下载本书配套资源中的项目源代码，其中包含了上述文件。

表 9-1 图片与样式文件清单

文件夹	文件	说明
img	favicon.ico	网页个性化小图标
img	logo.png	站点 LOGO 图片
css	site.css	网站样式
css	bootstrap-4.6.1.min.css	Bootstrap 前端样式库文件
css	font-awesome-3.2.1.min.css	Font Awesome 图标字体库样式文件
js	jquery-3.6.0.min.js	jQuery 提供的 JavaScript 库文件
font	fontawesome-webfont.eot	Font Awesome 字体文件
font	fontawesome-webfont.svg	Font Awesome 字体文件
font	fontawesome-webfont.ttf	Font Awesome 字体文件
font	fontawesome-webfont.woff	Font Awesome 字体文件
font	FontAwesome.otf	Font Awesome 字体文件

打开 index.jsp 文件，输入优化后的源代码，其中宠物数据展示的核心代码未变，主要增加了优化后的样式代码。

源程序：优化后的 index.jsp 文件

```
<%@ page contentType="text/html; charset=UTF-8" pageEncoding="UTF-8" %>
<%@ taglib prefix="c" uri="http://java.sun.com/jsp/jstl/core" %>
<c:set var="ctx" value="${pageContext.request.contextPath}" />
<!DOCTYPE html>
<html lang="en">
<head>
    <meta charset="UTF-8">
    <title>宠物商城</title>
    <link rel="shortcut icon" href="img/favicon.ico" />
```

```
    <link rel="stylesheet" href="css/bootstrap-4.6.1.min.css" />
    <link rel="stylesheet" href="css/font-awesome-3.2.1.min.css">
    <link rel="stylesheet" href="css/site.css" />
    <script src="js/jquery-3.6.0.min.js"></script>
</head>
<body>
<div class="d-flex flex-column flex-md-row align-items-center p-3
                    px-md-4 mb-3 bg-white border-bottom shadow-sm">
    <img src="img/logo.png" width="64" height="64" class="mb-2">
    <h5 class="my-0 mr-md-auto font-weight-normal">宠物商城</h5>
    <nav class="my-2 my-md-0 mr-md-3">
        <a class="p-2 text-dark" href="#">首页</a>
        <a class="p-2 text-dark" href="#">购物车</a>
        <a class="p-2 text-dark" href="#">联系客服</a>
    </nav>
</div>

<div class="container">
    <div class="card-deck mb-3 text-center">
        <c:forEach items="${petList}" var="pet">
            <div class="card mb-4 shadow-sm">
                <div class="card-header">
                    <a href="${ctx}/DetailServlet?id=${pet.id}">
                        <img src="${ctx}/petimg/${pet.photo}" class="pet-pic">
                    </a>
                </div>
                <div class="card-body">
                    <h1 class="card-title pricing-card-title">
    <small class="text-muted">${pet.title}</small>
                    </h1>
                    <p class="pet-desc">${pet.descs}</p>
                    <p><span class="pet-tag">${pet.tag}</span></p>
                    <p class="pet-price">￥${pet.price}</p>
                    <a class="btn btn-lg btn-block btn-outline-primary"
                        href="${ctx}/DetailServlet?id=${pet.id}">查看详情</a>
                </div>
            </div>
        </c:forEach>
    </div>
</div>
<footer class="footer mt-1 py-3">
    <div class="container">
        <div class="row">
            <div class="col-12 col-md">
                <img src="img/logo.png" width="24" height="24" class="mb-2">
                <small class="d-block mb-3 text-muted">© 2023</small>
            </div>
            <div class="col-6 col-md">
                <h5>备案信息</h5>
                <ul class="list-unstyled text-small">
                    <li><a class="text-muted" href="#">备案号</a></li>
```

```
                </ul>
            </div>
            <div class="col-6 col-md">
                <h5>工商信息</h5>
                <ul class="list-unstyled text-small">
                    <li><a class="text-muted" href="#">商业资质</a></li>
                </ul>
            </div>
            <div class="col-6 col-md">
                <h5>关于我们</h5>
                <ul class="list-unstyled text-small">
                    <li><a class="text-muted" href="#">宠物商城有限公司</a> </li>
                </ul>
            </div>
        </div>
    </div>
</footer>
</body>
</html>
```

源程序：site.css 文件

```
/*****通用样式*****/
body{
  font-family: "Microsoft YaHei","微软雅黑",Arial,sans-serif;
}
.container {
  max-width: 960px;
  margin: 0 auto;
}
.footer {
    border-top: 1px solid #f5f5f5;
  }
  .footer .container {
    width: auto;
    max-width: 680px;
  }

/***** index.jsp 页面样式 ******/
.card-deck .card {
  min-width: 220px;
}
.pet-pic{
  border-radius: 50%;
  transition: .5s transform;
  width: 100%;
  border: solid 3px #eee;
  box-shadow: #eee 1px 0px 15px 2px;
}
.pet-desc{
  text-overflow: ellipsis;
  white-space: nowrap;
```

```
  overflow: hidden;
}
.pet-tag{
  background: #2d8cf0;
  padding:3px 6px;
  margin-left: 3px;
  border-radius: 6px;
  color: #fff;
}
.pet-price{
  font-weight: bold;
  margin-right: 30px;
  color:#c30;
}
/***** detail.jsp 页面样式 *****/
input[name=quantity]{
  width: 120px;
}
```

程序说明：

- 增加了图片和样式文件，使用 Bootstrap 前端样式框架，整体页面效果优化。
- 测试本页面时，如果出现样式文件无法正常加载的情况，可以尝试重新启动 IDEA 软件。

优化后的首页展示的效果图如图 9-11 所示。

图 9-11　优化后的首页展示的效果图

9.2 宠物详情

■ 9.2.1　功能简介

宠物详情的主要功能是展示单只宠物的详细信息，用户在该页面上可以输入购买数量并将宠物加入购物车，其中购物车添加功能在 9.2.2 节实现。结合功能需求和 MVC 开发模式，确定实现宠物详情功能需要编写的文件，如图 9-12 所示。

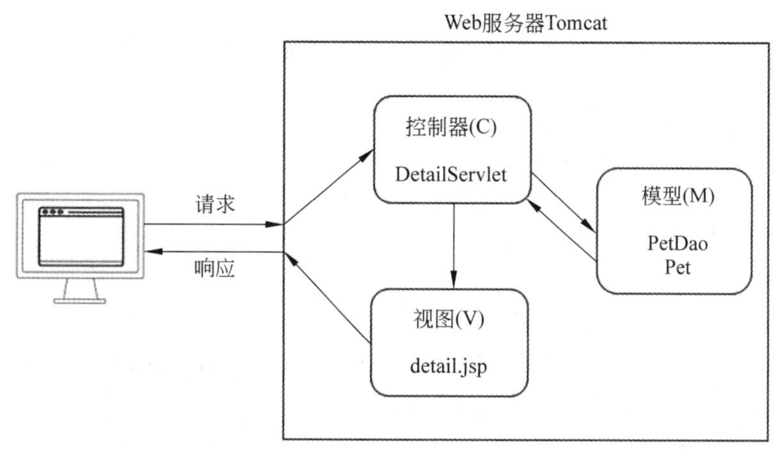

图 9-12　宠物详情的 MVC 模式图

■ 9.2.2　模型代码的编写

打开 PetDao.java 文件，在方法 getNewList 后面添加新方法 getById。

源程序：PetDao.java 文件中的 getById 方法

```
// 获取单个宠物对象
public Pet getById(int id){
 Pet pet = null;
 try {
   String sql = "select * from pets where id = ?";
   pet = template.queryForObject(sql,
             new BeanPropertyRowMapper<>(Pet.class),id);
 } catch (Exception e) {
   e.printStackTrace();
 } finally {
   return pet;
 }
}
```

程序说明：

- getById 方法根据宠物编号获取宠物对象，业务功能通过 SQL 语句完成。SQL 语句中的“?”为参数值占位符，其具体值由该方法的参数 id 传入。
- JDBCTemplate 对象的 queryForObject 方法用于获取单个对象，可自动封装数据库查询结果为 Pet 对象。

■ 9.2.3 模型代码的测试

打开 PetStore 项目的 PetDaoTest.java 文件，在测试方法 getNewList 后添加新的测试方法 getById。

源程序：PetDaoTest.java 文件中的 getById 测试方法

```
@Test
void getById() {
    Pet pet = petDao.getById(1);
    assertEquals(1,pet.getId());
    System.out.println(pet.getTitle());//输出宠物名称，非必须代码
}
```

单击测试方法 getById 的三角箭头，在弹出的快捷菜单中选择“Run 'getById()'”命令，执行测试方法。测试运行结果如图 9-13 所示，方法名称前出现“√”符号，表示测试通过，说明 getById 方法获取了编号为 1 的宠物对象。

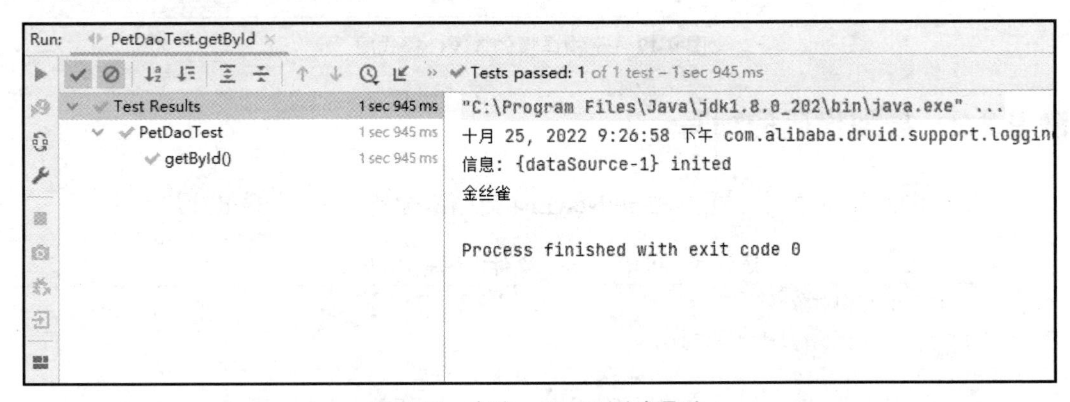

图 9-13 方法 getById 测试通过

■ 9.2.4 控制器代码

在 PetStore 项目的 com.example.servlet 包上右击，在弹出的快捷菜单中选择 New→Servlet 命令，在弹出的窗口中输入 DetailServlet，按 Enter 键创建文件并输入源代码。

源程序：DetailServlet.java 文件

```
package com.example.servlet;
import com.example.dao.PetDao;
import com.example.domain.Pet;
```

```
import javax.servlet.*;
import javax.servlet.http.*;
import javax.servlet.annotation.*;
import java.io.IOException;

@WebServlet("/DetailServlet ")
public class DetailServlet extends HttpServlet {
    @Override
    protected void doGet(HttpServletRequest request,
       HttpServletResponse response) throws ServletException, IOException {
        //1.获取请求参数 id
        String id = request.getParameter("id");
        //2.使用模型（M）对象执行业务方法，获取业务数据
        PetDao petDao = new PetDao();
        Pet pet = petDao.getById(Integer.parseInt(id));
        //3.将数据传递给视图（V）并展示（请求转发，浏览器的 URL 无变化）
        request.setAttribute("pet",pet);
        request.getRequestDispatcher("/detail.jsp")
                .forward(request,response);
    }
    @Override
    protected void doPost(HttpServletRequest request, HttpServletResponse
response) throws ServletException, IOException {
        this.doGet(request, response);
    }
}
```

本项目中的控制器（C），即 Servlet 的代码文件，包含如下三个步骤。

- 获取请求参数。从 request 对象中读取请求参数宠物编号的值。
- 使用模型（M）对象执行业务方法，获取业务数据。根据编号获取宠物对象。
- 将数据传递给视图。request 对象的 setAttribute 方法写入宠物对象数据后，使用请求转发方式向客户端展示视图 detail.jsp，视图 detail.jsp 中使用 JSTL 显示宠物对象数据。

■ 9.2.5 视图代码

在 PetStore 项目中的 src\main\webapp 文件夹上右击，在弹出的快捷菜单中选择 New→JSP/JSPX 命令，在弹出的窗口中输入 detail.jsp，按 Enter 键创建文件并输入源代码。

源程序：detail.jsp 文件

```
<%@ page contentType="text/html; charset=UTF-8" pageEncoding="UTF-8" %>
<%@ taglib prefix="c" uri="http://java.sun.com/jsp/jstl/core" %>
<c:set var="ctx" value="${pageContext.request.contextPath}" />
<!DOCTYPE html>
<html>
```

```
<head>
    <title>宠物商城</title>
    <style>
        .petbox{
            width: 600px;
            margin: 0 auto;
        }
    </style>
</head>
<body>
   <h1>"宠物详情"</h1>
   <div class="petbox">
       <img src="${ctx}/petimg/${pet.photo}" width="200" height="250" />
       <p>${pet.title}</p>
       <p>${pet.descs}</p>
       <p>${pet.tag}</p>
       <p>价格：${pet.price}</p>
       <p>库存：${pet.stock}</p>
       <form action="${ctx}/AddToCartServlet" method="post">
           <p>
               数量：<input type="text" name="quantity" value="1">
               <input type="hidden" name="id" value="${pet.id}">
           </p>
           <p>
               <input type="submit" value="加入购物车">
               <a href="${ctx}/IndexServlet">返回首页</a>
           </p>
       </form>
   </div>
</body>
</html>
```

程序说明：

- JSP 页面使用 HTML 标记结合 JSTL 标签。
- 使用 EL 表达式输出控制器（C），即 Servlet，通过 Request 传递的宠物对象 pet 的属性，在页面上展示宠物的详细信息。
- 在页面中设计了一个表单，包含隐藏表单元素宠物 id 和文本表单元素购买宠物的数量，表单提交到 AddToCartServlet，为后续购物车添加功能做准备。

■ 9.2.6 功能测试

单击运行工具栏中的“运行”按钮 ▶，启动 Tomcat。9.1.6 节中配置了项目启动后，默认功能是首页展示，在首页展示页面单击宠物的“查看详情”超链接，测试宠物详情功能，效果如图 9-14 所示。

图 9-14　宠物详情的效果图

本项目采用 MVC 开发模式，客户端请求由控制器（C），即 Servlet 进行处理，再通过请求转发方式响应到客户端浏览器，所以地址栏显示为访问具体 Servlet。在宠物详情功能中，用户在首页单击“宠物详情”超链接，如 http://localhost:8080/PetStore/DetailServlet?id=15，发送请求到 Tomcat 服务器，由 DetailServlet 具体处理该请求，并通过服务器内部请求转发将视图响应给客户端，所以浏览器地址栏展示为“宠物详情”超链接网址。

9.2.7　视图优化

当前 PetStroe 项目的 detail.jsp 文件内容重点在于展示单个宠物详细信息，页面没有使用样式代码进行效果优化，接下来通过样式代码的调整，对 detail.jsp 页面进行优化。

源程序：detail.jsp 新文件

```
<%@ page contentType="text/html; charset=UTF-8" pageEncoding="UTF-8" %>
<%@ taglib prefix="c" uri="http://java.sun.com/jsp/jstl/core" %>
<c:set var="ctx" value="${pageContext.request.contextPath}" />
<!DOCTYPE html>
<html lang="en">
<head>
    <meta charset="utf-8">
    <title>宠物商城</title>
```

```
    <link rel="shortcut icon" href="img/favicon.ico" />
    <link rel="stylesheet" href="css/bootstrap-4.6.1.min.css" />
    <link rel="stylesheet" href="css/font-awesome-3.2.1.min.css">
    <link rel="stylesheet" href="css/site.css" />
    <script src="js/jquery-3.6.0.min.js"></script></head>
<body>
<div class="d-flex flex-column flex-md-row align-items-center p-3
                    px-md-4 mb-3 bg-white border-bottom shadow-sm">
    <img src="img/logo.png" width="64" height="64" class="mb-2">
    <h5 class="my-0 mr-md-auto font-weight-normal">宠物商城</h5>
    <nav class="my-2 my-md-0 mr-md-3">
        <a class="p-2 text-dark" href="#">首页</a>
        <a class="p-2 text-dark" href="#">购物车</a>
        <a class="p-2 text-dark" href="#">联系客服</a>
    </nav>
</div>

<div class="container">
    <div class="row no-gutters border rounded flex-md-row mb-4
                shadow-sm h-md-250">
        <div class="col-auto d-none d-lg-block">
            <img src="${ctx}/petimg/${pet.photo}"
                        width="300" heght="400" class="mb-2">
        </div>
        <div class="col p-4 d-flex flex-column">
            <h3 class="d-inline-block mb-2 text-dark">${pet.title}</h3>
            <div class="mb-2 text-muted">
                <span class="pet-tag">${pet.tag}</span>
            </div>
            <p class="card-text">${pet.descs}</p>
            <p>价格：￥<span id="pet-price">${pet.price}</span></p>
            <p>库存：<span id="pet-stock">${pet.stock}</span></p>
            <form action="${ctx}/AddToCartServlet" method="post">
                <p>
                    <label for="pet-quantity">数量：</label>
                    <input type="text" id="pet-quantity"
                            name="quantity" value="1">
                    <input type="hidden" name="id" value="${pet.id}">
                </p>
                <nav>
                    <input class="btn btn-warning" type="submit"
                            value="加入购物车">
                    <a class="btn btn-warning" href="${ctx}/IndexServlet">
                        返回首页
                    </a>
                </nav>
            </form>
```

```
            </div>
        </div>
    </div>
    <footer class="footer mt-1 py-3">
        <div class="container">
            <div class="row">
                <div class="col-12 col-md">
                    <img src="img/logo.png" width="24" height="24" class="mb-2">
                    <small class="d-block mb-3 text-muted">© 2023</small>
                </div>
                <div class="col-6 col-md">
                    <h5>备案信息</h5>
                    <ul class="list-unstyled text-small">
                        <li><a class="text-muted" href="#">备案号</a></li>
                    </ul>
                </div>
                <div class="col-6 col-md">
                    <h5>工商信息</h5>
                    <ul class="list-unstyled text-small">
                        <li><a class="text-muted" href="#">商业资质</a></li>
                    </ul>
                </div>
                <div class="col-6 col-md">
                    <h5>关于我们</h5>
                    <ul class="list-unstyled text-small">
                        <li><a class="text-muted" href="#">宠物商城有限公司</a></li>
                    </ul>
                </div>
            </div>
        </div>
    </footer>
    </body>
    </html>
```

程序说明：

- 增加 Bootstrap 框架的样式代码，整体页面效果优化。

优化后的宠物详情的效果如图 9-15 所示。

■ 9.2.8　视图拆分

通过比较页面 index.jsp 与 detail.jsp 文件的源代码可知，两个页面的前 23 行代码是一样的，尾部 footer 标签开始的代码也是一样的，有大量重复代码。通常使用 JSP 页面的 include 指令来解决页面的重复代码问题。视图拆分的整体规划如图 9-16 所示。

视图拆分的思路是将前 23 行代码单独编写为 header.jsp 文件，将尾部 footer 标签开始的代码单独编写为 footer.jsp 文件。在 detail.jsp 页面通过 include 指令在恰当位置包含着

图 9-15　优化后的宠物详情的效果图

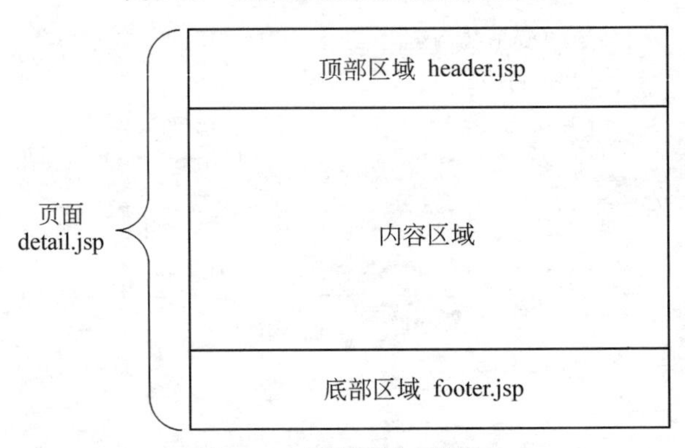

图 9-16　视图拆分规划图

header.jsp 和 footer.jsp 文件。

在 PetStore 项目的 src\main\webapp 文件夹上右击，在弹出的快捷菜单中选择 New→JSP/JSPX 命令，在弹出的窗口中输入 header.jsp，按 Enter 键创建文件并输入源代码，同理，完成 footer.jsp 文件，然后修改 detail.jsp 文件的源代码。

源程序：header.jsp 文件

```
<%@ page contentType="text/html; charset=UTF-8" pageEncoding="UTF-8" %>
<%@ taglib prefix="c" uri="http://java.sun.com/jsp/jstl/core" %>
<c:set var="ctx" value="${pageContext.request.contextPath}" />
<!DOCTYPE html>
<html lang="en">
<head>
```

```
    <meta charset="utf-8">
    <title>宠物商城</title>
    <link rel="shortcut icon" href="img/favicon.ico" />
    <link rel="stylesheet" href="css/bootstrap-4.6.1.min.css" />
    <link rel="stylesheet" href="css/font-awesome-3.2.1.min.css">
    <link rel="stylesheet" href="css/site.css" />
    <script src="js/jquery-3.6.0.min.js"></script>
</head>
<body>
<div class="d-flex flex-column flex-md-row align-items-center p-3
                        px-md-4 mb-3 bg-white border-bottom shadow-sm">
    <img src="img/logo.png" width="64" height="64" class="mb-2">
    <h5 class="my-0 mr-md-auto font-weight-normal">宠物商城</h5>
    <nav class="my-2 my-md-0 mr-md-3">
        <a class="p-2 text-dark" href="#">首页</a>
        <a class="p-2 text-dark" href="#">购物车</a>
        <a class="p-2 text-dark" href="#">联系客服</a>
    </nav>
</div>
```

源程序：footer.jsp 文件

```
<%@ page contentType="text/html; charset=UTF-8" pageEncoding="UTF-8" %>
<footer class="footer mt-1 py-3">
    <div class="container">
        <div class="row">
            <div class="col-12 col-md">
                <img src="img/logo.png" width="24" height="24" class="mb-2">
                <small class="d-block mb-3 text-muted">© 2023</small>
            </div>
            <div class="col-6 col-md">
                <h5>备案信息</h5>
                <ul class="list-unstyled text-small">
                    <li><a class="text-muted" href="#">备案号</a></li>
                </ul>
            </div>
            <div class="col-6 col-md">
                <h5>工商信息</h5>
                <ul class="list-unstyled text-small">
                    <li><a class="text-muted" href="#">商业资质</a></li>
                </ul>
            </div>
            <div class="col-6 col-md">
                <h5>关于我们</h5>
                <ul class="list-unstyled text-small">
                    <li><a class="text-muted" href="#">宠物商城有限公司</a></li>
                </ul>
            </div>
```

```
        </div>
    </div>
</footer>
</body>
</html>
```

源程序：视图拆分后的 **detail.jsp** 文件源代码

```
<%@ page contentType="text/html; charset=UTF-8" pageEncoding="UTF-8" %>
<%@ include file="header.jsp"%>
<div class="container">
    <div class="row no-gutters border rounded
                flex-md-row mb-4 shadow-sm h-md-250">
        <div class="col-auto d-none d-lg-block">
            <img src="${ctx}/petimg/${pet.photo}"
                    width="300" heght="400" class="mb-2">
        </div>
        <div class="col p-4 d-flex flex-column">
            <h3 class="d-inline-block mb-2 text-dark">${pet.title}</h3>
            <div class="mb-2 text-muted">
                <span class="pet-tag">${pet.tag}</span>
            </div>
            <p class="card-text">${pet.descs}</p>
            <p>价格：￥<span id="pet-price">${pet.price}</span></p>
            <p>库存：<span id="pet-stock">${pet.stock}</span></p>
            <form action="${ctx}/AddToCartServlet" method="post">
                <p>
                    <label for="pet-quantity">数量：</label>
                    <input type="text" id="pet-quantity"
                            name="quantity" value="1">
                    <input type="hidden" name="id" value="${pet.id}">
                </p>
                <nav>
                    <input class="btn btn-warning" type="submit"
                            value="加入购物车">
                    <a class="btn btn-warning" href="${ctx}/IndexServlet">
                        返回首页
                    </a>
                </nav>
            </form>
        </div>
    </div>
</div>
<%@ include file="footer.jsp"%>
```

程序说明：

- 通过 include 指令包含文件时，每个文件的 page 指令不可以省略。
- 通过视图拆分，精简了页面的源代码，提高了开发效率。

● 首页展示功能的视图页面同理可精简代码，视图拆分后，功能展示效果不变。

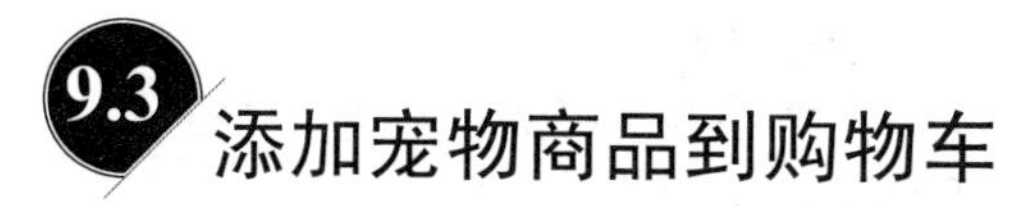

9.3 添加宠物商品到购物车

项目 9-3

9.3.1 功能简介

用户在宠物详情页面上可以输入购买数量，单击“加入购物车”按钮，将宠物加入购物车，并查看购物车页面。结合功能需求和 MVC 开发模式，确定实现购物车添加功能需要编写的文件，如图 9-17 所示。

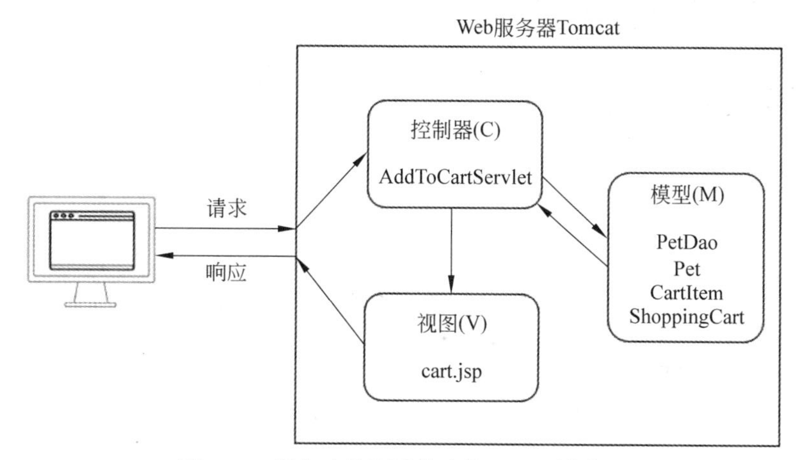

图 9-17　添加宠物到购物车的 MVC 模式图

9.3.2 模型代码的编写

在 PetStore 项目的 com.example.domain 包上右击，在弹出的快捷菜单中选择 New→Java Class 命令，在弹出的窗口中输入 CartItem.java，按 Enter 键创建文件并输入源代码，同理，完成 ShoppingCart.java 文件。

源程序：CartItem.java 文件

```
package com.example.domain;
public class CartItem {
    private int id;
    private String title;
    private double price;
    private int quantity;
    private String photo;
    public int getId() {return id; }
    public void setId(int id) {this.id = id;}
    public String getTitle() {return title;}
    public void setTitle(String title) {this.title = title; }
```

```
    public double getPrice() {return price;}
    public void setPrice(double price) {this.price = price;}
    public int getQuantity() {return quantity;}
    public void setQuantity(int quantity) {this.quantity = quantity; }
    public String getPhoto() {return photo;}
    public void setPhoto(String photo) {this.photo = photo;}
    public CartItem() {  }
    public CartItem(int id, String title, double price,
                    int quantity, String photo) {
        this.id = id;
        this.title = title;
        this.price = price;
        this.quantity = quantity;
        this.photo = photo;
    }
    //购物项小计金额
    public double getSubTotal() {
        return this.quantity * this.price;
    }
}
```

源程序：ShoppingCart.java 文件

```
package com.example.domain;
import com.example.dao.PetDao;
import java.util.ArrayList;
import java.util.List;
public class ShoppingCart {
    //购物车内购物项对象列表
    private List<CartItem> cartItemList;
    public List<CartItem> getCartItemList() {
        return cartItemList;
    }
    public void setCartItemList(List<CartItem> cartItemList) {
        this.cartItemList = cartItemList;
    }
    //购物车的构造函数，初始化内部购物项的列表对象
    public ShoppingCart() {
        this.cartItemList = new ArrayList<CartItem>();
    }
    //获取购物车内的宠物数量
    public int getTotalCount(){
        int count = 0;
        for (CartItem item :
                this.cartItemList) {
            count += item.getQuantity();
        }
        return  count;
```

```
    }
    //获取购物车内的宠物总金额
    public double getTotalMoney(){
        double money = 0;
        for (CartItem item :
                this.cartItemList) {
            money += item.getSubTotal();
        }
        return  money;
    }
    //将宠物作为购物项添加到购物车内
    public void add(int id,int quantity){
        PetDao petDao = new PetDao();
        Pet pet = petDao.getById(id);
        CartItem cartItem = new CartItem(id,pet.getTitle(),pet.getPrice(),
                                        quantity,pet.getPhoto());
        boolean foundFlag = false;
        for (CartItem item:
                this.cartItemList) {
            if (item.getId() == id){
                item.setQuantity(item.getQuantity() + quantity);
                foundFlag = true;
                break;
            }
        }
        if(foundFlag == false){
            this.cartItemList.add(cartItem);
        }
    }
}
```

程序说明：

- CartItem 类表示购物车内的购物项，包含 5 个属性，分别是宠物编号（id）、宠物名称（title）、宠物图片（photo）、宠物单价（price）、购买数量（quantity）。
- CartItem 类具有获取购物项小计金额的方法 getSubTotal。
- ShoppingCart 类表示购物车，只有 1 个属性，为购物项对象列表 cartItemList。
- ShoppingCart 类已有 3 个方法，分别是获取购物车内宠物数量的 getTotalCount 方法、获取购物车内宠物总金额的 getTotalMoney 方法、添加宠物到购物车内的 add 方法。后续随着功能模块的增加，还会有新方法增加。
- add 方法相对比较复杂，其主要逻辑为：首先使用模型（M）中的 PetDao 对象获取宠物对象用以构造购物项对象，其次遍历购物车内的购物项列表，如果添加的购物项在购物项列表中已存在，则增加其购买数量即可，否则将购物项加入购物项列表中。

■ 9.3.3 模型代码的测试

打开 PetStore 项目的 ShopppingCart.Java 文件，在方法 getTotalCount 内右击，在弹出的快捷菜单中选择 Generate→Test 命令，弹出 Create Test 对话框，如图 9-18 所示。

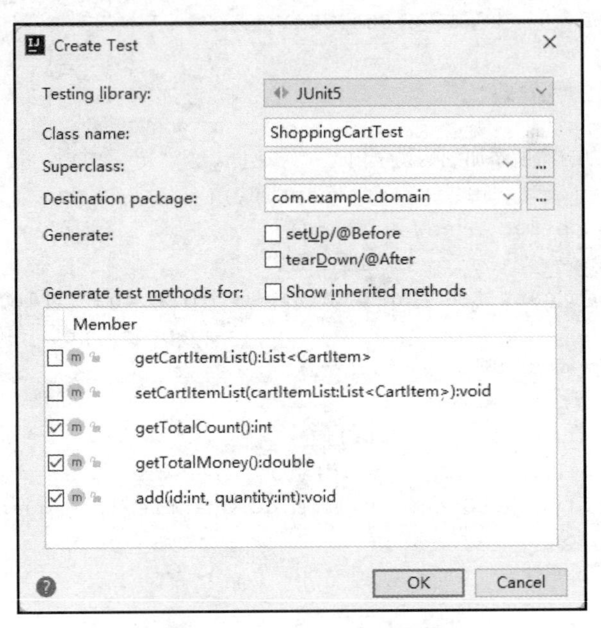

图 9-18　Create Test 对话框

选择需要测试的 3 个方法，最后单击 OK 按钮完成。测试类文件 ShoppingCartTest.java 创建完成后，输入测试方法的源代码。

源程序：ShoppingCartTest.java 文件

```
package com.example.domain;
import org.junit.jupiter.api.BeforeEach;
import org.junit.jupiter.api.Test;
import static org.junit.jupiter.api.Assertions.*;
class ShoppingCartTest {
   private ShoppingCart cart;
   public void print(){
      for (CartItem item:
              cart.getCartItemList()) {
         System.out.println(item.getId()+" "+item.getTitle()+
                 " 单价："+item.getPrice()+" 数量："+item.getQuantity() +
                 " 小计:"+item.getSubTotal());
      }
   }
   @BeforeEach
   public void init(){
      cart = new ShoppingCart();     //每个测试方法执行前，初始化购物车对象
```

```
    }
    @Test
    void getTotalCount() {
        cart.add(1,3);     //向购物车添加编号 id 为 1 的宠物，数量为 3
        assertEquals(3,cart.getTotalCount());  //期望数量为 3
        print();
    }
    @Test
    void getTotalMoney() {
        cart.add(15,3);     //向购物车添加编号 id 为 15 的宠物，数量为 2,单价为 1700
        assertEquals(5100.00,cart.getTotalMoney());  //期望总金额为 5100.00
        print();
    }

    @Test
    void add() {
        cart.add(15,2);     //向购物车添加编号 id 为 15 的宠物，数量为 3,单价为 1700
        assertEquals(2,cart.getTotalCount());  //期望数量为 2
        assertEquals(3400.00,cart.getTotalMoney());  //期望总金额为 3400.00
        System.out.println("-----------第 1 次调用 add 方法----------");
        print();

        cart.add(10,3);     //向购物车添加编号 id 为 10 的宠物，数量为 3,单价为 90
        assertEquals(5,cart.getTotalCount());  //期望数量为 2
        assertEquals(3670.00,cart.getTotalMoney());  //期望总金额为 3670.00
        System.out.println("-----------第 2 次调用 add 方法----------");
        print();

        cart.add(15,1);  //向购物车添加编号 id 为 15 的宠物，数量为 2，单价为 1700
        assertEquals(6,cart.getTotalCount());  //期望数量为 6
        assertEquals(5370.00,cart.getTotalMoney());  //期望总金额为 5370.00
        System.out.println("-----------第 3 次调用 add 方法----------");
        print();
    }
}
```

程序说明：

- @BeforeEach 注解表示该方法在每个测试方法前自动执行一次。
- 方法 print 不是测试过程中必须的，是一个辅助测试运行的信息提示方法。
- 测试方法 add 需要加入编号相同和编号不同的宠物，覆盖 add 方法中的全部逻辑路径。

单击测试方法 add 的三角箭头，在弹出的快捷菜单中选择“Run 'add ()'”命令，执行测试方法。测试的运行结果如图 9-19 所示，若方法名称前出现“√”符号则表示测试通过，说明 add 方法的逻辑和运行结果是正确的。

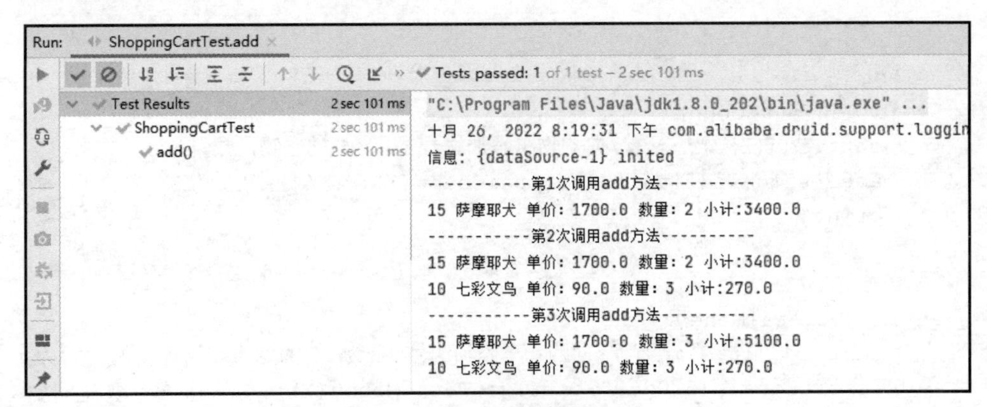

图 9-19　方法 add 测试通过

9.3.4　控制器代码

在 PetStore 项目的 com.example.servlet 包上右击，在弹出的快捷菜单中选择 New→Servlet 命令，在弹出的窗口中输入 AddToCartServlet，按 Enter 键创建文件并输入源代码。

源程序：AddToCartServlet.java 文件的主要代码

```
    @Override
    protected void doGet(HttpServletRequest request, HttpServletResponse
response) throws ServletException, IOException {
        //1.获取请求参数 id、quantity
        int id = Integer.parseInt(request.getParameter("id"));
        int quantity = Integer.parseInt(request.getParameter("quantity"));
        //2.使用模型（M）对象执行业务方法，获取业务数据
        //2.1 初始化购物车对象 cart
        //若 Session 中已存在该用户的 cart 则使用之，否则实例化 cart 对象
        ShoppingCart cart ;
        if(request.getSession().getAttribute("cart") != null){
            cart = (ShoppingCart)request.getSession().getAttribute("cart");
        }
        else{
            cart = new ShoppingCart();
        }
        //2.2 调用 cart 对象的 add 方法，将宠物加入购物车，具体的业务逻辑在 add 方法中实现
        cart.add(id,quantity);
        //3.将数据传递给视图（V）并展示
        //3.1 传递给视图的数据写入 Session
        request.getSession().setAttribute("cart",cart);
        //3.2 重定向，浏览器的 URL 有变化
        response.sendRedirect(request.getContextPath() + "/cart.jsp");
    }
}
```

程序说明：

- 获取请求参数。从 request 对象中读取请求参数宠物编号（id）和购买数量（quantity）

的值，这两个参数是从 detail.jsp 页面中的表单提交到 AddToCartServlet 的。

- 使用模型（M）中的对象 ShoppingCart，执行业务方法将宠物添加到购物车，执行结果是购物车对象。
- 将数据传递给视图。session 对象用 setAttribute 方法写入购物车对象后，使用重定向方式向客户端展示视图 cart.jsp。
- 本项目用户的购物车数据保存在 Session 中，当 Session 失效时购物车数据无法重现。实际开发购物商城项目时，通常将购物车数据保存到数据库，数据库中需要相应设计购物车的相关数据表。

■ 9.3.5　视图代码

在 PetStore 项目的 src\main\webapp 文件夹上右击，在弹出的快捷菜单中选择 New→JSP/JSPX 命令，在弹出的窗口中输入 cart.jsp，按 Enter 键创建文件并输入源代码。

源程序：cart.jsp 文件

```
<%@ page contentType="text/html; charset=UTF-8" pageEncoding="UTF-8" %>
<%@ include file="header.jsp"%>
<div class="container">
    <div class="card">
        <div class="card-header">购物车</div>
        <div class="card-body">
          <table class="table panel-body">
          <thead>
            <tr>
            <th></th>  <th>名称</th> <th>价格</th>
            <th>数量</th> <th>小计</th>  <th>操作</th>
            </tr>
        </thead>
        <tbody>
        <c:forEach items="${cart.getCartItemList()}" var="cartItem">
          <tr data-id="${cartItem.id}" class="cartItemTr">
            <td><img src="${ctx}/petimg/${cartItem.photo}"width="120" >
                 </td>
            <td>${cartItem.title}</td>
            <td><span> ¥ ${cartItem.price}</span></td>
            <td><input type="text" class="form-control"
                          name="quantity" value="${cartItem.quantity}"></td>
           <td><span> ¥ ${cartItem.getSubTotal()}</span></td>
           <td><a class="text-decoration-none"
                href="${ctx}/RemoveFromCartServlet?id=${cartItem.id}">
                X</a>
           </td>
          </tr>
        </c:forEach>
        </tbody>
        </table>
```

```
            </div>
            <div class="card-footer">
                <div class="row">
                    <div class="offset-6 col-2"><a class="btn btn-warning"
                            href="${ctx}/IndexServlet">继续浏览</a></div>
                    <div class="col-2"><a class="btn btn-warning"
                            href="${ctx}/ConfirmOrderServlet">确认订单</a></div>
                    <div class="col-2"> 总计: ¥ <span id="totalMoney">
                                ${cart.getTotalMoney()}</span></div>
                </div>
            </div>
        </div>
    </div>
<%@ include file="footer.jsp"%>
```

程序说明：

- JSP 页面使用 HTML 标记结合 JSTL 标签。
- 使用 EL 表达式输出控制器（C）通过 Session 传递的购物车对象，在页面上展示购物车内容购物项列表的详细信息。
- 具体方法是使用 JSTL 的 forEach 标签遍历购物车对象中的购物项列表，注意不是遍历购物车对象。
- 将页面中设计的“X”超链接链接到 RemoveFromCartServlet，为后续购物车的删除功能做准备。
- 将页面中设计的“立即结算”超链接链接到 CreateOrderServlet，为后续订单下达功能做准备。

■ 9.3.6　功能测试

单击运行工具栏中的“运行”按钮 ▶，启动 Tomcat。在首页中选择宠物，查看详情，修改购买数量，单击“加入购物车”按钮，查看购物车页面，效果如图 9-20 所示。

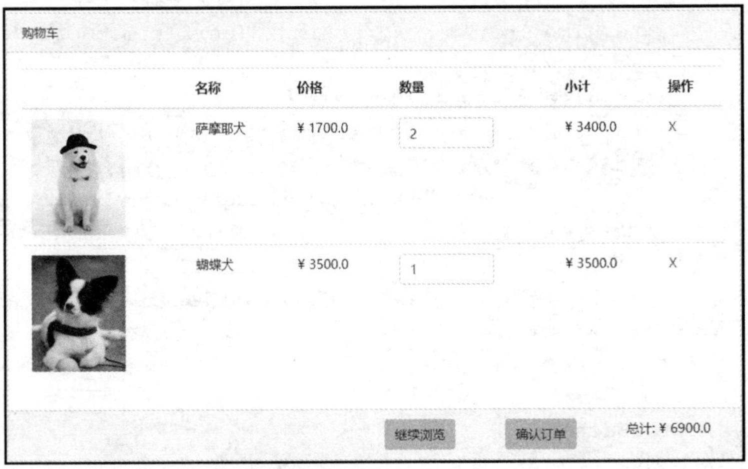

图 9-20　购物车的效果图

9.4 删除购物车中的宠物商品

项目 9-4

■ 9.4.1　功能简介

用户查看购物车页面时可以删除购物车内的宠物商品，删除后需刷新购物车页面。结合功能需求和 MVC 开发模式，确定实现购物车删除功能需要编写的文件，如图 9-21 所示。

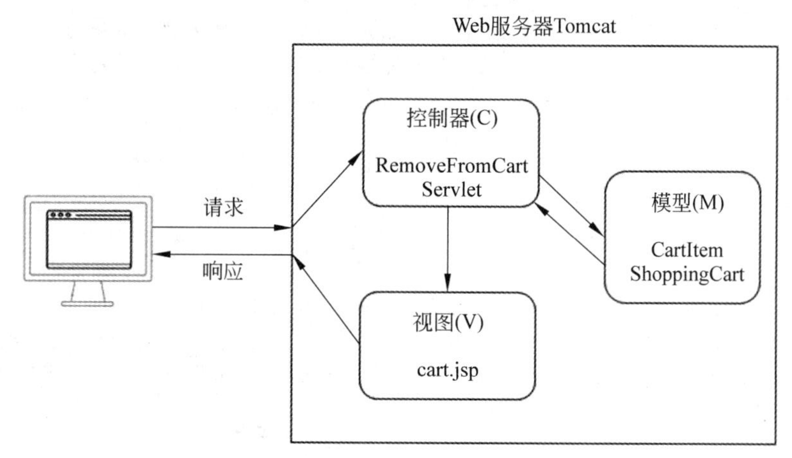

图 9-21　删除购物车中宠物商品的 MVC 模式图

■ 9.4.2　模型代码的编写

打开 PetStore 项目的 ShoppingCart.java 文件，在方法 add 后面添加新方法 remove。

源程序：ShoppingCart.java 文件中的 remove 方法

```
//从购物车内移除购物项
public void remove(int id){
    for (CartItem item: this.cartItemList) {
        if (item.getId() == id){
            this.cartItemList.remove(item);
            break;
        }
    }
}
```

程序说明：

- 方法 remove 的参数为需要移除的购物项 id，本项目中的购物项 id 与宠物 id 是一一对应的。
- 方法 remove 的主要逻辑为遍历购物车内的购物项列表，如果匹配到 id 相同的购物项，将其从购物项列表中移除。

■ 9.4.3 模型代码的测试

打开 PetStore 项目的 ShoppingCartTest.java 文件，在测试方法 add 后添加新测试方法 remove。

源程序：ShoppingCartTest.java 文件中的 remove 测试方法

```
@Test
void remove() {
    cart.add(15,2);       //向购物车添加编号 id 为 15 的宠物，数量为 2
    cart.add(10,3);       //向购物车添加编号 id 为 10 的宠物，数量为 3
    cart.add(22,1);       //向购物车添加编号 id 为 22 的宠物，数量为 1
    System.out.println("-----------初始化购物车内的购物项---------");
    print();
    cart.remove(10);      //向购物车删除编号 id 为 10 的购物项
    assertEquals(3,cart.getTotalCount());    //剩余 2 项，剩余数量为 3
    System.out.println("-----第 1 次调用 remove 方法删除 id 为 10 的购物项-----");
    print();
    cart.remove(15);      //向购物车删除编号 id 为 15 的购物项
   assertEquals(1,cart.getTotalCount());    //剩余 1 项，剩余数量为 31
   System.out.println("-----第 2 次调用 remove 方法删除 id 为 15 的购物项-----");
   print();
}
```

单击测试方法 remove 的三角箭头，在弹出的快捷菜单中选择“Run 'remove ()'”命令，执行测试方法。测试运行结果如图 9-22 所示，方法名称前出现“√”符号，表示测试通过，说明 remove 方法的逻辑和运行结果是正确的。

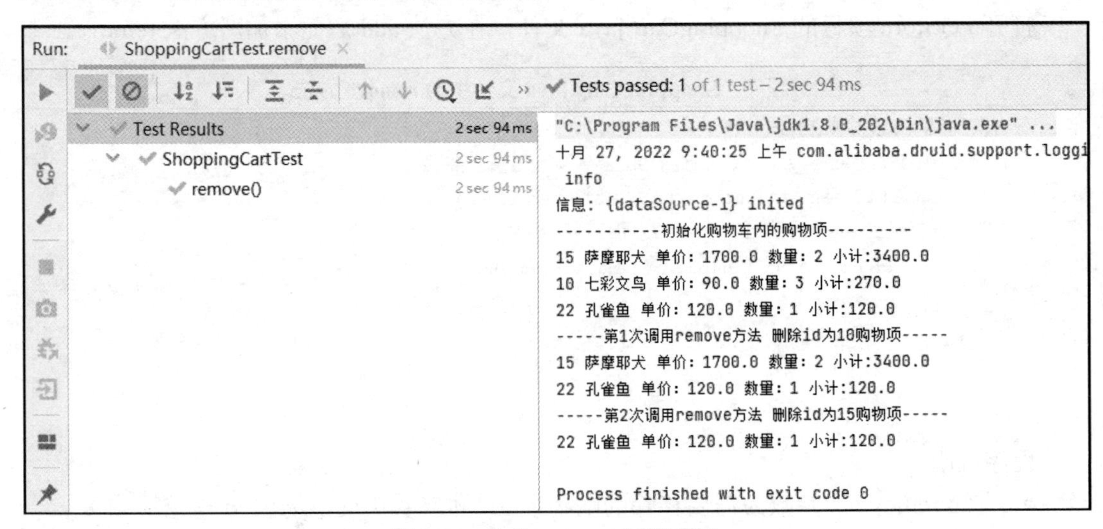

图 9-22　方法 remove 测试通过

9.4.4 控制器代码

在 PetStore 项目的 com.example.servlet 包上右击，在弹出的快捷菜单中选择 New→Servlet 命令，在弹出的窗口中输入 RemoveFromCartServlet，按 Enter 键创建文件并输入源代码。

源程序：RemoveFromCartServlet.java 文件的主要代码

```
@Override
protected void doGet(HttpServletRequest request,
    HttpServletResponse response) throws ServletException, IOException {
    //1.获取请求参数 id
    int id = Integer.parseInt(request.getParameter("id"));
    //2.1 若 Session 中存在 cart 对象，则调用其 reomve 方法，响应客户端购物车视图
    if(request.getSession().getAttribute("cart") != null){
        ShoppingCart cart  =
              (ShoppingCart)request.getSession().getAttribute("cart");
        cart.remove(id);
        response.sendRedirect(request.getContextPath() + "/cart.jsp");
    } else{
    //2.2 若 Session 中不存在 cart 对象，响应客户端首页视图
        response.sendRedirect(request.getContextPath() + "/index.jsp");
    }
}
```

程序说明：

- 获取请求参数。从 request 对象中读取请求参数购物项编号 id，该参数是从 cart.jsp 页面中的超链接提交到 RemoveFromCartServlet 的。
- 使用模型（M）中的对象 ShoppingCart，执行业务方法 remove 将购物项从购物车中删除。
- 在本次请求处理过程中，购物车对象变量 cart 是引用 Session 中的购物车对象，所以调用 remove 方法后无须再将 cart 写入 Session。
- 视图页面 cart.jsp 代码及其界面效果已在 9.3.5 节中展示说明，本节不再赘述。

9.5 小结

本章主要介绍了 PetStore 项目的前台购物功能：首页展示、宠物详情、添加购物车宠物商品和删除购物车宠物商品。每个功能的实现都是按照 MVC 开发模式进行编程的，先编写模型代码和模型单元测试代码，再编写控制器代码和视图代码，最后进行功能测试。在宠物详情功能的实现过程中，重点介绍了如何使用 JSP 的 include 指令进行视图拆分，优化视图代码。

9.6 习题

上机操作题

（1）在 IDEA 开发工具中完成本章功能的编码与测试。

（2）购物车功能完善——添加数量增加与减少功能。

习题要求：在购物车页面中，购物项的数量可以增加和减少。

习题指导：

（1）参考 ShoppingCart 类中的 add 方法，在 ShoppingCart 类中添加方法 increase 和方法 decrease。其中方法 increase 用于为购物车中指定购物项数量加 1，方法 decrease 用于为购物车中指定购物项数量减 1。

（2）参考 AddToCartServlet 类，编写 DecreaseCartItemServlet 和 IncreaseCartItemServlet。

（3）修改视图页面 cart.jsp，在数量文本框前后分别添加“-”和“+”的图片，并给图片添加超链接。“+”图片超链接的参考代码如下：

```
<a href="${ctx}/IncreaseCartItemServlet?id=${cartItem.id}">
    <img src="${ctx}/img/increase.png" width="20" >
</a>
```

其中图片 increase.png 需要复制到项目的 img 文件夹中。

第10章　宠物商城用户模块

本章要点：

- 会熟练编写基于 MVC 开发模式的功能模块代码。
- 会熟练测试功能模块代码。
- 会熟练编写基于 Bootstrap 框架的 CSS 代码。
- 会熟练编写基于 JQuery 框架的 JavaScript 代码。

10.1 用户注册

项目 10-1

10.1.1　功能简介

用户若要在宠物商城下订单购买宠物，需要先注册登录。用户注册主要登记用户名、姓名、邮箱、密码等信息，注册完成后可以进行用户登录、个人信息管理、订单下达和订单确认等操作。结合功能需求和 MVC 开发模式，确定实现用户注册功能需要编写的文件，如图 10-1 所示。

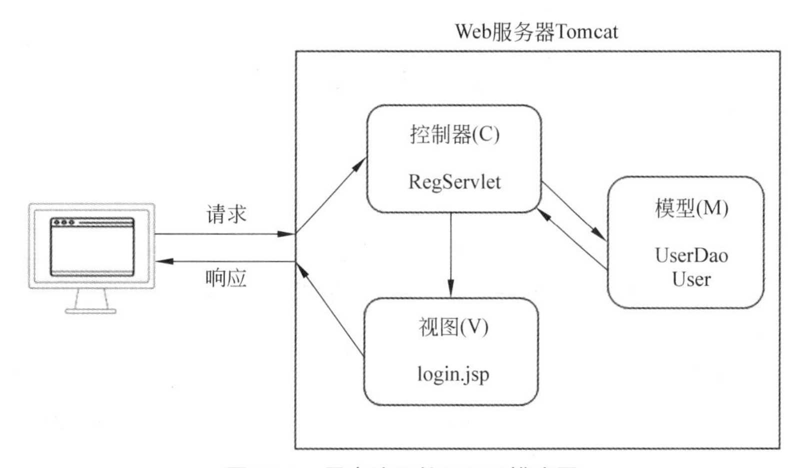

图 10-1　用户注册的 MVC 模式图

用户注册的请求发起页面是 reg.jsp，注册完成后跳转到用户登录页面 login.jsp。

10.1.2 模型代码的编写

在 PetStore 项目的 com.example.domain 包上右击，在弹出的快捷菜单中选择 New→Java Class 命令，在弹出的窗口中输入 User，按 Enter 键创建文件并输入源代码。

源程序：User.java 文件

```
package com.example.domain;
public class User {
    private int id;
    private String username;
    private String pwd;
    private String realname;
    private String email;
    private String phone;
    private String address;
    private double deposit;
    public User() { }
    public int getId() {return id;}
    public void setId(int id) {this.id = id;}
    public String getUsername() {return username;}
    public void setUsername(String username) {this.username = username;}
    public String getPwd() {return pwd;}
    public void setPwd(String pwd) {this.pwd = pwd;}
    public String getRealname() {return realname;}
    public void setRealname(String realname) {this.realname = realname;}
    public String getEmail() {return email;}
    public void setEmail(String email) {this.email = email;}
    public String getPhone() {return phone;}
    public void setPhone(String phone) {this.phone = phone;}
    public String getAddress() {return address;}
    public void setAddress(String address) {this.address = address;}
    public double getDeposit() {return deposit;}
    public void setDeposit(double deposit) {this.deposit = deposit;}
}
```

程序说明：

- User 用户类包含 8 个属性，分别是用户编号（id）、用户名（username）、密码（pwd）、真实姓名（realname）、电子邮箱（email）、手机号码（phone）、联系地址（address）和账户余额（deposit）。

在 PetStore 项目的 com.example.dao 包上右击，在弹出的快捷菜单中选择 New→Java Class 命令，在弹出的窗口中输入 UserDao，按 Enter 键创建文件并输入源代码。

源程序：UserDao.java 文件

```
package com.example.dao;
```

```
import com.example.domain.User;
import com.example.utils.JDBCUtils;
import org.springframework.jdbc.core.BeanPropertyRowMapper;
import org.springframework.jdbc.core.JdbcTemplate;
import org.springframework.util.DigestUtils;
import java.nio.charset.StandardCharsets;
public class UserDao {
   private JdbcTemplate template=
                               new JdbcTemplate(JDBCUtils.getDataSource());
   //用户注册
   public boolean add(String username, String pwd, String realname,
                        String email,String phone,String address){
      int affectRows = 0;
      try {
         //1.编写 sql。id 为自增型，deposit 默认值为 0，这两个字段无须在 SQL 语句中出现
         String sql = "insert into users(username, pwd, realname,email,
                      phone,address) values(?,?,?,?,?,?)";
         //2.密码文本使用 MD5 加密
         String pwdMD5 =
         DigestUtils.md5DigestAsHex(pwd.getBytes(StandardCharsets.UTF-8));

         //3.调用 update 方法，写入数据库
         affectRows = template.update(sql,username, pwdMD5, realname,
                                       email,phone,address);
      } catch (Exception e) {
         e.printStackTrace();
      } finally {
         return affectRows > 0;
      }
   }
}
```

程序说明：

- 数据库 users 表中的字段 id 为自增型主键，字段 deposit 默认值为 0，因此在插入新数据记录时，这两个字段无须在 SQL 语句中出现，由数据库自动维护它们的值。
- 基于安全原因，密码在数据库中不以明文保存。本项目中采用 MD5 加密，使用了 org.springframework.util 包中的 DigestUtils 类。
- 用户注册方法 add 正常执行完成则返回 true，异常则返回 false。

■ 10.1.3　模型代码的测试

打开 PetStore 项目中的 UserDao.Java 文件，在方法 add 内右击，在弹出的快捷菜单中选择 Generate→Test 命令，将弹出 Create Test 对话框，如图 10-2 所示。

选择需要测试的 add 方法，最后单击 OK 按钮完成。测试类文件 UserDaoTest.java 创建完成后，输入测试方法的源代码。

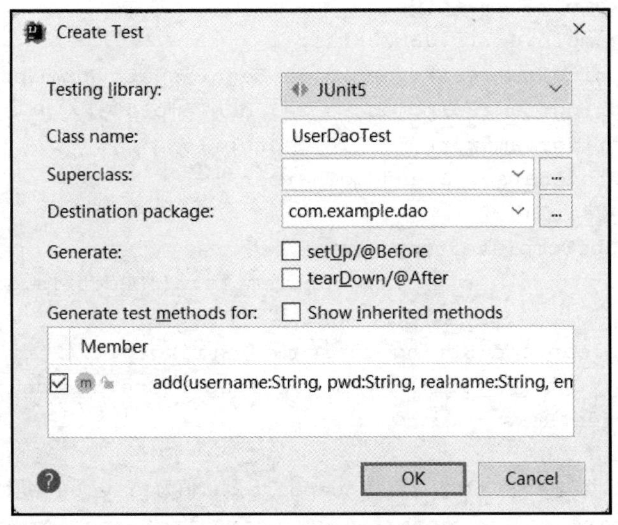

图 10-2　Create Test 对话框

源程序：UserDaoTest.java 文件

```
package com.example.dao;
import org.junit.jupiter.api.BeforeEach;
import org.junit.jupiter.api.Test;
import static org.junit.jupiter.api.Assertions.*;
class UserDaoTest {
    private UserDao userDao;
    @BeforeEach
    public void init(){
        //每个测试方法执行前，初始化 UserDao 对象
        userDao = new UserDao();
    }
    @Test
    void add() {
       Boolean result= userDao.add("Tommy","1234@qwer","童米米",
              "tommy@qq.com","13305718899","测试地址");
       assertEquals(true,result);
    }
}
```

程序说明：

- @BeforeEach 注解表示该方法在每个测试方法前自动执行一次。
- 测试通过后，可以在数据库中查询到新的用户记录数据，注意查看密码字段的内容。
- 账号 Tommy 是在数据库设计章节中导入的测试数据。

单击测试方法 add 的三角箭头，在弹出的快捷菜单中选择“Run 'add ()'”命令，执行测试方法。测试运行结果如图 10-3 所示，方法名称前出现“√”符号表示测试通过。

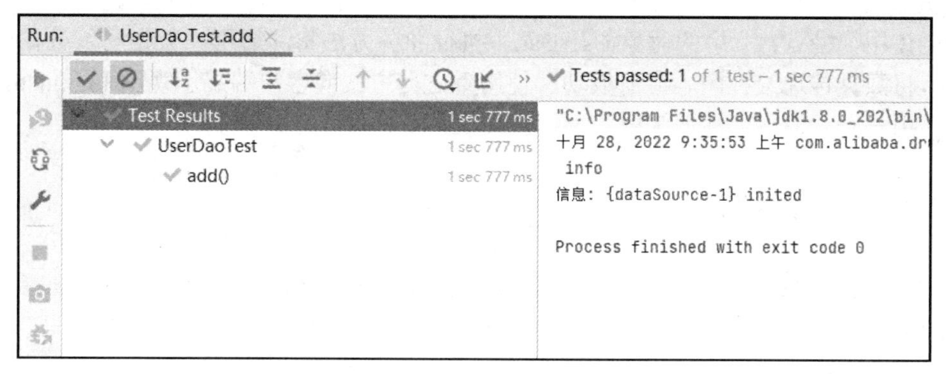

图 10-3 方法 add 测试通过

10.1.4 控制器代码

在 PetStore 项目的 com.example.servlet 包上右击，在弹出的快捷菜单中选择 New→Servlet 命令，在弹出的窗口中输入 RegServlet，按 Enter 键创建文件并输入源代码。

源程序：RegServlet.java 文件的主要代码

```
@Override
protected void doGet(HttpServletRequest request,
    HttpServletResponse response) throws ServletException, IOException {
     //1.获取请求参数 username、pwd、realname、email、phone、address
     //请求参数中包含中文时，需设置 request 的编码字符集为 UTF-8
     request.setCharacterEncoding("UTF-8");
     String username = request.getParameter("username");
     String pwd = request.getParameter("pwd");
     String realname = request.getParameter("realname");
     String email = request.getParameter("email");
     String phone = request.getParameter("phone");
     String address = request.getParameter("address");
     //2.使用模型（M）对象执行业务方法
     UserDao userDao = new UserDao();
     if (userDao.add(username, pwd, realname,email,phone,address)){
     //3.1 注册成功，重定向登录页面
         response.sendRedirect(request.getContextPath() + "/login.jsp");
     }else{
     //3.2 注册失败，重定向注册页面
         response.sendRedirect(request.getContextPath() + "/reg.jsp");
     }
}
```

程序说明：

- 获取请求参数。从 request 对象中读取用户名（username）、密码（pwd）、真实姓名（realname）、电子邮箱（email）、手机号码（phone）和联系地址（address）。这些参数是从 reg.jsp 页面的表单提交到 RegServlet 的。
- 请求参数中包含中文时，需设置 request 的编码字符集为 UTF-8。

● 使用模型（M）中的对象 UserDao，执行业务方法将注册用户数据写入数据库。
● 将数据传递给视图。注册成功，使用重定向方式向客户端展示视图 login.jsp，便于用户登录商城；注册失败，展示视图 reg.jsp，便于用户重新注册。

■ 10.1.5 视图代码

在 PetStore 项目中的 src\main\webapp 文件夹上右击，在弹出的快捷菜单中选择 New→JSP/JSPX 命令，在弹出的窗口中输入 reg.jsp，按 Enter 键创建文件并输入源代码，同理创建 login.jsp。

源程序：reg.jsp 文件

```
<%@ page contentType="text/html; charset=UTF-8" pageEncoding="UTF-8" %>
<%@ include file="header.jsp"%>
<div class="container">
    <div class="row">
        <div class="offset-3 col-6">
            <form class="form-signin" action="${ctx}/RegServlet" method="post">
            <div class="text-center">
                <img width="72" height="72" class="mb-4" alt="logo"
                      src="${ctx}/img/logo.png">
            </div>
            <input class="form-control mb-2" name="username" required=""
                      type="text" placeholder="用户名">
            <input class="form-control mb-2" name="email" required=""
                      type="email" placeholder="邮箱">
            <input class="form-control mb-2" id="pwd" name="pwd" required=""
                     type="password" placeholder="密码">
            <input class="form-control mb-2" id="pwd2" name="pwd2" required=""
                     type="password" placeholder="确认密码">
            <input class="form-control mb-2" name="realname" required=""
                     type="text" placeholder="真实姓名">
            <input class="form-control mb-2" name="phone" required=""
                     type="text" placeholder="手机号码">
            <input class="form-control mb-2" name="address" required=""
                      type="text" placeholder="联系地址">
            <input class="btn btn-lg btn-warning btn-block mb-2"
                      type="submit" value="注册">
            <div class="text-center">
                      <span id="msg" class="text-danger"></span>
            </div>
            </form>
        </div>
    </div>
</div>
<%@ include file="footer.jsp"%>
<script type="text/javascript">
    $(document).ready(function () {
```

```
        $(".form-signin").submit(function () {
            $("#msg").text("");
            let pwd1 = $("#pwd").val();
            let pwd2 = $("#pwd2").val();
            if (pwd1 != pwd2){
                $("#msg").text("两次密码不一致，请修改。");
                //返回 false，表单不提交
                return false;
            }
        });
    });
</script>
```

源程序：login.jsp 文件

```
<%@ page contentType="text/html; charset=UTF-8" pageEncoding="UTF-8" %>
<%@ include file="header.jsp"%>
<div class="container">
    <div class="row">
        <div class="offset-3 col-6">
            <form class="form-signin" action="${ctx}/LoginServlet"
                                      method="post">
                <div class="text-center">
                    <img width="72" height="72" class="mb-4" alt="logo"
                         src="${ctx}/img/logo.png">
                </div>
                <input class="form-control mb-2" name="email" autofocus=""
                       required="" type="email" placeholder="用户邮箱">
                <input class="form-control mb-2" name="pwd" required=""
                       type="password" placeholder="用户密码">
               <input class="btn btn-lg btn-warning btn-block"
                       type="submit" value="登录">
               <div class="text-center">
                    <span class="text-danger">${msg}</span>
                </div>
                <a class="btn btn-lg btn-muted btn-block mt-4"
                    href="${ctx}/RegServlet">没有账号？单击注册</a>
            </form>
        </div>
    </div>
</div>
<%@ include file="footer.jsp"%>
```

程序说明：

- 在 HTML5 中，required 是需要的意思，是指定标记中的一个属性，该属性是一个布尔属性，规定必须在提交之前填写输入的字段，若使用该属性，则字段是要填写的。
- 在 HTML5 中，input 文本框标记里的 placeholder 属性能够显示提示信息，一旦用户在文本框里输入了信息，提示信息就会隐藏。
- 页面 reg.jsp 底部使用 JQuery 库编写一段 JavaScript 代码，用以校验两次密码是否一致。该代码在表单提交时触发执行，当两次密码不一致时显示提示信息并阻止了表单提交。

■ 10.1.6　功能测试

单击运行工具栏中的“运行”按钮▶，启动Tomcat。本节中的网站首页暂无注册超链接，功能测试时需要手动在浏览器地址栏修改网址为 http://localhost:8080/PetStore/reg.jsp，效果如图10-4所示。

图 10-4　用户注册的效果图

当用户两次输入的密码不一致时，页面会显示提示信息，效果如图10-5所示。

图 10-5　用户注册密码验证的效果图

10.2 用户登录

■ 10.2.1　功能简介

用户登录是宠物商城的基础功能，用户使用邮箱和密码进行登录。结合功能需求和MVC 开发模式，确定实现用户登录功能需要编写的文件，如图 10-6 所示。

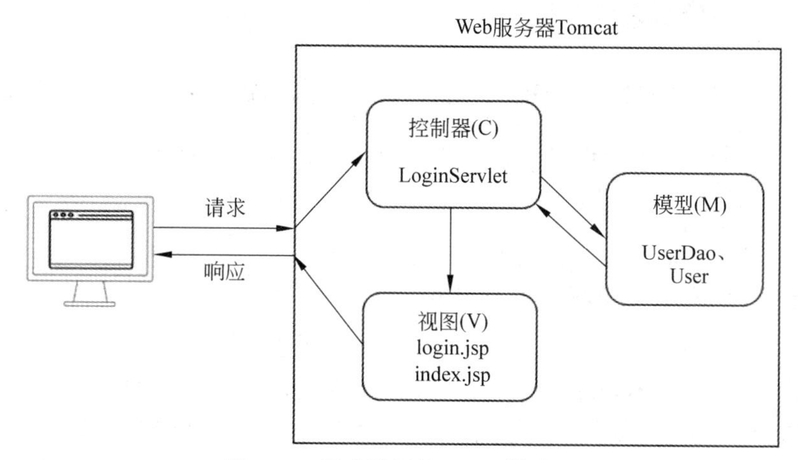

图 10-6　用户登录的 MVC 模式图

■ 10.2.2　模型代码的编写

打开 PetStore 项目中的 UserDao.java 文件，在方法 add 后面添加新方法 getByEmailAndPwd。

源程序：UserDao.java 文件中的 getByEmailAndPwd 方法

```
public User getByEmailAndPwd(String email, String pwd){
    User user = null;
    try {
        //1.编写 sql
        String sql = "select * from users where email = ? and pwd = ?";
        //2.密码文本使用 MD5 加密
        String pwdMD5 =
         DigestUtils.md5DigestAsHex(pwd.getBytes(StandardCharsets.UTF-8));
        //3.调用 query 方法
        user = template.queryForObject(sql, new BeanPropertyRowMapper<User>
                (User.class), email,pwdMD5);
    } catch (Exception e) {
        e.printStackTrace();
    } finally {
        return user;
    }
```

```
}
```

程序说明：

- 若能根据电子邮箱和密码从数据库中查询到用户记录，表示该用户输入的登录信息是正确的，否则登录验证失败。
- 本项目在用户注册时，密码写入数据库时使用 MD5 密文，所以在数据库中匹配密码时也应该是 MD5 密文。
- 方法 getByEmailAndPwd 正常执行完成时返回 user 对象，异常时返回 null。

10.2.3 模型代码的测试

打开 PetStore 项目中的 UserDaoTest.java 文件，添加新测试方法 getByEmailAndPwd。

源程序：UserDaoTest.java 文件中的 getByEmailAndPwd 测试方法

```
@Test
void getByEmailAndPwd() {
    User user= userDao.getByEmailAndPwd("tommy@qq.com","1234@qwer");
    assertEquals("童米米",user.getRealname());
}
```

单击测试方法 getByEmailAndPwd 的三角箭头，在弹出的快捷菜单中选择“Run 'getByEmailAndPwd ()'”命令，执行测试方法。测试的运行结果如图 10-7 所示，方法名称前出现“√”符号表示测试通过。

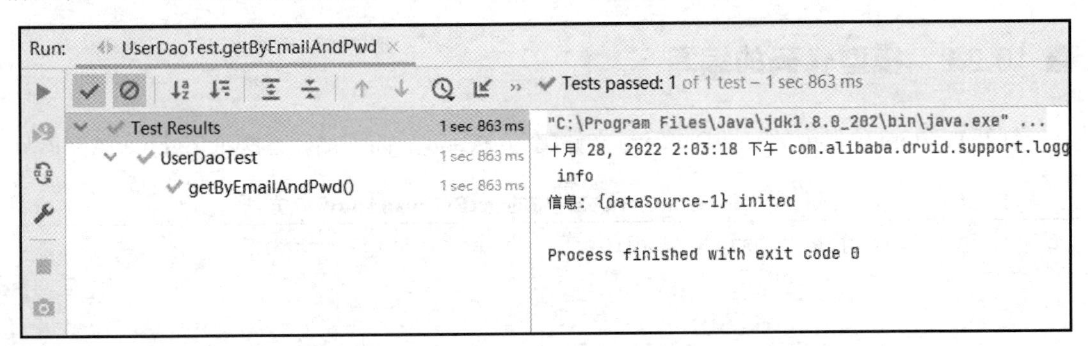

图 10-7　方法 getByEmailAndPwd 测试通过

10.2.4 控制器代码

在 PetStore 项目的 com.example.servlet 包上右击，在弹出的快捷菜单中选择 New→Servlet 命令，在弹出的窗口中输入 LoginServlet，按 Enter 键创建文件并输入源代码。

源程序：LoginServlet.java 文件的主要代码

```
@Override
protected void doGet(HttpServletRequest request,
    HttpServletResponse response) throws ServletException, IOException {
    //1.获取请求参数 email、pwd
```

```
    String email = request.getParameter("email");
    String pwd = request.getParameter("pwd");
    //2.使用模型（M）对象执行业务方法
    UserDao userDao = new UserDao();
    User user = userDao.getByEmailAndPwd(email,pwd);
    if (user != null){
    //3.1 登录成功，user 对象写入 Session 重定向首页
        request.getSession().setAttribute("user",user);
    //如果是管理员，进入管理页面
        if ("admin@qq.com".equals(email)){
            response.sendRedirect(request.getContextPath()
                                  + "/CategoryListServlet");
        }else{ //普通用户，进入网站首页
            response.sendRedirect(request.getContextPath()
                                 + "/IndexServlet");
        }
    }else{
    //3.2 登录失败，重定向登录页面
        request.setAttribute("msg","邮箱或密码错误！");
            request.getRequestDispatcher("/login.jsp")
                                        .forward(request,response);
    }
}
```

程序说明：

- 获取请求参数。从 request 对象中读取电子邮箱（email）和密码（pwd），这些参数是从 login.jsp 页面的表单提交到 LoginServlet 的。
- 使用模型（M）中的对象 UserDao，执行业务方法验证电子邮箱与密码是否正确，执行结果为 user 对象。
- 将数据传递给视图。登录成功，重定向至 IndexServlet，向客户端展示视图 index.jsp；登录失败，展示视图 login.jsp，便于用户重新登录。
- 本项目中管理员的电子邮箱默认值是 admin@qq.com，为了降低项目的复杂度，代码中以邮箱地址来判定是否为管理员。实际项目开发中，建议管理员信息保存在独立的数据表中，例如，在数据库中创建 admin 数据表，另外，管理员登录页面也需要独立视图页面。

■ 10.2.5　视图代码

登录页面 login.jsp 文件的源代码见 10.1.5 节。登录成功后，首页 index.jsp 页面中应展示用户的登录状态信息，需修改页面导航部分的源代码。

打开 header.jsp 文件，修改 nav 标签内的代码。

源程序：header.jsp 文件修改后的代码

```
<nav class="my-2 my-md-0 mr-md-3">
    <a class="p-2 text-dark" href="${ctx}/IndexServlet">首页</a>
    <c:if test="${empty user}">
        <a class="p-2 text-dark" href="${ctx}/login.jsp">请登录</a>
    </c:if>
    <c:if test="${!empty user}">
        <a class="p-2 text-dark" href="${ctx}/UserServlet">
            欢迎：<b>${user.username}</b>
        </a>
    </c:if>
    <a class="p-2 text-dark" href="${ctx}/cart.jsp">购物车</a>
    <a class="p-2 text-dark" href="#">联系客服</a>
</nav>
```

程序说明：

- 使用 JSTL 的 if 标签判断 Session 中的 user 对象是否为空，若为空则显示“请登录”超链接；若不为空则显示“欢迎用户”超链接。两者互斥，仅在页面上显示其中一个。
- 因为视图页面 login.jsp 不需要控制器 Servlet 提供业务数据，所以可以直接通过超链接请求该页面。
- 视图页面 cart.jsp 展示的购物车对象数据是存储在 Session 中的，不需要控制器 Servlet 提供业务数据，所以可以直接通过超链接请求该页面。
- 登录成功后，单击导航中的“欢迎用户”超链接，链接到 UserInfoServlet，为后续用户中心功能做准备。

■ 10.2.6　功能测试

单击运行工具栏中的“运行”按钮 ▶，启动 Tomcat。在网站的导航栏单击“请登录”超链接，进入登录页面，效果如图 10-8 所示。

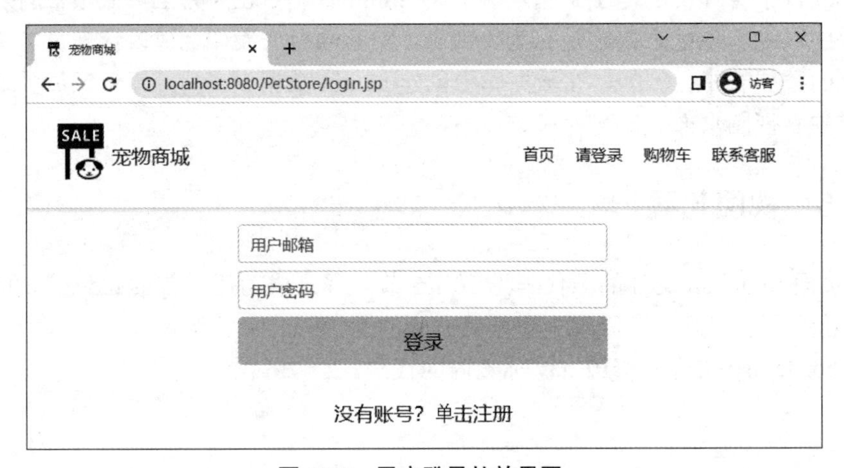

图 10-8　用户登录的效果图

当用户输入的电子邮箱和密码不正确时，页面会显示提示信息，效果如图 10-9 所示。

图 10-9　用户登录失败的效果图

当用户输入的电子邮箱和密码正确时，跳转到宠物商城首页，在导航栏中显示欢迎用户信息，效果如图 10-10 所示。

图 10-10　用户登录成功的导航栏效果图

10.3 用户中心

项目 10-3

■ 10.3.1　功能简介

用户中心是用户信息维护的功能总称，包含用户信息修改、密码修改、账户充值、我的订单和退出系统等功能，其中订单的相关功能在 10.4 节和 10.5 节中介绍。结合功能需求和 MVC 开发模式，确定实现用户中心需要编写的文件，如图 10-11 所示。

■ 10.3.2　模型代码的编写

打开 PetStore 项目中的 UserDao.java 文件，在方法 add 后面添加三个新方法，方法名为 edit、setPwd 和 recharge。

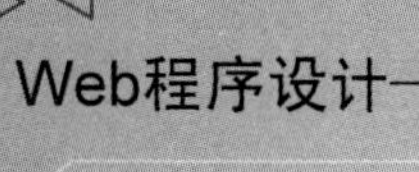

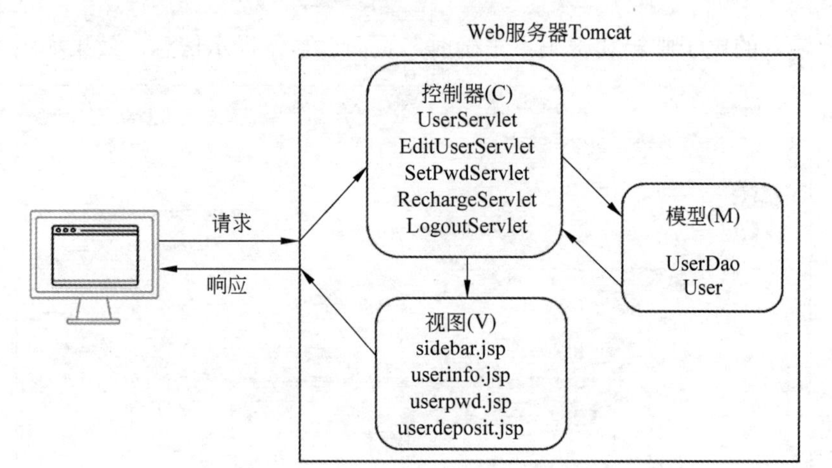

图 10-11　用户中心的 MVC 模式图

源程序：UserDao.java 文件中的 edit 方法

```
public boolean edit(int id, String username, String realname,
                    String email,String phone,String address){
    int affectRows = 0;
    try {
        //1.编写 sql
        String sql = "update users set username=?, realname=?,
                    email=?, phone=?, address=? where id=?";
        //2.调用 update 方法，写入数据库
        affectRows = template.update(
                    sql,username, realname,email,phone,address,id);
    } catch (Exception e) {
            e.printStackTrace();
    } finally {
            return affectRows > 0;
    }
}
```

源程序：UserDao.java 文件中的 setPwd 方法

```
public boolean setPwd(int id,String oldPwd,String newPwd){
    int affectRows = 0;
    try {
        //1.编写 sql
        String sql = "update users set pwd=? where id=? and pwd=?";
        //2.密码文本使用 MD5 加密
        String oldPwdMD5=
    DigestUtils.md5DigestAsHex(oldPwd.getBytes(StandardCharsets.UTF-8));
        String newPwdMD5=
    DigestUtils.md5DigestAsHex(newPwd.getBytes(StandardCharsets.UTF-8));
        //3.调用 update 方法，写入数据库
        affectRows = template.update(sql,newPwdMD5,id,oldPwdMD5);
    } catch (Exception e) {
```

```
            e.printStackTrace();
        } finally {
            return affectRows > 0;
        }
    }
```

源程序：UserDao.java 文件中的 recharge 方法

```
public boolean recharge(int id,double money){
    int affectRows = 0;
    try {
        //1.编写 sql
        String sql = "update users set deposit=deposit+? where id=?";
        //2.调用 update 方法，写入数据库
        affectRows = template.update(sql,money,id);
    } catch (Exception e) {
            e.printStackTrace();
    } finally {
            return affectRows > 0;
    }
}
```

程序说明：

- SQL 语句中的参数占位符“？”的顺序与 update 方法中参数的顺序保持一致。
- 设置密码方法 setPwd 中需要在 SQL 语句中验证旧密码。
- 设置密码方法 setPwd 中参数的密码值，是用户输入的密码明文文本。将密码文本作为参数传递到 SQL 语句中执行时，需要先进行 MD5 加密，因为数据库中存储的是 MD5 密文。
- 账户充值方法 recharge 参数中的 money 值为账户增加的金额，所以 SQL 语句中使用加法表达式。
- 用户中心的三个方法都需要用户编号 id 参数，因为 id 为数据库表 users 的主键，修改表记录时，主键参数不可缺少。

■ 10.3.3 模型代码的测试

打开 PetStore 项目中的 UserDaoTest.java 文件，添加三个新测试方法，方法名为 edit、setPwd 和 recharge，以及一个辅助方法 print。

源程序：UserDaoTest.java 文件中的 edit 测试方法

```
@Test
void edit(){
    //获取邮箱为 tommy@qq.com 的用户
    User user= userDao.getByEmailAndPwd("tommy@qq.com","1234@qwer");
    print(user,true);
    //修改用户的 realname、phone、address 等信息，断言 edit 方法返回结果为 true
    Boolean result = userDao.edit(user.getId(),"Tommy2","童米米 2",
```

```
                    "tommy@qq.com","13505718899","测试地址 2");
    assertEquals(true,result);
    //再次获取邮箱为 tommy@qq.com 的用户，断言用户姓名为修改后的用户姓名
    user = userDao.getByEmailAndPwd("tommy@qq.com","1234@qwer");
    assertEquals("童米米 2",user.getRealname());
    print(user,false);
}
```

源程序：UserDaoTest.java 文件中的 setPwd 测试方法

```
@Test
void setPwd(){
    //获取邮箱为 tommy@qq.com 的用户
    User user= userDao.getByEmailAndPwd("tommy@qq.com","1234@qwer");
    //设置该用户新密码，断言 setPwd 方法的返回结果为 true
    Boolean result = userDao.setPwd(user.getId(),"1234@qwer","12@qw");
    assertEquals(true,result);
    //再次获取 tommy@qq.com 用户，密码参数用新密码，断言获取的 user 对象不为 null
    user = userDao.getByEmailAndPwd("tommy@qq.com","12@qw");
    assertNotNull(user);
    //最后还原该用户密码为修改前的密码
    userDao.setPwd(user.getId(),"12@qw","1234@qwer");
}
```

源程序：UserDaoTest.java 文件中的 recharge 测试方法

```
@Test
void recharge(){
    //获取邮箱为 tommy@qq.com 的用户
    User user= userDao.getByEmailAndPwd("tommy@qq.com","1234@qwer");
    double oldDeposit = user.getDeposit();
    print(user,true);
    //为该用户充值 1000.50 元，断言 recharge 方法的返回结果为 true
    Boolean result = userDao.recharge(user.getId(),1000.50);
    assertEquals(true,result);
    //再次获取 tommy@qq.com 用户，断言用户的账户余额为增加 1000.50 元后的数量
    user= userDao.getByEmailAndPwd("tommy@qq.com","1234@qwer");
    assertEquals(oldDeposit + 1000.50,user.getDeposit());
    print(user,false);
}
```

源程序：UserDaoTest.java 文件中的 print 方法

```
//非测试方法，辅助测试
public void print(User user,Boolean isBefore){
   if (isBefore == true){
      System.out.println("-----------修改前----------");
   }else{
      System.out.println("-----------修改后----------");
   }
```

```
    System.out.println("邮箱: "+user.getEmail()+" 姓名: "+user.getRealname()
                    +" 余额: "+user.getDeposit());
}
```

程序说明：

- 辅助方法 print 不是测试过程必须的，便于开发人员对比用户修改前后的信息。
- 测试方法 setPwd 中增加了还原密码的代码，确保其他测试程序正常运行。

分别单击三个测试方法名称前的三角箭头，在弹出的快捷菜单中执行测试方法。测试的运行结果分别如图 10-12～图 10-14 所示。

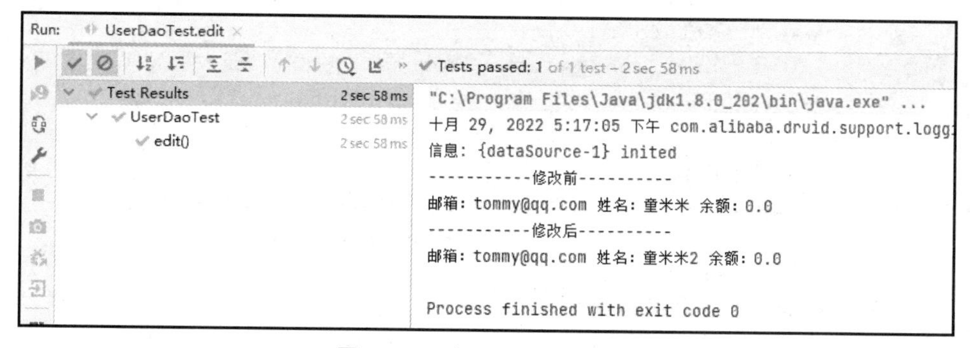

图 10-12　方法 edit 测试通过

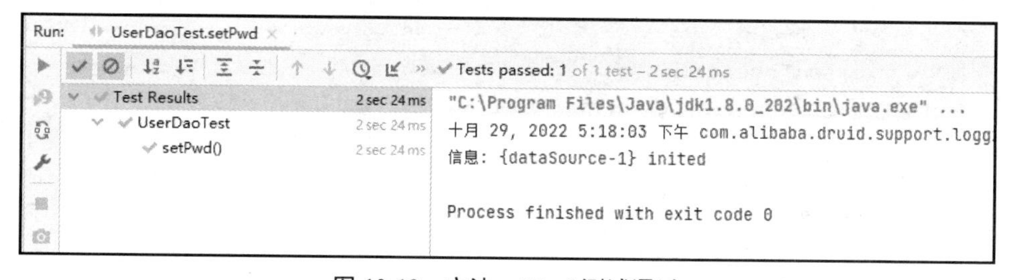

图 10-13　方法 setPwd 测试通过

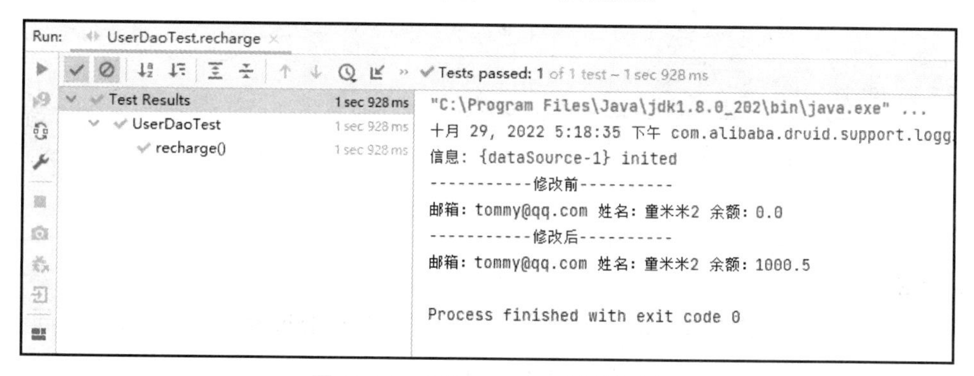

图 10-14　方法 recharge 测试通过

■ 10.3.4　控制器代码

在 PetStore 项目中的 com.example.servlet 包上右击，在弹出的快捷菜单中选择 New→Servlet 命令，在弹出的窗口中输入 UserServlet，按 Enter 键创建文件并输入源代码。

源程序：UserServlet.java 文件的主要代码

```
    @Override
    protected void doGet(HttpServletRequest request, HttpServletResponse response)
throws ServletException, IOException {
        //1.判断 Session 中的 user 对象
        if(request.getSession().getAttribute("user") != null){
            String viewName = request.getParameter("view");
            //默认展示用户个人信息视图
            if (viewName == null){ viewName = "userinfo"; }
            switch (viewName){
                case "userinfo":
                    response.sendRedirect(request.getContextPath()
                                        + "/userinfo.jsp");
                    break;
                case "userpwd":
                    response.sendRedirect(request.getContextPath()
                                        + "/userpwd.jsp");
                    break;
                case "userdeposit":
                    response.sendRedirect(request.getContextPath()
                                        + "/userdeposit.jsp");
                    break;
                case "userorder":
                    response.sendRedirect(request.getContextPath()
                                        + "/userorder.jsp");
                    break;
                default:
                    response.sendRedirect(request.getContextPath()
                                        + "/userinfo.jsp");
                    break;
            }
        }else{
            //Session 中 user 对象不存在，表示用户未登录或者 Session 超时，需要重新登录
            response.sendRedirect(request.getContextPath() + "/login.jsp");
        }
    }
```

程序说明：

- UserServlet 的主要功能是在用户中心的内部导航，通过参数 view 展示不同的视图页面。当没有参数时，默认展示 userinfo.jsp 视图。
- UserServlet 无须传递 user 对象数据，因为用户登录后已将 user 对象写入 Session 中，视图页面直接可以使用 EL 表达式显示 Session 中存储的对象数据。

在 PetStore 项目中的 com.example.servlet 包上右击，在弹出的快捷菜单中选择 New→Servlet 命令，在弹出的窗口中输入 UserEditServlet，按 Enter 键创建文件并输入源代码。

源程序：UserEditServlet.java 文件的主要代码

```
@Override
protected void doGet(HttpServletRequest request,
   HttpServletResponse response) throws ServletException, IOException {
   //1.获取请求参数 id、username、pwd、realname、email、phone、address
   //请求参数中包含中文，需设置 request 的编码字符集为 UTF-8
   request.setCharacterEncoding("UTF-8");
   int id = Integer.parseInt(request.getParameter("id"));
   String username = request.getParameter("username");
   String realname = request.getParameter("realname");
   String email = request.getParameter("email");
   String phone = request.getParameter("phone");
   String address = request.getParameter("address");
   //2.使用模型（M）对象执行业务方法
   UserDao userDao = new UserDao();
   if (userDao.edit(id,username,realname,email,phone,address)){
   //3.1 修改用户信息成功，同时更新 Session 中的 user 对象信息
      User user = (User)request.getSession().getAttribute("user");
      user.setUsername(username);
      user.setRealname(realname);
      user.setEmail(email);
      user.setPhone(phone);
      user.setAddress(address);
      request.setAttribute("msg","信息修改成功！");
      request.getRequestDispatcher("/userinfo.jsp")
          .forward(request,response);
   }else{
   //3.2 修改用户信息失败
       request.setAttribute("msg","信息修改失败！");
       request.getRequestDispatcher("/userinfo.jsp")
         .forward(request,response);
   }
}
```

程序说明：

- 获取请求参数。请求参数中的真实姓名（realname）和联系地址（address）包含中文，需设置 request 的编码字符集为 UTF-8。
- 使用模型（M）中的对象 UserDao，执行业务方法将用户信息更新到数据库中，同时需要修改 Session 中 user 对象相应属性的值。
- 将数据传递给视图。修改完成后将提示信息写入 request 对象的 msg 属性，传递到视图中显示。

在 PetStore 项目中的 com.example.servlet 包上右击，在弹出的快捷菜单中选择 New→Servlet 命令，在弹出的窗口中输入 SetPwdServlet，按 Enter 键创建文件并输入源代码，同理创建 RechargeServlet.java、LogoutServlet.java 文件。

源程序：**SetPwdServlet.java** 文件的主要代码

```
@Override
protected void doGet(HttpServletRequest request,
  HttpServletResponse response) throws ServletException, IOException {
   //1.获取请求参数 id、oldPwd、newPwd
   int id = Integer.parseInt(request.getParameter("id"));
   String oldPwd = request.getParameter("oldPwd");
   String newPwd = request.getParameter("newPwd");
   //2.使用模型（M）对象执行业务方法
   UserDao userDao = new UserDao();
   if (userDao.setPwd(id,oldPwd,newPwd)){
   //3.1 修改密码成功
       request.setAttribute("msg","密码修改成功！");
       request.getRequestDispatcher("/userpwd.jsp")
           .forward(request,response);
   }else{
   //3.2 修改密码失败
       request.setAttribute("msg","密码修改失败！");
       request.getRequestDispatcher("/userpwd.jsp")
           .forward(request,response);
   }
}
```

源程序：**RechargeServlet.java** 文件的主要代码

```
@Override
protected void doGet(HttpServletRequest request,
  HttpServletResponse response) throws ServletException, IOException {
   //1.获取请求参数 id、money
   int id = Integer.parseInt(request.getParameter("id"));
   double money = Double.parseDouble(request.getParameter("money"));
   //2.使用模型（M）对象执行业务方法
   UserDao userDao = new UserDao();
   if (userDao.recharge(id,money)){
   //3.1 充值成功，同时更新 Session 中的 user 对象信息
       User user = (User)request.getSession().getAttribute("user");
       user.setDeposit(user.getDeposit() + money);
       request.setAttribute("msg","充值成功！");
       request.getRequestDispatcher("/userdeposit.jsp")
          .forward(request,response);
   }else{
   //3.2 充值失败
       request.setAttribute("msg","充值失败！");
       request.getRequestDispatcher("/userdeposit.jsp")
          .forward(request,response);
   }
}
```

源程序：**LogoutServlet.java** 文件的主要代码

```
@Override
protected void doGet(HttpServletRequest request,
   HttpServletResponse response) throws ServletException, IOException {
    //1.清除用户 Session 内容
    if(request.getSession().getAttribute("user") != null){
        request.getSession().invalidate();
    }
    //2.重定向首页
    response.sendRedirect(request.getContextPath() + "/IndexServlet");
}
```

10.3.5　视图代码

在用户中心视图中，包含了用户信息修改、密码修改、账户充值、订单浏览等功能，因此需要一个内部的导航栏。用户中心视图布局的整体规划如图 10-15 所示。

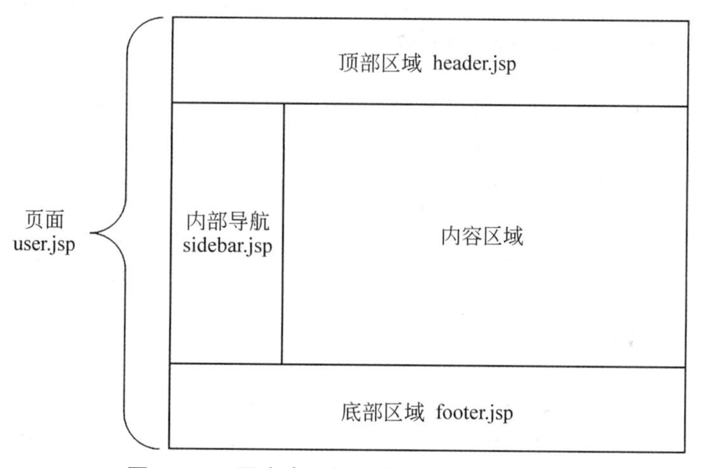

图 10-15　用户中心视图布局的整体规划图

在 PetStore 项目中的 src\main\webapp 文件夹上右击，在弹出的快捷菜单中选择 New→JSP/JSPX 命令，在弹出的窗口中输入 sidebar.jsp，按 Enter 键创建文件并输入源代码。

源程序：**sidebar.jsp** 文件

```
<%@ page contentType="text/html; charset=UTF-8" pageEncoding="UTF-8" %>
<div class="col-3">
    <ul class="list-group">
      <%--使用了 Font Awesome 字符图标--%>
      <li class="list-group-item"><i class="icon-user mr-2"></i>
    <a href="${ctx}/UserServlet?view=userinfo">个人信息</a></li>
      <li class="list-group-item"><i class="icon-list mr-2"></i>
    <a href="${ctx}/UserServlet?view=userorder">我的订单</a></li>
      <li class="list-group-item"><i class="icon-key mr-2"></i>
    <a href="${ctx}/UserServlet?view=userpwd">密码修改</a></li>
      <li class="list-group-item"><i class="icon-money mr-2"></i>
```

```
      <a href="${ctx}/UserServlet?view=userdeposit">账户充值</a></li>
        <li class="list-group-item"><i class="icon-spinner mr-2"></i>
      <a href="${ctx}/LogoutServlet">退出系统</a></li>
    </ul>
</div>
```

程序说明：

- 用户中心内部功能的导航文字前使用了字符图标 Font Awesome，字符图标的代码可查阅 https://www.bootcss.com/p/font-awesome/。本项目使用的是 Bootstrap 版本的字符图标，与 Font Awesome 官方的使用方式不同。
- 导航链接到 UserServlet，需要添加参数 view，因为在 UserServlet 内部是根据参数 view 的名称向客户端展示不同的视图页面。

在 PetStore 项目中的 src\main\webapp 文件夹上右击，在弹出的快捷菜单中选择 New→JSP/JSPX 命令，在弹出的窗口中输入 userinfo.jsp，按 Enter 键创建文件并输入源代码。

源程序：userinfo.jsp 文件

```
<%@ page contentType="text/html; charset=UTF-8" pageEncoding="UTF-8" %>
<%@ include file="header.jsp"%>
<div class="row container">
    <%@ include file="sidebar.jsp"%>
    <div class="col-9">
        <div class="card">
            <div class="card-header">
                <h6>个人信息</h6>
            </div>
            <div class="card-body">
                <form action="${ctx}/EditUserServlet" method="post">
                    <div class="form-group col-6">
                        <label class="form-control-label">用户名称</label>
                        <input type="text" class="form-control"
                            name="username" value="${user.username}" >
                    </div>
                    <div class="form-group col-6">
                        <label class="form-control-label">Email</label>
                        <input type="email" class="form-control"
                            name="email" value="${user.email}" >
                    </div>
                    <div class="form-group col-6">
                        <label class="form-control-label">真实姓名</label>
                        <input type="text" class="form-control"
                            name="realname" value="${user.realname}" >
                    </div>
                    <div class="form-group col-6">
                        <label class="form-control-label">手机号码</label>
                        <input type="text" class="form-control"
                            name="phone" value="${user.phone}" >
                    </div>
```

```
                <div class="form-group col-6">
                    <label class="form-control-label">联系地址</label>
                    <textarea name="address" class="form-control"
                        rows="2">${user.address}
                    </textarea>
                </div>
                <div class="form-group col-6">
                    <input type="hidden" name="id" value="${user.id}">
                    <input type="submit" class="btn btn-primary"
                        value="保存">
                </div>
            </form>
            <div class="text-center">
                <span class="text-danger">${msg}</span>
            </div>
        </div>
    </div>
  </div>
</div>
<%@ include file="footer.jsp"%>
```

程序说明：

- 在表单提交时用户编号 id 的值是必要的参数之一，但是无须向用户展示 id 信息，所以通常使用隐藏类型 hidden 表单元素。
- 布局上使用 Bootstrap 的 row 样式，sidebar 区域使用 col-3 样式，主体内容区域使用 col-9 样式。

在 PetStore 项目中的 src\main\webapp 文件夹上右击，在弹出的快捷菜单中选择 New→JSP/JSPX 命令，在弹出的窗口中输入 userpwd.jsp，按 Enter 键创建文件并输入源代码，同理创建 userdeposit.jsp。

源程序：userpwd.jsp 文件

```
<%@ page contentType="text/html; charset=UTF-8" pageEncoding="UTF-8" %>
<%@ include file="header.jsp"%>
<div class="row container">
    <%@ include file="sidebar.jsp"%>
    <div class="col-9">
        <div class="card">
            <div class="card-header">
                <h6>密码修改</h6>
            </div>
            <div class="card-body">
                <form action="${ctx}/SetPwdServlet" method="post">
                    <div class="form-group col-6">
                        <label class="form-control-label">旧密码</label>
                        <input type="password" class="form-control"
                                name="oldPwd" >
                    </div>
```

```
                    <div class="form-group col-6">
                        <label class="form-control-label">新密码</label>
                        <input type="password" class="form-control"
                               name="newPwd" >
                    </div>
                    <div class="form-group col-6">
                        <label class="form-control-label">确认新密码</label>
                        <input type="password" class="form-control"
                               name="newPwd2"  >
                    </div>
                    <div class="form-group col-6">
                        <input type="hidden" name="id" value="${user.id}">
                        <input type="submit" class="btn btn-primary"
                               value="保存">
                    </div>
                </form>
                <div class="text-center">
                    <span class="text-danger" id="msg">${msg}</span>
                </div>
            </div>
        </div>
    </div>
</div>
<%@ include file="footer.jsp"%>
<script type="text/javascript">
    $(document).ready(function () {
        $(".form-signin").submit(function () {
            $("#msg").text("");
            let pwd1 = $("#newPwd").val();
            let pwd2 = $("#newPwd2").val();
            if (pwd1 != pwd2){
                $("#msg").text("两次密码不一致，请修改。");
                //返回 false，表单不提交
                return false;
            }
        });
    });
</script>
```

源程序：userdeposit.jsp 文件

```
<%@ page contentType="text/html; charset=UTF-8" pageEncoding="UTF-8" %>
<%@ include file="header.jsp"%>
<div class="row container">
    <%@ include file="sidebar.jsp"%>
    <div class="col-9">
        <div class="card">
            <div class="card-header">
                <h6>账户充值</h6>
            </div>
```

```
<div class="card-body">
            <form action="${ctx}/RechargeServlet" method="post">
                <div class="form-group col-6">
                    <label class="form-control-label">账户余额</label>
                    <input type="text" class="form-control"
                        name="deposit" value="${user.deposit}" readonly>
                </div>
                <div class="form-group col-6">
                    <label class="form-control-label">充值金额</label>
                    <input type="number" class="form-control"
                            name="money" >
                </div>
                <div class="form-group col-6">
                  <input type="hidden" name="id" value="${user.id}">
                  <input type="submit" class="btn btn-primary" value="保存">
                </div>
            </form>
            <div class="text-center">
                <span class="text-danger">${msg}</span>
            </div>
        </div>
    </div>
  </div>
</div>
<%@ include file="footer.jsp"%>
```

■ 10.3.6　功能测试

单击运行工具栏中的“运行”按钮 ▶，启动 Tomcat。在网站导航栏单击“请登录”超链接，登录完成后单击“用户名称”导航链接进入个人中心页面，效果如图 10-16 所示。

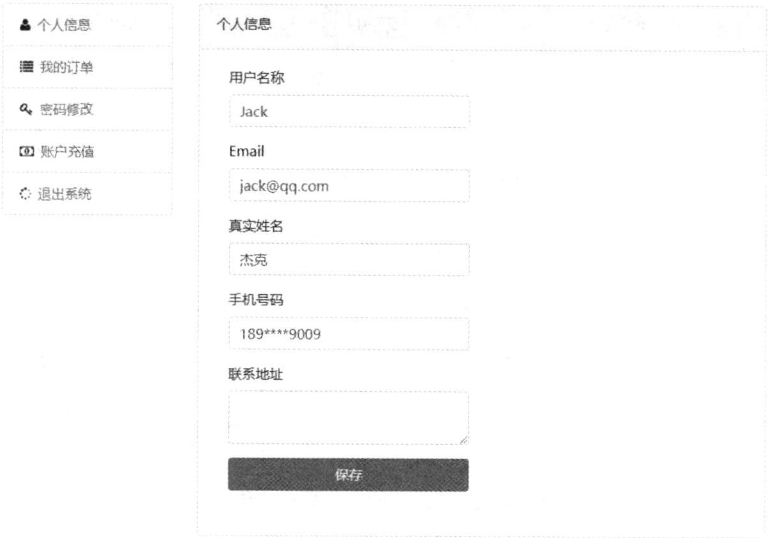

图 10-16　个人中心页面的效果图

修改联系地址信息，单击“保存”按钮，页面会显示提示信息，效果如图 10-17 所示。

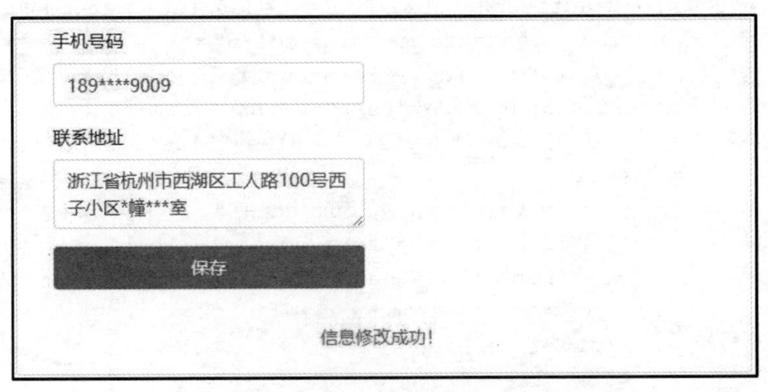

图 10-17　用户信息修改成功后的效果图

单击“密码修改”导航链接，进入密码修改页面，效果如图 10-18 所示。

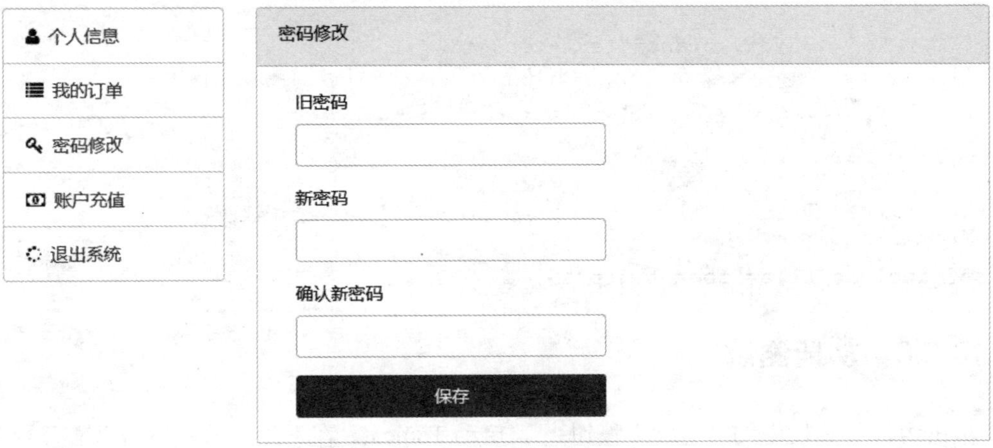

个人信息
我的订单
密码修改
账户充值
退出系统
密码修改
旧密码
新密码
确认新密码
保存

图 10-18　密码修改页面的效果图

单击“账户充值”导航链接，进入账户充值页面，效果如图 10-19 所示。

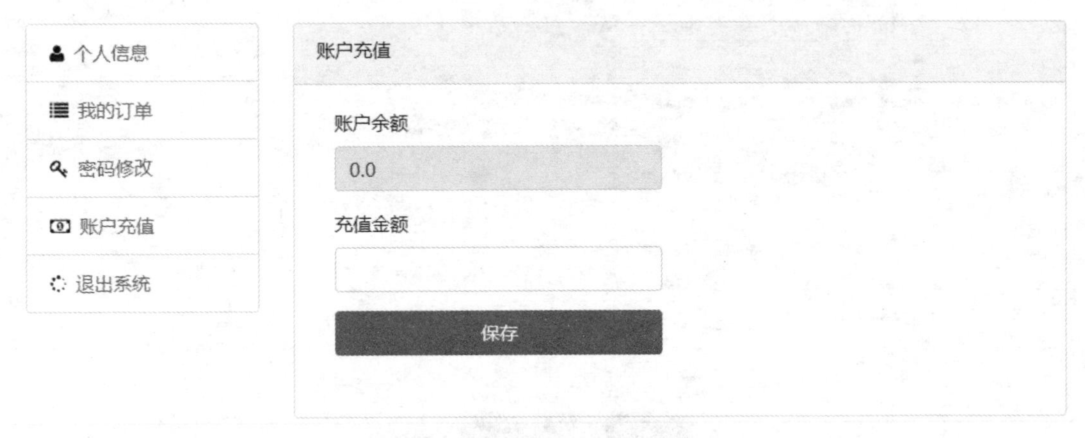

图 10-19　账户充值页面的效果图

输入充值金额 1000，单击“保存”按钮，页面会显示提示信息，效果如图 10-20 所示。

个人信息
我的订单
密码修改
账户充值
退出系统

账户充值

账户余额

1000.0

充值金额

保存

充值成功!

图 10-20 账户充值成功的效果图

10.4 订单确认

项目 10-4

10.4.1 功能简介

用户添加宠物到购物车后，在登录状态下可以下达订单，下达订单前需要订单确认。订单确认页面主要显示订单明细和收货人信息。本项目默认订单下达时直接在账户余额中扣款，所以在订单确认时系统需要检查账户余额是否充足。另外商城中的宠物包含库存属性，所以也需要检查库存数量是否足够。这两项检查通过的情况下，在确认页面显示“立即结算”按钮，否则不能进行订单下达操作，仅显示相应的提示信息。结合功能需求和 MVC 开发模式，确定实现订单确认功能需要编写的文件，如图 10-21 所示。

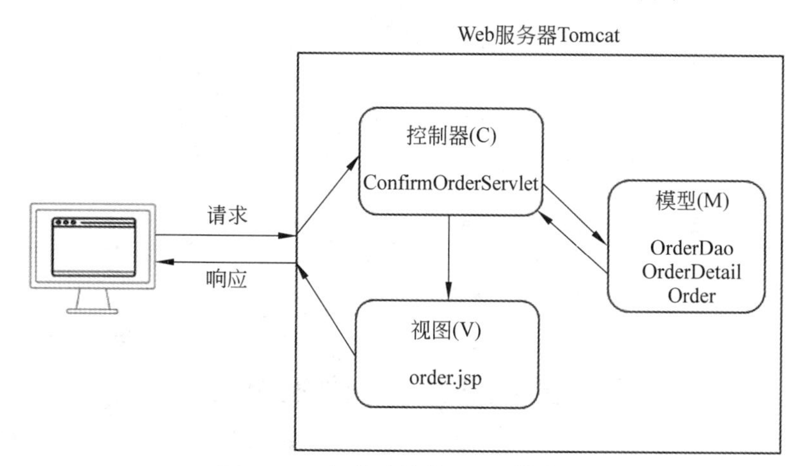

图 10-21 订单确认的 MVC 模式图

■ 10.4.2　模型代码的编写

在 PetStore 项目中的 com.example.domain 包上右击，在弹出的快捷菜单中选择 New→Java Class 命令，在弹出的窗口中输入 Order，按 Enter 键创建文件并输入源代码，同理创建 OrderDetail.java 文件。

源程序：**Order.java** 文件

```
package com.example.domain;
import java.util.Date;
public class Order {
    private int id;
    private int user_id;
    private Date createdate;
    private String state;
    private String name;
    private String phone;
    private String address;
    private double totalprice;
    public Order() {  }
    public int getId() { return id; }
    public void setId(int id) { this.id = id; }
    public int getUser_id() { return user_id; }
    public void setUser_id(int user_id) { this.user_id = user_id; }
    public Date getCreatedate() { return createdate; }
    public void setCreatedate(Date createdate) {
        this.createdate = createdate; }
    public String getState() { return state; }
    public void setState(String state) { this.state = state; }
    public String getName() { return name; }
    public void setName(String name) { this.name = name; }
    public String getPhone() { return phone; }
    public void setPhone(String phone) { this.phone = phone; }
    public String getAddress() { return address; }
    public void setAddress(String address) { this.address = address; }
    public double getTotalprice() { return totalprice; }
    public void setTotalprice(double totalprice) {
        this.totalprice = totalprice; }
}
```

源程序：**OrderDetail.java** 文件

```
package com.example.domain;
public class OrderDetail {
    private int id;
    private int order_id;
    private int pet_id;
```

```
    private int quantity;
    private double price;
    private double subtotal;
    public OrderDetail() { }
    public int getId() { return id; }
    public void setId(int id) { this.id = id; }
    public int getOrder_id() { return order_id; }
    public void setOrder_id(int order_id) { this.order_id = order_id; }
    public int getPet_id() { return pet_id; }
    public void setPet_id(int pet_id) { this.pet_id = pet_id; }
    public int getQuantity() { return quantity; }
    public void setQuantity(int quantity) { this.quantity = quantity; }
    public double getPrice() { return price; }
    public void setPrice(double price) { this.price = price; }
    public double getSubtotal() { return subtotal; }
    public void setSubtotal(double subtotal) { this.subtotal = subtotal; }
}
```

程序说明：

- Order 订单类包含 8 个属性，分别是订单编号（id）、订单用户编号（user_id）、创建日期（createdate）、订单状态（state）、收货人姓名（name）、收货人手机号码（phone）、收货人联系地址（address）、订单总金额（totalprice）。
- OrderDetail 订单明细类包含 6 个属性，分别是明细编号（id）、所属订单编号（order_id）、购买宠物编号（pet-id）、购买数量（quantity）、购买金额（price）、小计金额（subtotal）。

在 PetStore 项目中的 com.example.dao 包上右击，在弹出的快捷菜单中选择 New→Java Class 命令，在弹出的窗口中输入 OrderDao，按 Enter 键创建文件并输入源代码。

源程序：OrderDao.java 文件

```
package com.example.dao;
import com.example.domain.CartItem;
import com.example.domain.Pet;
import com.example.domain.ShoppingCart;
import com.example.domain.User;
import com.example.utils.JDBCUtils;
import org.springframework.jdbc.core.JdbcTemplate;
import org.springframework.jdbc.core.PreparedStatementCreator;
import org.springframework.jdbc.support.GeneratedKeyHolder;
import org.springframework.jdbc.support.KeyHolder;
import java.sql.Connection;
import java.sql.PreparedStatement;
import java.sql.SQLException;
import java.sql.Statement;
public class OrderDao {
    private JdbcTemplate template =
                        new JdbcTemplate(JDBCUtils.getDataSource());
```

```
    //检查是否可以创建订单：账户余额是否大于订单金额？
    public Boolean checkDeposit(User user, ShoppingCart cart){
        return user.getDeposit() >= cart.getTotalMoney();
    }
    //检查是否可以创建订单：宠物库存是否充足？
    public Boolean checkStock(ShoppingCart cart){
        Boolean result = true;
        PetDao petDao = new PetDao();
        //检查每个购物项的宠物库存是否充足，有不足的则返回 false，中断循环
        for (CartItem item : cart.getCartItemList()) {
            Pet pet =petDao.getById(item.getId());
            if (pet.getStock() < item.getQuantity()){
                result = false;
                break;
            }
        }
        return result;
    }
}
```

程序说明：

- 方法 checkDeposit 与方法 checkStock 的返回类型为 Boolean，返回值为 true 时表示检查通过。

■ 10.4.3　模型代码的测试

打开 PetStore 项目中的 OrderDao.Java 文件，在方法 checkDeposit 内右击，在弹出的快捷菜单中选择 Generate→Test 命令，弹出 Create Test 对话框，如图 10-22 所示。

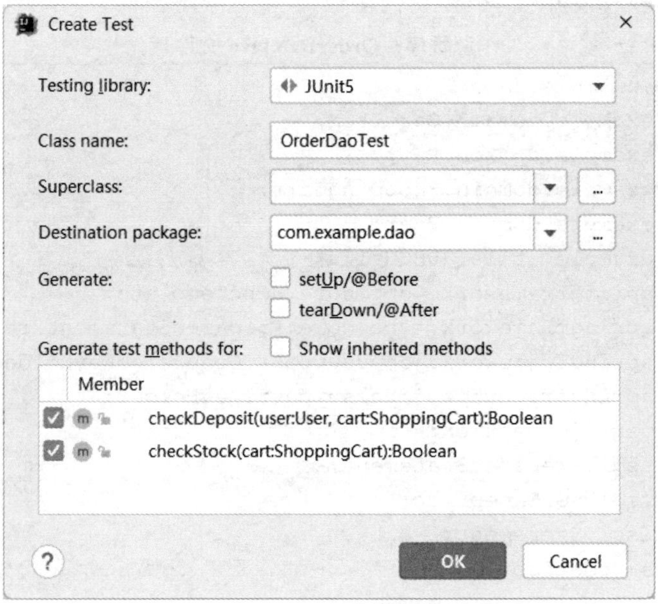

图 10-22　Create Test 对话框

选择需要测试的三个方法，最后单击 OK 按钮完成。测试类文件 OrderDaoTest.java 创建完成后，输入测试方法的源代码。

源程序：OrderDaoTest.java 文件

```
package com.example.dao;
//import …（略）
class OrderDaoTest {
    private ShoppingCart cart;
    private UserDao userDao;
    private User user;
    private OrderDao orderDao;
    private void print(){
        System.out.println("-----账户余额:" + user.getDeposit()
                        + " 购物车总金额："+cart.getTotalMoney() + "------");
    }
    //每个测试方法执行前，初始化购物车对象和用户对象
    @BeforeEach
    public void init(){
        orderDao = new OrderDao();
        userDao = new UserDao();
        user = userDao.getByEmailAndPwd("tommy@qq.com","1234@qwer");
        cart = new ShoppingCart();
        cart.add(15,1);  //向购物车添加编号 id 为 15 的宠物，数量为 1，单价为 1700
        cart.add(10,1);  //向购物车添加编号 id 为 10 的宠物，数量为 1，单价为 90
    }
    @Test
    void checkDeposit() {
        //账户余额充足，checkDeposit 方法返回 true
        user.setDeposit(1790);
        print();
        Boolean result = orderDao.checkDeposit(user,cart);
        assertEquals(true,result);
        //账户余额不足，checkDeposit 方法返回 false
        user.setDeposit(1789);
        print();
        result = orderDao.checkDeposit(user,cart);
        assertEquals(false,result);
    }
    @Test
    void checkStock() {
        //宠物库存充足，checkStock 方法返回 true
        Boolean result = orderDao.checkStock(cart);
        assertEquals(true,result);
        //宠物库存不足，checkStock 方法返回 false
        cart.add(10,200);//购物车添加编号 id 为 10 的宠物，数量 200
        result = orderDao.checkStock(cart);
        assertEquals(false,result);
```

```
    }
}
```

程序说明：

- init 方法在每个测试方法执行前自动执行，初始化测试方法中需要使用的 user 对象与购物车对象。
- 测试方法执行时，需要构造测试实例，通过修改 user 对象的 deposit 属性以及增加购物车中购物项的数量实现。

分别单击测试方法名称 checkDeposit 和 checkStock 前的三角箭头，在弹出的快捷菜单中执行测试方法。测试的运行结果分别如图 10-23 和图 10-24 所示。

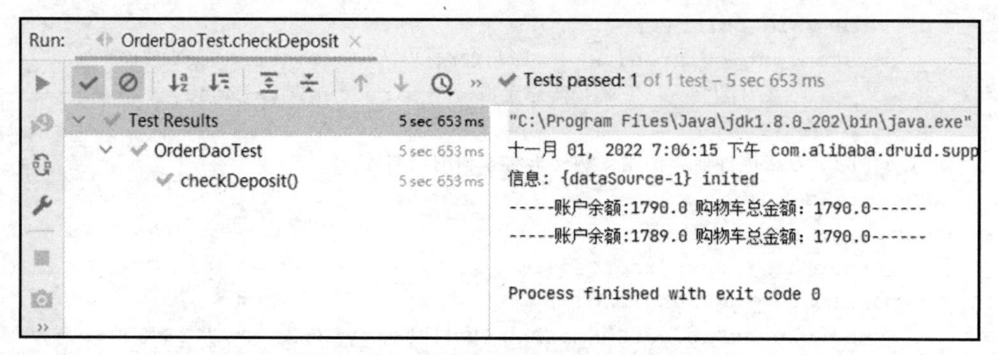

图 10-23　方法 checkDeposit 测试通过

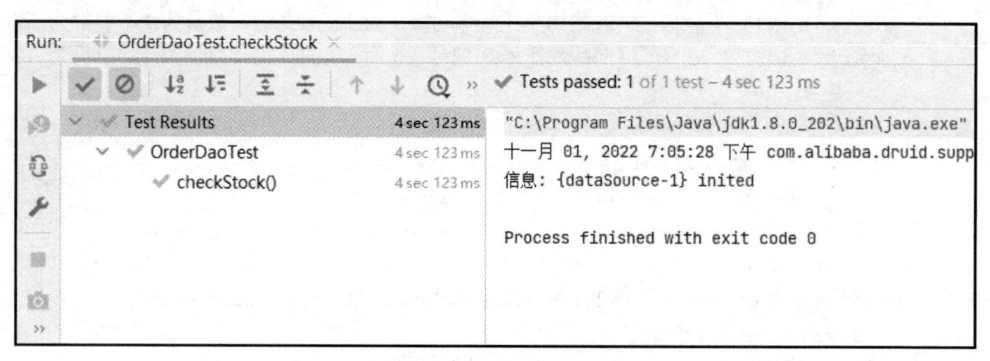

图 10-24　方法 checkStock 测试通过

■ 10.4.4　控制器代码

在 PetStore 项目中的 com.example.servlet 包上右击，在弹出的快捷菜单中选择 New→Servlet 命令，在弹出的窗口中输入 ConfirmOrderServlet，按 Enter 键创建文件并输入源代码。

源程序：ConfirmOrderServlet.java 文件的主要代码

```
@Override
protected void doGet(HttpServletRequest request,
        HttpServletResponse response) throws ServletException, IOException {
    //1.判断 Session 中的 user 对象和 cart 对象
```

```
    if(request.getSession().getAttribute("user") != null){
        ShoppingCart cart =
                (ShoppingCart)request.getSession().getAttribute("cart");
        User user =(User)request.getSession().getAttribute("user");
        OrderDao orderDao = new OrderDao();
        String msg = "";
        if(cart == null || cart.getTotalMoney() == 0){
            msg = "无订单明细";
        }else if (orderDao.checkDeposit(user,cart) == false){
            msg = "账户余额不足";
        }else if (orderDao.checkStock(cart) == false){
            msg = "宠物库存不足";
        }
        request.setAttribute("msg",msg);
        request.getRequestDispatcher("/order.jsp")
                .forward(request,response);
    }else{
        //Session中user或cart对象不存在，表示用户未登录或Session超时，需重新登录
        response.sendRedirect(request.getContextPath() + "/login.jsp");
    }
}
```

程序说明：

- 获取请求参数。从 Session 对象中读取用户对象 user 和购物车对象 cart，因为 Session 存在超时失效机制，所以必须先判断这两个对象是否为 null。
- 使用模型（M）中的对象 OrderDao，执行业务方法检查是否满足订单创建的条件，将检查结果保存在字符串变量 msg 中。
- 将数据传递给视图。将检查结果的数据写入 request 对象，请求转发视图页面 order.jsp。

■ 10.4.5　视图代码

在 PetStore 项目中的 src\main\webapp 文件夹上右击，在弹出的快捷菜单中选择 New→JSP/JSPX 命令，在弹出的窗口中输入 order.jsp，按 Enter 键创建文件并输入源代码。

源程序：order.jsp 文件

```
<%@ page contentType="text/html; charset=UTF-8" pageEncoding="UTF-8" %>
<%@ include file="header.jsp"%>
<div class="container">
    <div class="card">
        <div class="card-header">订单明细</div>
        <div class="card-body">
            <table class="table panel-body cart">
                <thead>
                <tr>
                    <th></th>
```

```
            <th>名称</th>
            <th>价格</th>
            <th>数量</th>
            <th>小计</th>
        </tr>
        </thead>
        <tbody>
        <c:forEach items="${cart.getCartItemList()}" var="cartItem">
            <tr data-id="${cartItem.id}" class="cartItemTr">
                <td><img src="${ctx}/petimg/${cartItem.photo}"
                            width="120" ></td>
                <td>${cartItem.title}</td>
                <td><span> ¥ ${cartItem.price}</span></td>
                <td><span> ${cartItem.quantity}</span></td>
                <td><span> ¥ ${cartItem.getSubTotal()}</span></td>
            </tr>
        </c:forEach>
        </tbody>
    </table>
</div>
<div class="card-footer">
    <div class="row">
        <div class="col-2"> <b>收货人信息</b></div>
        <div class="col-3"> <span>${user.realname}</span></div>
        <div class="col-4"> <span>${user.phone}</span></div>
        <div class="col-3"> 订单总金额: ¥<span id="totalMoney">
                        ${cart.getTotalMoney()}</span></div>
        <div class="offset-2 col-8 mt-2">
                            <span>${user.address}</span></div>
        <%--账户金额和宠物库存检查通过时，msg为空，显示立即结算按钮--%>
        <c:if test="${empty msg}">
            <div class="col-2 mt-2"><a class="btn btn-warning"
                href="${ctx}/CreateOrderServlet">立即结算</a></div>
        </c:if>
        <c:if test="${msg=='账户余额不足'}">
            <div class="col-2 mt-2">
               <span class="text-danger">${msg}</span>
               <a class="btn btn-warning"
                href="${ctx}/UserServlet?view=userdeposit">账户充值</a>
            </div>
        </c:if>
        <c:if test="${msg=='宠物库存不足' || msg=='无订单明细'}">
            <div class="col-2 mt-2">
               <span class="text-danger">${msg}</span>
               <a class="btn btn-warning"
                  href="${ctx}/cart.jsp">查看购物车</a>
            </div>
```

```
            </c:if>
            <c:if test="${msg=='订单创建失败'}">
                <div class="col-2 mt-2">
                    <span class="text-danger">${msg}</span>
                </div>
            </c:if>
        </div>
    </div>
  </div>
</div>
<%@ include file="footer.jsp"%>
```

程序说明：

- 使用 JSTL 的 if 标签，判断控制器传递的参数 msg，参数为空时表示检查通过，显示“立即结算”按钮；参数不为空时，根据参数值展示不同的提示信息。
- “立即结算”超链接到控制器 CreateOrderServlet，为后续订单下达功能做准备。

■ 10.4.6　功能测试

单击运行工具栏中的“运行”按钮 ▶，启动 Tomcat。在网站导航栏单击“请登录”超链接，登录完成后选择宠物并加入购物车，单击“确认订单”按钮，出现订单确认页面，效果如图 10-25 所示。

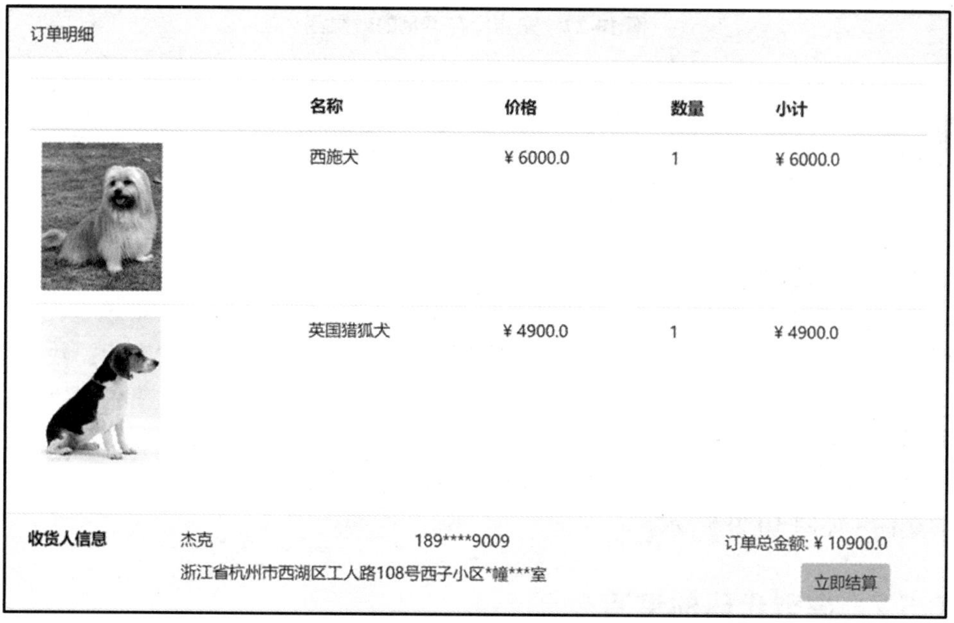

图 10-25　确认订单的效果图

如果单击“确认订单”按钮时用户未登录，页面自动跳转到登录页面。如果用户的账户余额小于订单总金额，提示“账户金额不足”并显示“账户充值”按钮，效果如图 10-26 所示。

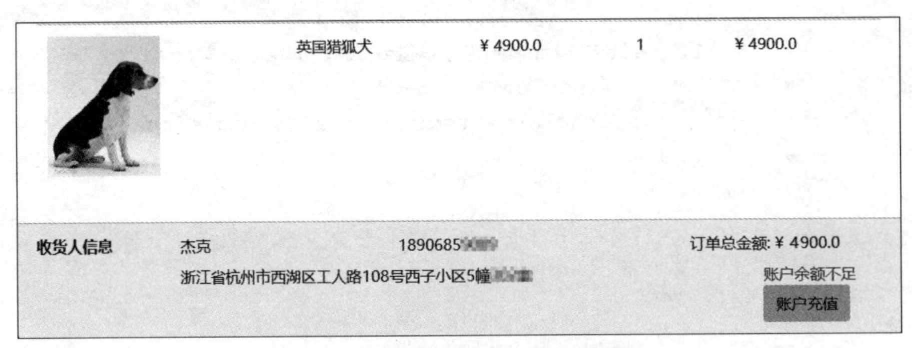

图 10-26　账户金额不足的效果图

继续添加宠物到购物车，如果订单中宠物的数量大于库存数量，提示“宠物库存不足”并显示“查看购物车”按钮，效果如图 10-27 所示。

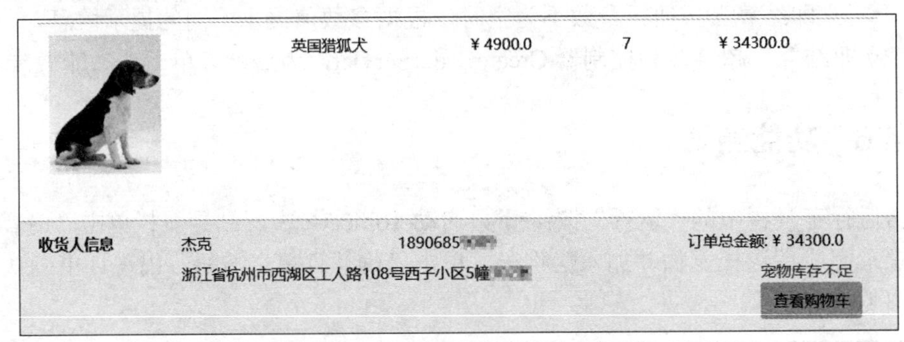

图 10-27　宠物库存不足的效果图

项目 10-5

10.5 订单下达

10.5.1　功能简介

用户订单确认完成后，可以进行订单下达操作。订单下达的业务逻辑为：数据库中创建新订单记录；创建新订单对应的订单明细记录；更新用户账户余额；更新订单明细对应宠物库存的数量。订单下达完成时，控制器中还需清除购物车内的购物项信息，最后向用户展示“我的订单”页面。结合功能需求和 MVC 开发模式，确定实现订单下达功能需要编写的文件，如图 10-28 所示。

10.5.2　模型代码的编写

打开 PetStore 项目中的 OrderDao.java 文件，在方法 checkStock 后面添加新方法 add 和 getListByUserId。

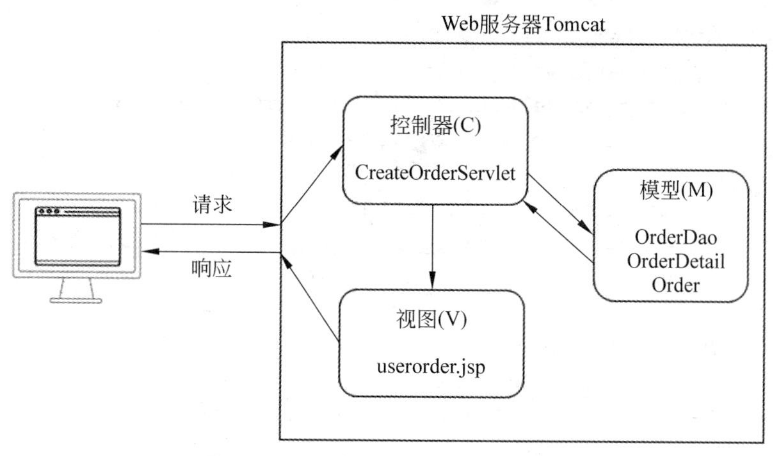

图 10-28 订单下达的 MVC 模式图

源程序：OrderDao.java 文件中的 add 方法

```
public String add(User user, ShoppingCart cart){
    //检查账户余额
    if (checkDeposit(user,cart) == false){ return "账户余额不足";}
    //检查宠物库存
    if (checkStock(cart) == false){return "宠物库存不足"; }
    int newOrderId = 0;
    try {
        //1.新增 Order 记录 SQL 语句
        //订单创建时间用 MySQL 内置函数 NOW()，订单状态 state 为'已付款'
        String sqlOrder = " INSERT INTO orders"+
          " (createdate,state,user_id,name,phone,address,totalprice) "+
          " VALUES(NOW(),'已付款',?,?,?,?,?)";
        //执行新增 Order 记录 SQL 语句，返回 Order 记录的自增型 id
        //因为 OrderDetail 表新增记录时需要使用 order_id
        KeyHolder keyHolder = new GeneratedKeyHolder();
        template.update(new PreparedStatementCreator() {
            @Override
            public PreparedStatement createPreparedStatement(Connection conn)
                throws SQLException {
                PreparedStatement ps =
                  conn.prepareStatement(
                      sqlOrder, Statement.RETURN_GENERATED_KEYS);
                ps.setInt(1, user.getId());
                ps.setString(2,user.getRealname());
                ps.setString(3,user.getPhone());
                ps.setString(4,user.getAddress());
                ps.setDouble(5, cart.getTotalMoney());
                return ps;
            }
        },keyHolder);
        newOrderId= keyHolder.getKey().intValue();//新增 Order 记录主键 id 值
```

```
        //2.新增 OrderDetail 记录 SQL 语句
        for (CartItem item : cart.getCartItemList()) {
            String sqlOrderDetail="INSERT INTO orderdetail"+
                "(order_id,pet_id,price,quantity,subtotal)
VALUES(?,?,?,?,?)";
            template.update(sqlOrderDetail, newOrderId,item.getId(),
                        item.getPrice(),item.getQuantity(),
                        item.getPrice()*item.getQuantity());
        }
        //3.账户余额扣款 SQL 语句
        String sqlUser = "update users set deposit=deposit-? where id=?";
        template.update(sqlUser, cart.getTotalMoney(),user.getId());
        //4.宠物减库存 SQL 语句
        for (CartItem item : cart.getCartItemList()) {
            String sqlPet="update pets set stock=stock-? where id=?";
            template.update(sqlPet, item.getQuantity(),item.getId());
        }
        return "订单创建成功";
    } catch (Exception e) {
        e.printStackTrace();
        return "订单创建失败";
    }
}
```

源程序：OrderDao.java 文件中的 getListByUserId 方法

```
public List<Order> getListByUserId(int user_id){
    List<Order> orderList = null;
    try {
        String sql = "select * from orders where user_id"+
                    " = ? order by createdate desc";
        orderList = template.query(sql,
                    new BeanPropertyRowMapper<>(Order.class),user_id);
        } catch (Exception e) {
            e.printStackTrace();
        } finally {
            return orderList;
    }
}
```

程序说明：

- 数据库 orders 表中的字段 id 为自增型主键，因此在插入新记录时，该字段无须在 SQL 语句中表示，由数据库自动维护它们的值。在数据库中插入订单明细（orderdetail）新记录时，需要相应 order_id 的值。这种情况下，在执行 orders 表插入新记录 SQL 语句的方法中，需要返回主键 id 的值，这里使用 KeyHolder 对象保存自增型主键 id 的值。
- 数据库 orderdetail 表插入的新记录数量与购物车中购物项保持一致。

● 方法 add 正常执行完成则返回字符串“订单创建成功”，异常则返回其他内容的字符串。
● 实际项目开发中，对于同时修改数据库中多个表数据的业务操作，必须使用事务操作，即这些表数据的修改要么全部完成要么全部取消。JDBCTemplate 支持数据库事务操作，本节暂未使用，将在 11.3 节介绍关于数据库事务的代码实现方法。

■ 10.5.3　模型代码的测试

打开 PetStore 项目中的 OrderDaoTest.java 文件，添加新测试方法 add 和 getListByUserId，以及辅助方法 printOrder。

源程序：OrderDaoTest.java 文件中的 add 测试方法

```
@Test
void add() {
    userDao.recharge(user.getId(),1790);
    //重新获取 user 对象，账户余额充值了 1790 元
    user = userDao.getByEmailAndPwd("tommy@qq.com","1234@qwer");
    print();
    String msg = orderDao.add(user,cart);
    assertEquals("订单创建成功",msg);
    printOrder()
}
```

源程序：OrderDaoTest.java 文件中的 getListByUserId 测试方法

```
@Test
void getListByUserId() {
    List<Order> orderList = orderDao.getListByUserId(user.getId());
    assertEquals(false,orderList.isEmpty());//断言列表 orderList 不为空
    printOrder();
}
```

源程序：OrderDaoTest.java 文件中的 printOrder 方法

```
private void printOrder(){
    List<Order> orderList = orderDao.getListByUserId(user.getId());
    for (Order order : orderList) {
        System.out.println("订单: "+order.getId()+ " 总金额: "+
            order.getTotalprice()+" 创建日期: "+order.getCreatedate());
    }
}
```

程序说明：

● printOrder 为辅助方法，用于显示测试用户的订单列表信息。

分别单击两个测试方法名称前的三角箭头，在弹出的快捷菜单中执行测试方法。测试的运行结果分别如图 10-29 和图 10-30 所示。

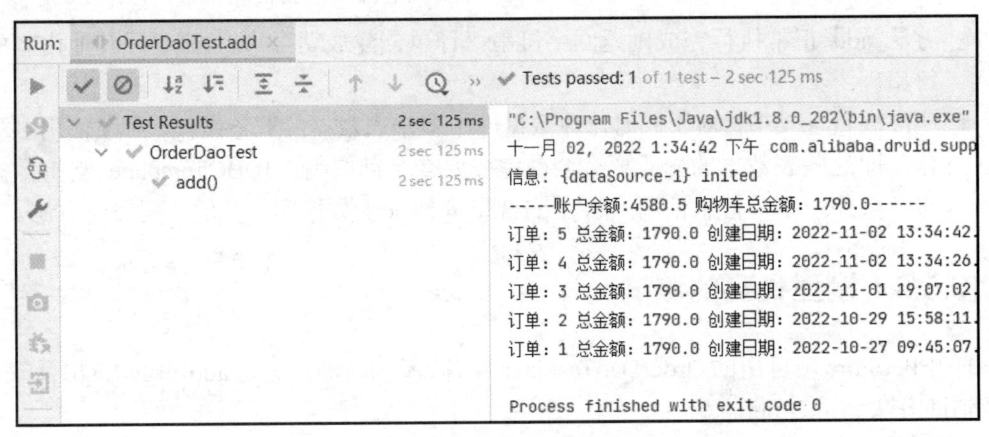

图 10-29　方法 add 测试通过

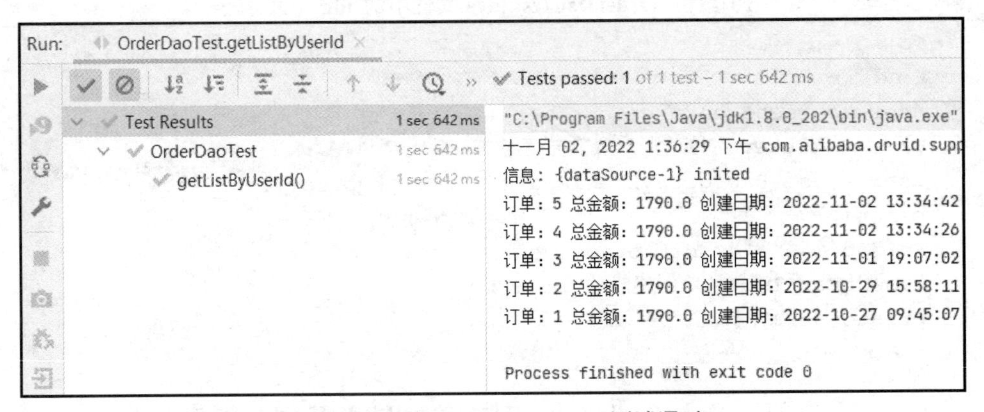

图 10-30　方法 getListByUserId 测试通过

10.5.4　控制器代码

在 PetStore 项目中的 com.example.servlet 包上右击，在弹出的快捷菜单中选择 New→Servlet 命令，在弹出的窗口中输入 CreateOrderServlet，按 Enter 键创建文件并输入源代码。

源程序：CreateOrderServlet.java 文件的主要代码

```
@Override
protected void doGet(HttpServletRequest request,
    HttpServletResponse response) throws ServletException, IOException {
    //1.判断 Session 中的 user 对象和 cart 对象
    if(request.getSession().getAttribute("user") != null
            && request.getSession().getAttribute("cart") != null){
        ShoppingCart cart =
                (ShoppingCart)request.getSession().getAttribute("cart");
        User user =(User)request.getSession().getAttribute("user");
        OrderDao orderDao = new OrderDao();
        String msg = orderDao.add(user,cart);
        if (msg.equals("订单创建成功")){
            //购物车中的购物项列表清空
```

```
            cart.getCartItemList().clear();
             request.getRequestDispatcher("/UserServlet?view=userorder")
                     .forward(request,response);
        }else{
            request.setAttribute("msg",msg);
            request.getRequestDispatcher("/order.jsp")
                    .forward(request,response);
        }
    }else{
        //Session 中 user 或 cart 不存在，表示用户未登录或 Session 超时，需重新登录
        response.sendRedirect(request.getContextPath() + "/login.jsp");
    }
}
```

程序说明：

- 获取请求参数。从 Session 对象中读取用户对象 user 和购物车对象 cart，因为 Session 存在超时失效机制，所以必须先判断这两个对象是否为 null。
- 使用模型（M）中的对象 OrderDao，执行业务方法创建订单，将执行返回信息保存在字符串变量 msg 中。
- 将数据传递给视图。订单创建成功，请求转发我的订单视图；订单创建失败，请求转发订单确认视图。

打开 PetStore 项目中的 UserServlet.java，修改参数 view 的值等于 userorder 时的代码。

源程序：UserServlet.java 文件代码的修改部分

```
case "userorder":
     response.sendRedirect(request.getContextPath()+ "/userorder.jsp");
     break;
case "userorder":
     OrderDao orderDao = new OrderDao();
     User user = (User)request.getSession().getAttribute("user");
     List<Order> orderList = orderDao.getListByUserId(user.getId());
     request.setAttribute("orderList",orderList);
     request.getRequestDispatcher("userorder.jsp")
             .forward(request,response);
    break;
```

■ 10.5.5 视图代码

在 PetStore 项目中的 src\main\webapp 文件夹上右击，在弹出的快捷菜单中选择 New→JSP/JSPX 命令，在弹出的窗口中输入 userorder.jsp，按 Enter 键创建文件并输入源代码。

源程序：userorder.jsp 文件

```
<%@ page contentType="text/html; charset=UTF-8" pageEncoding="UTF-8" %>
<%@ include file="header.jsp"%>
<div class="row container">
```

```
    <%@ include file="sidebar.jsp"%>
    <div class="col-9">
        <div class="card">
        <div class="card-header">
            <h6>我的订单</h6>
        </div>
        <div class="card-body">
            <c:forEach items="${orderList}" var="order">
                <div class="card order">
                    <div class="card-header">
                    <h6>
                        编号:<span class="mr-2">${order.id}</span>
                        日期:<span class="mr-2">${order.createdate}</span>
                        金额:¥<span class="mr-2">${order.totalprice}</span>
                        <button type="button" class="btn btn-outline-secondary
                          float-right" data-id="${order.id}">订单详情</button>
                    </h6>
                    </div>
                    <%--订单明细默认暂无内容，单击“订单详情”按钮后再加载显示--%>
                    <div class="card-body d-none">
                        <table class="table panel-body" id="detailTable">
                            <tr>
                                <th>商品名称</th>
                                <th>单价</th>
                                <th>数量</th>
                                <th>小计</th>
                            </tr>
                        </table>
                    </div>
                </div>
            </c:forEach>
        </div>
        </div>
    </div>
</div>
<%@ include file="footer.jsp"%>
```

程序说明：

- 使用 JSTL 中的 forEach 标签遍历输出订单信息，订单中包含订单的明细信息。
- 订单明细信息在本节中暂时为空，将在 12.4 节中介绍动态加载订单详情的代码实现。

10.5.6 功能测试

单击运行工具栏中的“运行”按钮 ▶，启动 Tomcat。在网站导航栏单击“请登录”超链接，登录完成后选择宠物加入购物车，单击“确认订单”按钮，出现订单确认页面，再单击“立即结算”按钮，完成订单下达功能，弹出我的订单页面，效果如图 10-31 所示。

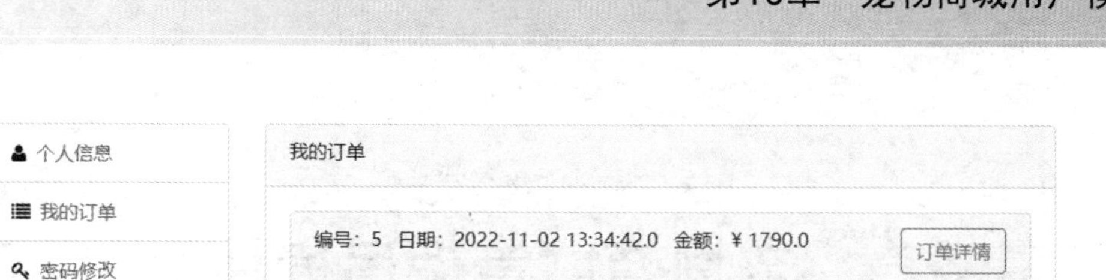

图 10-31　我的订单效果图

10.6 小结

本章主要介绍了 PetStore 项目的用户相关功能：用户注册、用户登录、用户中心、订单确认和订单下达，其中用户中心功能包含个人信息、账户充值、修改密码和我的订单等子功能。在用户注册和用户登录功能的实现过程中，使用第三方 jar 包的 DigestUtils 类对密码进行 MD5 加密，增强项目的安全性。

10.7 习题

上机操作题

（1）在 IDEA 开发工具中完成本章功能的编码与测试。

（2）用户注册功能完善——增加用户名重名校验功能。

习题要求：在用户注册时，检查用户名是否已经被其他用户使用。

习题指导：

① 参考实例 3-6，在 UserDao 类中添加新方法 checkUserName，该方法的输入参数为用户名，返回类型为布尔类型。当用户名在数据库中已存在时，返回 true，否则返回 false。

② 参考实例 3-6 编写 CheckUserNameServlet，响应输出字符串"isUsed"或者"notUsed"。

③ 参考实例 3-6，修改视图页面 reg.jsp，增加 JQuery 代码，该代码在用户名文本框失去焦点时执行，通过 Ajax 请求完成用户名重名校验功能。

第11章　宠物商城管理员模块

本章要点：

- 会熟练编写基于 MVC 开发模式的功能模块代码。
- 会熟练编写模型层业务代码。
- 会熟练使用 JUnit 进行模型层业务代码的测试。
- 会熟练编写控制层逻辑代码。
- 会熟练编写视图拆分模式下的视图层代码。
- 能理解数据库事务的原理，会熟练使用 TransactionTemplate 编写代码。

项目 11-1

11.1 分类管理

11.1.1　功能简介

宠物商城随着业务的扩展，宠物的种类会逐步增加，系统需要管理宠物分类功能。本项目在数据库初始化阶段，已有狗、猫、鸟、鱼四个分类，后续商城管理员可以添加和修改宠物分类。数据库初始化阶段，已导入管理员账户，电子邮箱为 admin@qq.com，密码为 1234@qwer。结合功能需求和 MVC 开发模式，确定实现分类管理功能需要编写的文件，如图 11-1 所示。

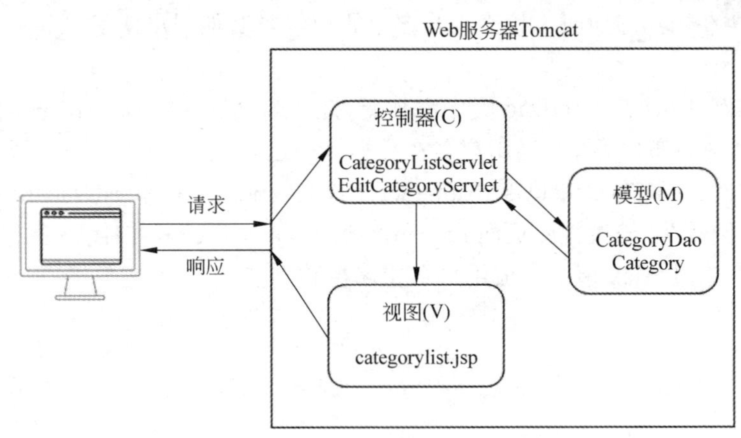

图 11-1　分类管理的 MVC 模式图

■ 11.1.2　模型代码的编写

在 PetStore 项目中的 com.example.domain 包上右击，在弹出的快捷菜单中选择 New→Java Class 命令，在弹出的窗口中输入 Category，按 Enter 键创建文件并输入源代码。

源程序：Category.java 文件

```
package com.example.domain;
public class Category {
    private int id;
    private String name;
    public Category() { }
    public int getId() {return id;}
    public void setId(int id) { this.id = id; }
    public String getName() {return name; }
    public void setName(String name) {this.name = name;}
}
```

在 PetStore 项目中的 com.example.dao 包上右击，在弹出的快捷菜单中选择 New→Java Class 命令，在弹出的窗口中输入 CategoryDao，按 Enter 键创建文件并输入源代码。

源程序：CategoryDao.java 文件

```
package com.example.dao;
//import …（略）
public class CategoryDao {
    private JdbcTemplate template=
        new JdbcTemplate(JDBCUtils.getDataSource());
     //分类添加
    public boolean add(String name){
        int affectRows = 0;
        try {
            String sql = "insert into category(name) values(?)";
            affectRows = template.update(sql,name);
        } catch (Exception e) {
            e.printStackTrace();
        } finally {
            return affectRows > 0;
        }
    }
    //分类修改
    public boolean edit(int id,String name){
        int affectRows = 0;
        try {
            String sql = "update category set name=? where id=?";
            affectRows = template.update(sql,name,id);
        } catch (Exception e) {
```

```
            e.printStackTrace();
        } finally {
            return affectRows > 0;
        }
    }
    //根据编号 id 获取分类
    public Category getById(int id){
        Category category = null;
        try {
            String sql = "select * from category where id = ?";
            category = template.queryForObject(
                    sql,new BeanPropertyRowMapper<>(Category.class),id);
        } catch (Exception e) {
            e.printStackTrace();
        } finally {
            return category;
        }
    }
    //获取分类列表
    public List<Category> getList(){
        List<Category> categoryList = null;
        try {
            String sql = "select * from category";
            categoryList = template.query(
                sql, new BeanPropertyRowMapper<>(Category.class));
        } catch (Exception e) {
            e.printStackTrace();
        } finally {
            return categoryList;
        }
    }
}
```

■ 11.1.3 模型代码的测试

打开 PetStore 项目中的 CategoryDao.Java 文件，在方法 add 内右击，在弹出的快捷菜单中选择 Generate→Test 命令，弹出 Create Test 对话框，如图 11-2 所示。

选择需要测试的四个方法，最后单击 OK 按钮完成。测试类文件 CategoryDaoTest.java 创建完成后，输入测试方法的源代码。

源程序：CategoryDaoTest.java 文件

```
package com.example.dao;
//import …（略）
class CategoryDaoTest {
    private  CategoryDao categoryrDao;
    private void printCategory(){
```

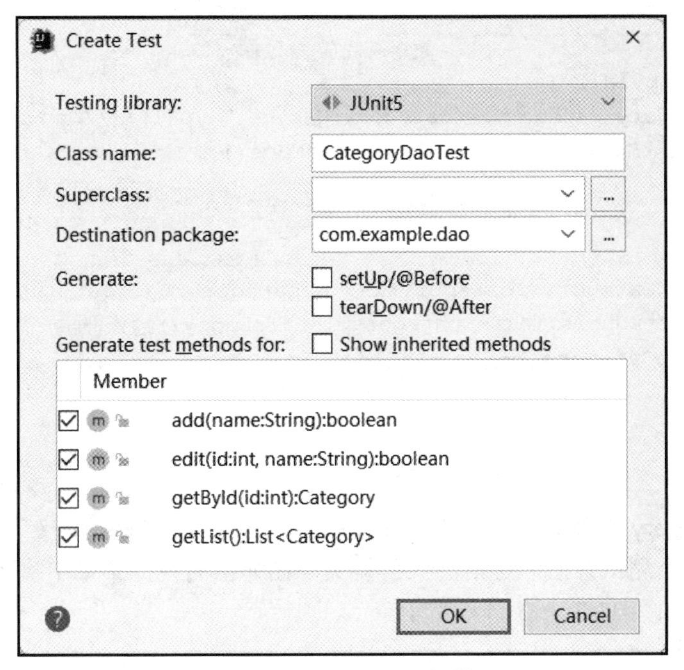

图 11-2 Create Test 对话框

```
        List<Category> categoryList = categoryrDao.getList();
        for (Category category : categoryList) {
            System.out.println("分类编号: "+category.getId()+
                " 分类名称: "+category.getName());
        }
    }
    @BeforeEach
    public void init(){
        categoryrDao = new CategoryDao();
    }
    @Test
    void add() {
        Boolean result = categoryrDao.add("昆虫");
        assertEquals(true,result);
        printCategory();
    }
    @Test
    void edit() {
        Category category = categoryrDao.getById(1); //编号 id=1,名称 name=猫
        String nameBeforeModify = category.getName();
        categoryrDao.edit(category.getId(),"被修改的名称");
        category = categoryrDao.getById(1);
        assertEquals("被修改的名称",category.getName());
        printCategory();
        //宠物名称恢复为修改前名称
        categoryrDao.edit(category.getId(),nameBeforeModify);
```

```
    }
    @Test
    void getById() {
        Category category = categoryrDao.getById(1); //编号 id=1,名称 name=猫
        assertEquals("猫",category.getName());
    }
    @Test
    void getList() {
        List<Category> categoryList = categoryrDao.getList();
        assertEquals(false,categoryList.isEmpty());//断言 categoryList 不为空
        printCategory();
    }
}
```

程序说明：

- printCategory 为辅助方法，用于显示所有宠物的分类信息。

分别单击四个测试方法名称前的三角箭头，在弹出的快捷菜单中执行测试方法。测试的运行结果分别如图 11-3～图 11-6 所示。

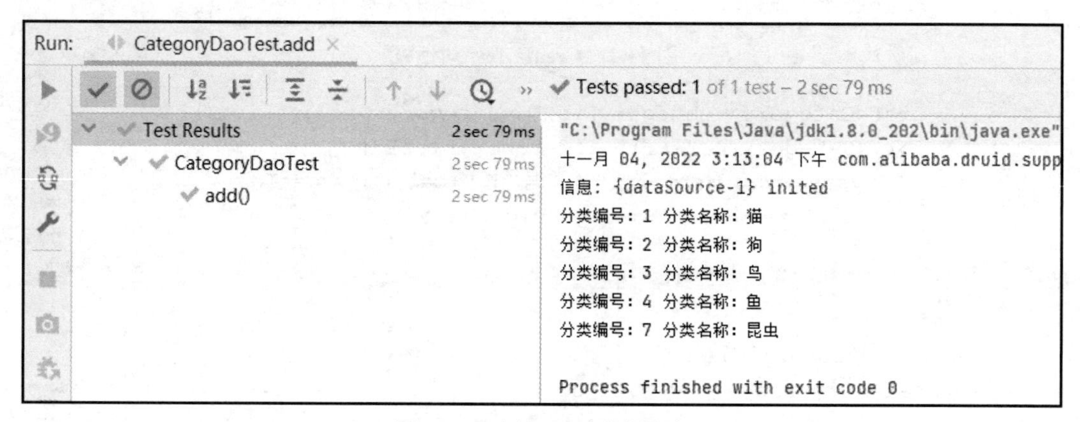

图 11-3　方法 add 测试通过

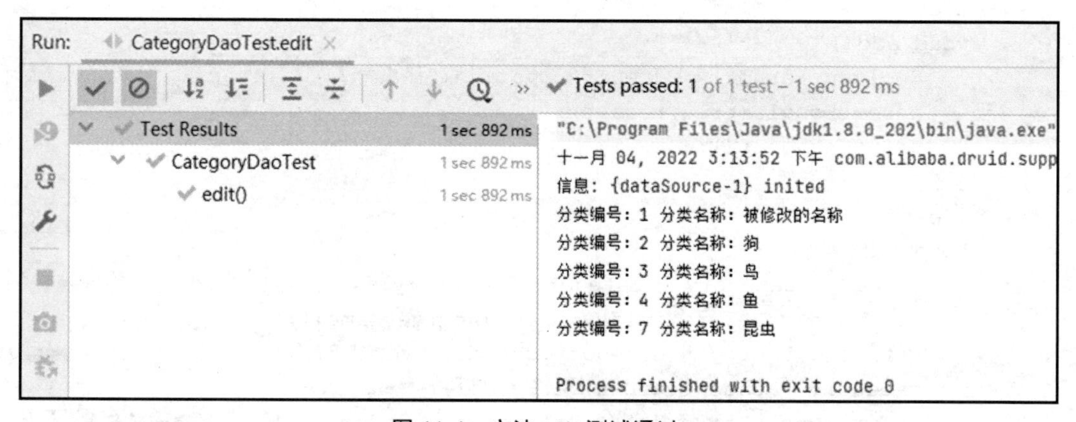

图 11-4　方法 edit 测试通过

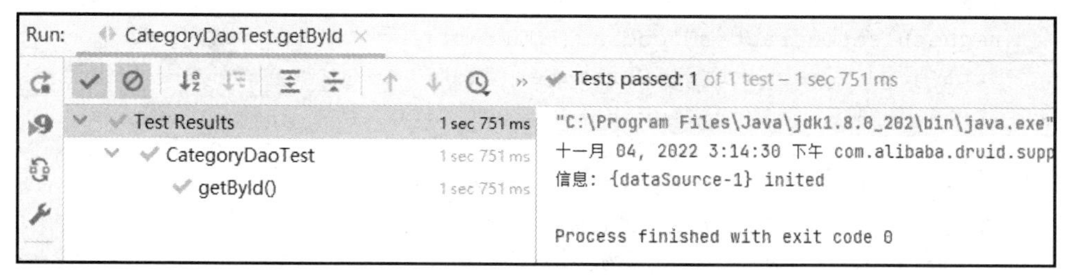

图 11-5　方法 getById 测试通过

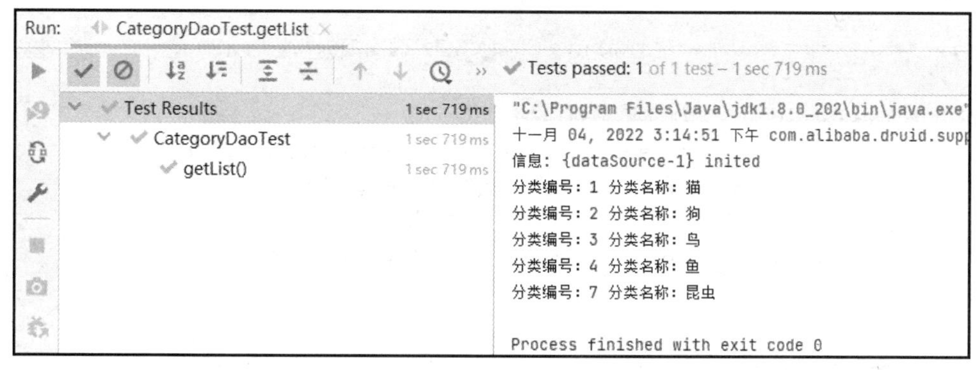

图 11-6　方法 getList 测试通过

■ 11.1.4　控制器代码

在 PetStore 项目中的 com.example.servlet 包上右击，在弹出的快捷菜单中选择 New→Servlet 命令，在弹出的窗口中输入 CategoryListServlet，按 Enter 键创建文件并输入源代码，同理添加 EditCategoryServlet。

源程序：CategoryListServlet.java 文件的主要代码

```
@Override
protected void doGet(HttpServletRequest request,
    HttpServletResponse response) throws ServletException, IOException {
    //1.获取请求参数（本次请求处理中无参数）
    //2.使用模型（M）中的对象执行业务方法，获取业务数据
    CategoryDao categoryDao = new CategoryDao();
    List<Category> categoryList = categoryDao.getList();
    //3.将数据传递给视图（V）并展示（请求转发，浏览器的 URL 无变化）
    request.setAttribute("categoryList",categoryList);
    request.getRequestDispatcher("/admin/categorylist.jsp")
            .forward(request,response);
}
```

源程序：EditCategoryServlet.java 文件中的主要代码

```
@Override
protected void doGet(HttpServletRequest request,
    HttpServletResponse response) throws ServletException, IOException {
    //1.获取请求参数 id、name，请求参数中包含中文，需设置 request 的编码字符集为 UTF-8
```

```
    request.setCharacterEncoding("UTF-8");
    String id = request.getParameter("id");
    String name = request.getParameter("name");
    //2.使用模型（M）中的对象执行业务方法
    CategoryDao categoryDao = new CategoryDao();
    if (id == null){ //id为null时，执行添加分类
        if (categoryDao.add(name)){
            request.setAttribute("msg","分类添加成功！");
        }else{
            request.setAttribute("msg","分类添加失败！");
        }
    }else{ //id不为null时，执行编辑分类
        if (categoryDao.edit(Integer.parseInt(id),name)){
            request.setAttribute("msg","分类修改成功！");
        }else{
            request.setAttribute("msg","分类修改失败！");
        }
    }
    List<Category> categoryList = categoryDao.getList();
    request.setAttribute("categoryList",categoryList);
    request.getRequestDispatcher("/admin/categorylist.jsp")
            .forward(request,response);
}
```

程序说明：

- EditCategoryServlet 可以处理添加分类和修改分类这两种请求，通过判断参数 id 是否为 null 进行区分。
- 使用模型（M）中的对象 CategoryDao，执行业务方法添加分类或者修改分类，将执行返回信息保存在字符串变量 msg 中。
- 将数据传递给视图。字符串 msg 与对象列表 categoryList 写入 request，请求转发视图分类管理页面。

■ 11.1.5 视图代码

后台管理的页面布局与用户中心的页面布局相似，但是各项局部视图页面的内容不同，后台管理的页面布局规划如图 11-7 所示。

在 PetStore 项目中的 src\main\webapp 文件夹上右击，在弹出的快捷菜单中选择 New→Directory 命令，在弹出的窗口中输入 admin，按 Enter 键创建文件夹。

在 PetStore 项目中的 src\main\webapp\admin 文件夹上右击，在弹出的快捷菜单中选择 New→JSP/JSPX 命令，在弹出的窗口中输入 header_admin.jsp，按 Enter 键创建文件并输入源代码，同理创建 footer_admin.jsp、sidebar_admin.jsp、categorylist.jsp。其中 footer_admin.jsp 与 footer.jsp 文件的代码相同，源程序代码不再展示。

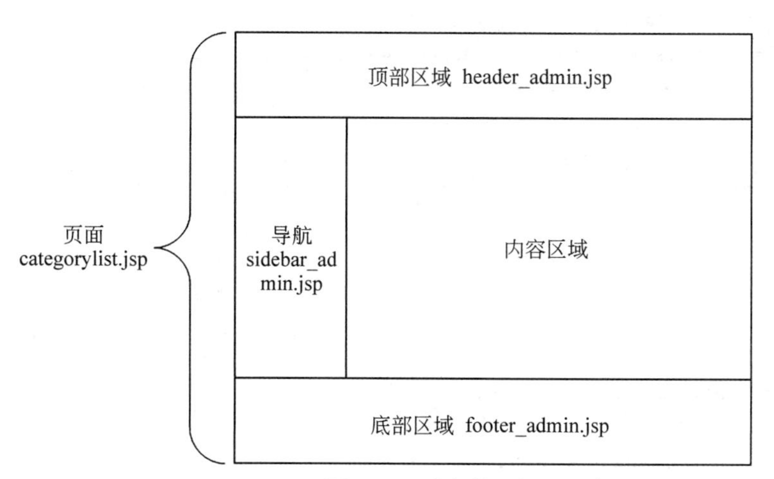

图 11-7　后台管理的页面布局规划图

源程序：header_admin.jsp 文件

```
<%@ page contentType="text/html; charset=UTF-8" pageEncoding="UTF-8" %>
<%@ taglib prefix="c" uri="http://java.sun.com/jsp/jstl/core" %>
<c:set var="ctx" value="${pageContext.request.contextPath}" />
<!DOCTYPE html>
<html lang="en">
<head>
    <meta charset="utf-8">
    <meta name="viewport" content="width=device-width, initial-scale=1,
shrink-to-fit=no">
    <title>宠物商城-后台管理</title>
    <link rel="shortcut icon" href="img/favicon.ico" />
    <link rel="stylesheet" href="css/bootstrap-4.6.1.min.css" />
    <link rel="stylesheet" href="css/font-awesome-3.2.1.min.css">
    <link rel="stylesheet" href="css/site.css" />
    <script src="js/jquery-3.6.0.min.js"></script>
</head>
<body>
<div class="d-flex flex-column flex-md-row align-items-center p-3 px-md-4
mb-3 bg-white border-bottom shadow-sm">
    <img src="img/logo.png" width="64" height="64" class="mb-2">
    <h5 class="my-0 mr-md-auto font-weight-normal">宠物商城-后台管理</h5>
</div>
```

源程序：sidebar_admin.jsp 文件

```
<%@ page contentType="text/html; charset=UTF-8" pageEncoding="UTF-8" %>
<div class="col-3">
    <ul class="list-group">
      <%--使用了 Font Awesome 字体图标--%>
      <li class="list-group-item"><i class="icon-th-large mr-2"></i>
          <a href="${ctx}/CategoryListServlet">分类管理</a></li>
      <li class="list-group-item"><i class="icon-github-alt mr-2"></i>
```

```
            <a href="${ctx}/PetListServlet ">宠物管理</a></li>
        <li class="list-group-item"><i class="icon-list mr-2"></i>
            <a href="${ctx}/OrderListServlet ">订单管理</a></li>
        <li class="list-group-item"><i class="icon-spinner mr-2"></i>
            <a href="${ctx}/LogoutServlet">退出系统</a></li>
    </ul>
</div>
```

源程序：categorylist.jsp 文件

```
<%@ page contentType="text/html; charset=UTF-8" pageEncoding="UTF-8" %>
<%@ include file="header_admin.jsp"%>
<div class="row container">
    <%@ include file="sidebar_admin.jsp"%>
    <div class="col-9">
        <div class="card">
            <div class="card-header">
                <h6>分类管理</h6>
            </div>
            <div class="card-body">
                <div class="form-group col-12">
                     <form action="${ctx}/EditCategoryServlet" method="post">
                         <input type="text" class="form-control-sm offset-2
                              col-4" name="name" placeholder="请输入分类名称" >
                           <input type="submit" class="btn btn-primary
                              offset-1" value="添加分类">
                     </form>
                </div>
                <table class="table panel-body">
                    <tr> <th>编号</th> <th>名称</th> <th></th> </tr>
                    <c:forEach items="${categoryList}" var="category">
                    <form action="${ctx}/EditCategoryServlet" method="post">
                    <tr>
                        <td>${category.id}<input type="hidden"
                              name="id" value="${category.id}"></td>
                        <td><input type="text" class="form-control"
                              name="name" value="${category.name}"></td>
                        <td><input type="submit" class="btn btn-primary"
                              value="保存"></td>
                    </tr>
                    </form>
                    </c:forEach>
                </table>
            </div>
            <div class="card-footer text-center">
                <span class="text-danger">${msg}</span>
            </div>
        </div>
```

```
    </div>
</div>
<%@ include file="footer_admin.jsp"%>
```

11.1.6　功能测试

单击运行工具栏中的“运行”按钮 ▶，启动 Tomcat。在网站导航栏单击“请登录”超链接，使用电子邮箱 admin@qq.com 与密码 1234@qwer 登录，分类管理页面的效果如图 11-8 所示。

图 11-8　分类管理页面的效果图

在文本框中输入新的分类名称——昆虫，单击“添加分类”按钮，效果如图 11-9 所示。

图 11-9　分类添加的效果图

在文本框中修改分类名称“昆虫”为“甲虫”，单击相应的“保存”按钮，效果如图 11-10 所示。

图 11-10　分类修改的效果图

项目 11-2

11.2 宠物管理

11.2.1　功能简介

当宠物商城有新宠物上架，或者宠物信息需要修改时，管理员可以通过宠物管理功能模块实现业务需求。结合功能需求和 MVC 开发模式，确定实现宠物管理功能需要编写的文件，如图 11-11 所示。

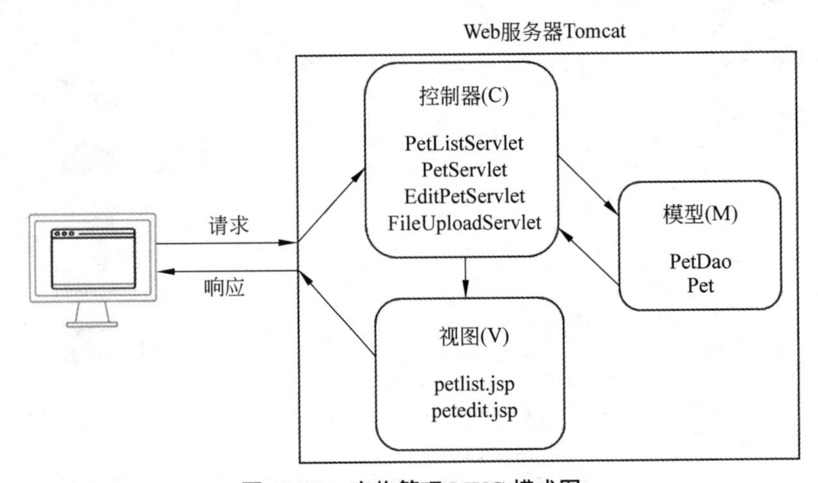

图 11-11　宠物管理 MVC 模式图

■ 11.2.2　模型代码的编写

打开 PetDao.java 文件，在方法 getById 后面添加三个新方法 getListByCategoryId、add 与 edit。

源程序：PetDao.java 文件中的新方法

```
// 根据分类 Id 获取宠物对象列表
public List<Pet> getListByCategoryId(int category_id){
    List<Pet> petList = null;
    try {
        String sql = "select * from pets where category_id=? "
                    +" order by id desc";
        petList = template.query(sql,
                    new BeanPropertyRowMapper<>(Pet.class),category_id);
    } catch (Exception e) {
        e.printStackTrace();
    } finally {
        return petList;
    }
}
//宠物添加
public boolean add(int category_id,String title,String tag,
                String photo,double price,int stock,String descs){
    int affectRows = 0;
    try {
        //ondate 字段的值，使用数据库系统时间函数 NOW
        String sql = "insert into pets(ondate, category_id, title, tag, "
              +" photo,price, stock, descs) values(NOW(),?,?,?,?,?,?,?)";
        affectRows = template.update(sql,category_id, title, tag, photo,
                                price, stock, descs);
    } catch (Exception e) {
        e.printStackTrace();
    } finally {
        return affectRows > 0;
    }
}

//宠物修改
public boolean edit(int id,int category_id,String title,String tag,
                String photo,double price,int stock,String descs){
    int affectRows = 0;
    try {
        String sql = "update pets set category_id=?, title=?, tag=?, "
                    +" photo=?, price=?, stock=?, descs=? where id=?";
        affectRows = template.update(sql,category_id, title, tag, photo,
```

```
                                        price, stock, descs,id);
    } catch (Exception e) {
        e.printStackTrace();
    } finally {
        return affectRows > 0;
    }
}
```

■ 11.2.3 模型代码的测试

打开PetStore项目中的PetDaoTest.java文件，添加三个新测试方法getListByCategoryId、add与edit。

源程序：PetDaoTest.java 文件中的 getListByCategoryId 测试方法

```
@Test
void getListByCategoryId() {
    List<Pet> petList = petDao.getListByCategoryId(1);//分类编号为 1，分类名
称为猫
    assertEquals(false,petList.isEmpty());
    assertEquals(1,petList.get(0).getCategory_id());
    System.out.println(petList.get(0).getTitle());//输出宠物名称，非必须代码
}
```

源程序：PetDaoTest.java 文件中的 add 测试方法

```
@Test
void add() {
    Boolean result= petDao.add(1,"玩具猫","活泼可爱",
                              "cat_n.jpg",200,5,"玩具猫的简介信息…");
    assertEquals(true,result);
}
```

源程序：PetDaoTest.java 文件中的 edit 测试方法

```
@Test
void edit(){
    Pet pet= petDao.getById(1); //宠物 Id：1，宠物名称：金丝雀
    //修改宠物的单价为 100，库存为 12，其他信息保持不变
    Boolean result = petDao.edit(pet.getId(),pet.getCategory_id(),
       pet.getTitle(),pet.getTag(),pet.getPhoto(),100,12,pet.getDescs());
    assertEquals(true,result);
    pet= petDao.getById(1); //再次获取宠物 Id：1，宠物名称：金丝雀
    assertEquals(100,pet.getPrice());
    assertEquals(12,pet.getStock());
}
```

分别单击三个测试方法名称前的三角箭头，在弹出的快捷菜单中执行测试方法。测试的运行结果分别如图 11-12～图 11-14 所示。

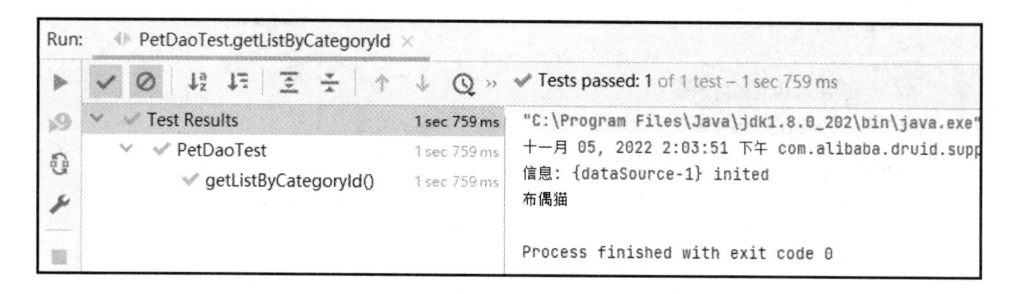

图 11-12　方法 getListByCategoryId 测试通过

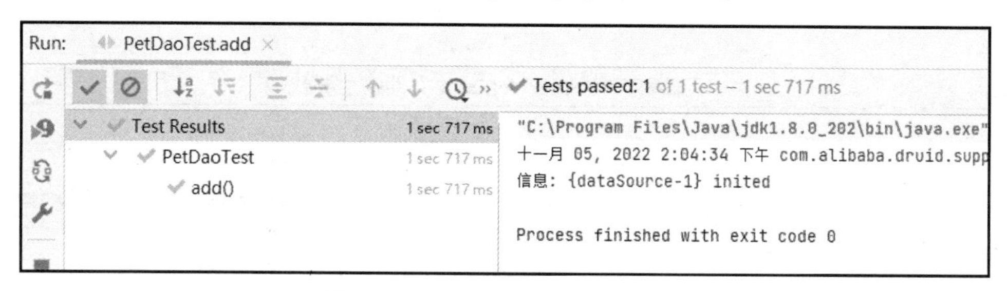

图 11-13　方法 add 测试通过

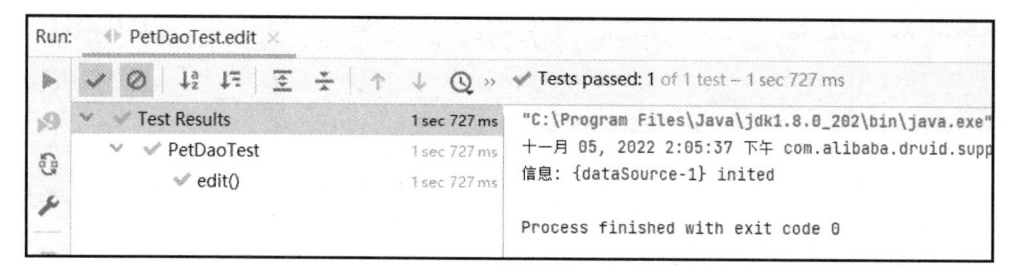

图 11-14　方法 edit 测试通过

■ 11.2.4　控制器代码

在 PetStore 项目中的 com.example.servlet 包上右击，在弹出的快捷菜单中选择 New→Servlet 命令，在弹出的窗口中输入 PetListServlet，按 Enter 键创建文件并输入源代码，同理添加 PetServlet、EditPetServlet 和 FileUploadServlet。

源程序：PetListServlet.java 文件的主要代码

```
@Override
protected void doGet(HttpServletRequest request,
      HttpServletResponse response) throws ServletException, IOException {
   //1.获取请求参数 category_id 的值，若值为 null 或者 0，则设置 category_id 的值为 1
   String category_id = request.getParameter("category_id");
   if (category_id == null || "0".equals(category_id)){
      category_id = "1";
   }
   //2.使用模型（M）中的对象执行业务方法，获取业务数据
   PetDao petDao = new PetDao();
```

```
        List<Pet> petList = petDao.getListByCategoryId(
                            Integer.parseInt(category_id));
    //3.将数据传递给视图（V）
    CategoryDao categoryDao = new CategoryDao();
    List<Category> categoryList = categoryDao.getList();
    request.setAttribute("categoryList",categoryList);
    request.setAttribute("petList",petList);
    request.setAttribute("category_id",category_id);
    request.getRequestDispatcher("/admin/petlist.jsp")
            .forward(request,response);
}
```

源程序：PetServlet.java 文件的主要代码

```
@Override
protected void doGet(HttpServletRequest request,
      HttpServletResponse response) throws ServletException, IOException {
    //1.获取请求参数 category_id 和 id
    // 若请求参数 id != null，则表示编辑宠物；否则表示新增宠物
    String category_id = request.getParameter("category_id");
    String id = request.getParameter("id");
    //2.使用模型（M）中的对象执行业务方法，获取业务数据
    PetDao petDao = new PetDao();
    Pet pet;
    if (id != null){    //编辑宠物，获取宠物对象
        pet = petDao.getById(Integer.parseInt(id));
    }else{              //新增宠物，构造新宠物对象
        pet = new Pet();
        pet.setCategory_id(1);//新增宠物默认分类 id 为 1
    }
    //3.将数据传递给视图（V）并展示（请求转发，浏览器的 URL 无变化）
    CategoryDao categoryDao = new CategoryDao();
    List<Category> categoryList = categoryDao.getList();
    request.setAttribute("categoryList",categoryList);
    request.setAttribute("pet",pet);
    request.setAttribute("category_id",category_id);
    request.getRequestDispatcher("/admin/petedit.jsp")
          .forward(request,response);
}
```

源程序：EditPetServlet.java 文件的主要代码

```
@Override
protected void doGet(HttpServletRequest request,
    HttpServletResponse response) throws ServletException, IOException {
    //1.获取请求参数 id、category_id、title、tag、photo、price、stock、descs
    request.s    etCharacterEncoding("UTF-8");
    String id = request.getParameter("id");
    int category_id = Integer.parseInt(request.getParameter("category_id"));
```

```
    String title = request.getParameter("title");
    String tag = request.getParameter("tag");
    String photo = request.getParameter("photo");
    double price = Double.parseDouble(request.getParameter("price"));
    int stock = Integer.parseInt(request.getParameter("stock"));
    String descs = request.getParameter("descs");
    //2.使用模型（M）中的对象执行业务方法
    PetDao petDao = new PetDao();
    if (id == null || "0".equals(id) ){ //id==null 或者 id==0 时，执行添加宠物
        if (petDao.add(category_id, title, tag, photo, price,
                        stock, descs)){
            request.setAttribute("msg","宠物添加成功！");
        }else{
            request.setAttribute("msg","宠物添加失败！");
        }
    }else{ //id 不为 null 时，执行编辑宠物
        if (petDao.edit(Integer.parseInt(id),category_id, title, tag, photo,
                        price, stock, descs)){
            request.setAttribute("msg","宠物修改成功！");
        }else{
            request.setAttribute("msg","宠物修改失败！");
        }
    }
    //3.将数据传递给视图（V）
    CategoryDao categoryDao = new CategoryDao();
    List<Category> categoryList = categoryDao.getList();
    List<Pet> petList = petDao.getListByCategoryId(category_id);
    request.setAttribute("categoryList",categoryList);
    request.setAttribute("petList",petList);
    request.setAttribute("category_id",category_id);
    request.getRequestDispatcher("/admin/petlist.jsp")
            .forward(request,response);
}
```

源程序：FileUploadServlet.java 文件的主要代码

```
@Override
protected void doGet(HttpServletRequest request,
        HttpServletResponse response) throws ServletException, IOException {
    //DiskFileItemFactory 是创建 FileItem 对象的工厂
    DiskFileItemFactory factory = new DiskFileItemFactory();
    //ServletFileUpload 负责处理上传的文件数据
    ServletFileUpload upload = new ServletFileUpload(factory);
    upload.setHeaderEncoding("UTF-8");
    try{
        List<FileItem> itemList = upload.parseRequest(request);
        for (FileItem item:itemList){
            if (item.getFieldName().equals("file")){
```

```
                //文件的扩展名保持不变，文件名使用 UUID（通用唯一识别码）
                String extName =
                 item.getName().substring(item.getName().lastIndexOf("."));
                String fileName = UUID.randomUUID().toString();
                String newFileName = fileName + extName;
                //设定存储文件夹
                String path = this.getServletContext().getRealPath("/petimg");
                File file = new File(path,newFileName);
                item.write(file);//保存文件
                response.getWriter().print(newFileName);//响应输出新文件名
            }
        }
    }catch (Exception e){
        e.printStackTrace();
    }
}
```

程序说明：

- PetListServlet 获取宠物列表是按照宠物分类条件进行查询的，当分类 id 为 null 或者 0 时，默认设定分类 id 为 1。
- PetServlet 为新增和编辑宠物视图提供数据。
- EditPetServlet 可以处理添加宠物和编辑宠物这两种请求，通过判断参数 id 是否为 null 或者 0 进行区分。
- FileUploadServlet 使用了第三方 jar 包——org.apache.commons.fileupload。在保存上传的宠物图片文件时，文件名使用 UUID，确保文件不会重名，防止图片文件被覆盖。因为文件名是在 Servlet 中动态生成的，需要将新文件名响应输出至客户端。

■ 11.2.5　视图代码

在 PetStore 项目中的 src\main\webapp\admin 文件夹上右击，在弹出的快捷菜单中选择 New→JSP/JSPX 命令，在弹出的窗口中输入 petlist.jsp，按 Enter 键创建文件并输入源代码，同理创建 petedit.jsp。

源程序：petlist.jsp 文件

```
<%@ page contentType="text/html; charset=UTF-8" pageEncoding="UTF-8" %>
<%@ include file="header_admin.jsp"%>
<div class="row container">
   <%@ include file="sidebar_admin.jsp"%>
  <%--控制器 Servlet 中传递到视图的参数包含:pet categoryList category_id--%>
   <div class="col-9">
       <div class="card">
           <div class="card-header">
               <h6>宠物管理</h6>
           </div>
```

```
<div class="card-body">
<div class="form-group col-12">
    <form action="${ctx}/PetServlet" method="get">
        <select class="form-control-sm offset-2 col-4"
                id="category_id" name="category_id">
         <c:forEach items="${categoryList}" var="category">
         <c:if test="${category.id == category_id}">
<%--与参数 category_id 相等的分类，设置为选中状态，selected="selected"--%>
              <option value="${category.id}" selected="selected">
                  ${category.name}</option>
         </c:if>
         <c:if test="${category.id != category_id}">
              <option value="${category.id}">
                  ${category.name}</option>
         </c:if>
         </c:forEach>
         </select>
         <input type="submit" class="btn btn-primary offset-1"
              value="添加宠物">
      </form>
    </div>
    <table class="table panel-body">
        <tr>
            <th></th> <th>名称</th> <th>价格</th>
            <th>库存</th> <th> </th>
        </tr>
        <c:forEach items="${petList}" var="pet">
        <form action="${ctx}/PetServlet" method="get">
        <tr>
            <td>${pet.id}
              <input type="hidden" name="id" value="${pet.id}">
                 <input type="hidden" name="category_id"
                        value="${category_id}"></td>
            <td><input type="text" class="form-control"
                name="title" value="${pet.title}" readonly></td>
            <td><input type="text" class="form-control"
                name="price" value="${pet.price}" readonly></td>
            <td><input type="text" class="form-control"
                name="stock" value="${pet.stock}" readonly></td>
            <td><input type="submit" class="btn btn-primary"
              value="编辑"></td>
        </tr>
        </form>
        </c:forEach>
    </table>
</div>
<div class="card-footer text-center">
```

```
                <span class="text-danger">${msg}</span>
            </div>
        </div>
    </div>
</div>
<%@ include file="footer_admin.jsp"%>
<script type="text/javascript">
    $(document).ready(function () {
        $("#category_id").change(function () {
            let category_id = $(this).val();//select 选中项的值
            //选择分类后，页面自动跳转并携带选中分类的 id 值
            window.location.href =
                "${ctx}/PetListServlet?category_id="+category_id;
        });
    });
</script>
```

源程序：petedit.jsp 文件

```
<%@ page contentType="text/html; charset=UTF-8" pageEncoding="UTF-8" %>
<%@ include file="header_admin.jsp"%>
<div class="row container">
    <%@ include file="sidebar_admin.jsp"%>
    <%--控制器 Servlet 中传递到视图的参数包含:pet categoryList category_id--%>
    <div class="col-9">
        <div class="card">
            <div class="card-header">
                <c:if test="${pet.id == ''}">
                    <h6>新增宠物</h6>
                </c:if>
                <c:if test="${pet.id != ''}">
                    <h6>编辑宠物</h6>
                </c:if>
            </div>
            <div class="card-body">
                <%--文件上传表单--%>
                <form id="uploadForm" method="post">
                <div class="form-group row">
                    <label class="col-sm-2 col-form-label">宠物图片</label>
                    <input type="file" id="file" name="file" class="col-sm-4">
                    <input type="button" id="uploadBtn"
                           class="btn btn-primary col-sm-2" value="上传">
                </div>
                </form>
                <%-- 宠物数据提交表单 --%>
                <form action="${ctx}/EditPetServlet" method="post">
                    <div class="form-group row">
                        <label class="col-sm-2 col-form-label">分类</label>
                        <div class="col-sm-10">
```

```
    <select class="form-control"
            id="category_id" name="category_id">
    <c:forEach items="${categoryList}" var="category">
        <c:if test="${category.id == category_id}">
         <option value="${category.id}" selected="selected">
                ${category.name}</option>
         </c:if>
         <c:if test="${category.id != category_id}">
           <option value="${category.id}">${category.name}
             </option>
         </c:if>
     </c:forEach>
     </select>
    </div>
</div>
<div class="form-group row">
    <label class="col-sm-2 col-form-label">名称</label>
    <div class="col-sm-10">
        <input type="text" class="form-control"
                name="title" value="${pet.title}" >
    </div>
</div>
<div class="form-group row">
    <label class="col-sm-2 col-form-label">特点</label>
    <div class="col-sm-10">
        <input type="text" class="form-control" name="tag"
                value="${pet.tag}" >
    </div>
</div>
<div class="form-group row">
    <label class="col-sm-2 col-form-label">价格</label>
    <div class="col-sm-10">
        <input type="number" class="form-control"
                name="price" value="${pet.price}" >
    </div>
</div>
<div class="form-group row">
    <label class="col-sm-2 col-form-label">库存</label>
    <div class="col-sm-10">
        <input type="number" class="form-control"
                name="stock" value="${pet.stock}" >
    </div>
</div>

<div class="form-group row">
    <label class="col-sm-2 col-form-label">简介</label>
    <div class="col-sm-8">
        <textarea name="descs" class="form-control"
               rows="4" >${pet.descs}</textarea>
```

```
                    </div>
                    <div class="col-sm-2">
                        <img src="${ctx}/petimg/${pet.photo}" id="img"
                             alt="图片预览" width="80" height="100">
                    </div>
                </div>
                <div class="form-group offset-4 col-4">
                    <input type="hidden" name="id" value="${pet.id}">
                    <input type="hidden" id="photo" name="photo"
                           value="${pet.photo}">
                    <input type="submit" class="btn btn-primary form-group
                          col-12" value="保存">
                </div>
            </form>
        </div>
        <div class="card-footer text-center">
            <span class="text-danger">${msg}</span>
        </div>
    </div>
  </div>
</div>
<%@ include file="footer_admin.jsp"%>
<script>
    //使用Ajax请求上传宠物图片，页面不刷新
    $(document).ready(function (){
        $('#uploadBtn').click(function (){
          let formData = new FormData($('#uploadForm')[0]);//获取封装表单数据
          $.ajax({
                url: '${ctx}/FileUploadServlet', //表单提交url
                type: 'post',                    //表单提交方式
                data: formData,                  //表单提交数据
                contentType: false, //文件上传时需设置contentType=false
                processData: false, //文件上传时需设置processData=false
                success: function (returnData){
                  //returnData是FileUploadServlet返回的字符串，内容为新文件名
                  $('span.text-danger').text("宠物图片上传成功");
                  $('#img').prop('src','${ctx}/petimg/'+returnData);//预览图片
                  $('#photo').val(returnData); //表单元素photo的值设置为新文件名
                },error:function (returnData){
                    $('span.text-danger').text("宠物图片上传失败");
                }
            });
        })
    })
</script>
```

程序说明：

- petlist.jsp 页面中包含添加宠物和编辑宠物功能，其中编辑宠物功能通过将每个宠物的信息单独封装到表单中实现，宠物编号 id 通过隐藏表单元素保存数据。
- petlist.jsp 页面中包含宠物分类选择的 JavaScript 脚本，管理员选择分类后，页面重

新请求 PetListServlet 并携带宠物分类 id。

- petedit.jsp 页面中包含宠物图片上传和宠物信息保存两项功能，分别使用不同的表单实现。宠物信息保存使用普通表单实现，对应的控制器为 EditPetServlet。
- 图片上传使用 Ajax 请求，页面不刷新，对应的控制器为 FileUploadServlet，图片上传完成后，返回的图片文件名保存在页面的隐藏表单元素 photo 中。

■ 11.2.6　功能测试

单击运行工具栏中的“运行”按钮 ▶，启动 Tomcat。在网站导航栏单击“请登录”超链接，使用管理员邮箱登录，选择宠物管理页面，效果如图 11-15 所示。

图 11-15　宠物管理的效果图

在下拉列表中选择“昆虫”，单击“添加宠物”按钮并输入新宠物的信息，效果如图 11-16 所示。

分类管理
宠物管理
订单管理
退出系统

新增宠物

宠物图片　选择文件　蝈蝈.jpg　上传

分类　昆虫

名称　蝈蝈

特点　叫声洪亮

价格　30

库存　10

简介　蝈蝈是昆虫纲，直翅目，螽斯科一些大型鸣虫的通称，个子较大，外形和蝗虫相像，身体为草绿色，触角细长。雄虫的前翅互相摩擦，能发出“括括括”的声音，清脆响亮。喜欢吃瓜果、豆类等，人

保存

图 11-16　宠物添加的效果图

单击“保存”按钮，宠物信息添加完成后页面即跳转到“宠物管理”页面，效果如图 11-17 所示。

图 11-17　宠物添加完成的效果图

项目 11-3

11.3 订单管理

11.3.1　功能简介

当宠物商城的订单发货时，或者订单需要取消时，管理员可以通过订单管理功能模块实现业务需求。结合功能需求和 MVC 开发模式，确定实现订单管理功能需要编写的文件，如图 11-18 所示。

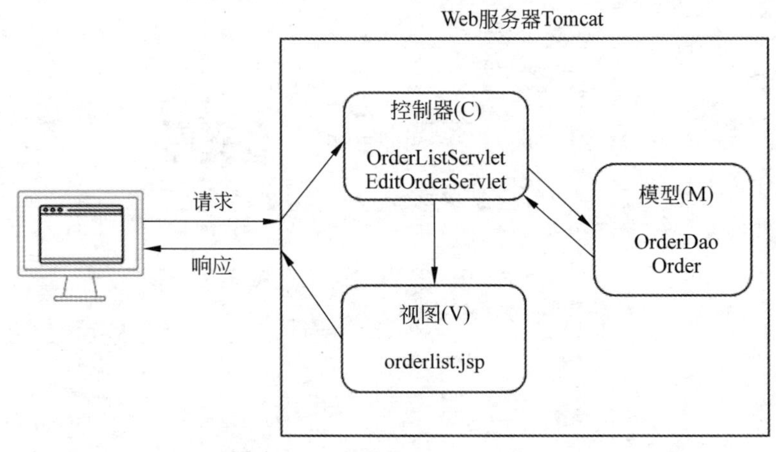

图 11-18　订单管理的 MVC 模式图

11.3.2　模型代码的编写

打开 JDBCUtils.java 文件，在方法 getConnection 后面添加新方法 getTransactionTemplate。

源程序：JDBCUtils.java 文件中的新方法

```
//TransactionTemplate 用于数据库事务控制
public static TransactionTemplate getTransactionTemplate() {
    PlatformTransactionManager txManager =
            new DataSourceTransactionManager(ds);
    return new TransactionTemplate(txManager);
}
```

打开 OrderDao.java 文件，在成员变量 template 后添加新成员变量 txTemplate 的定义。

源程序：OrderDao.java 文件的新成员变量

```
//template 已有成员变量
private JdbcTemplate template=new JdbcTemplate(JDBCUtils.getDataSource());
//txTemplate 新成员变量
private TransactionTemplate txTemplate = JDBCUtils.getTransactionTemplate();
```

打开 OrderDao.java 文件，在方法 getListByUserId 后面添加六个新方法：getListByState、getById、getOrderDetailListById、setState、delete 与 getStateList。

源程序：OrderDao.java 文件的新方法

```
//根据“订单状态”获取订单列表
public List<Order> getListByState(String state){
    List<Order> orderList = null;
    try {
        String sql = "select * from orders where state = ? "
                    +" order by createdate desc";
        orderList = template.query(sql,
                        new BeanPropertyRowMapper<>(Order.class),state);
        } catch (Exception e) {
            e.printStackTrace();
        } finally {
            return orderList;
        }
}
// 获取单个订单对象
public Order getById(int id){
    Order order = null;
    try {
        String sql = "select * from orders where id = ?";
        order = template.queryForObject(sql,
                    new BeanPropertyRowMapper<>(Order.class),id);
    } catch (Exception e) {
            e.printStackTrace();
    } finally {
            return order;
    }
}
```

```
// 根据订单 Id 获取订单明细列表
public List<OrderDetail> getOrderDetailListById(int id){
    List<OrderDetail> orderDetailList = null;
    try {
        String sql = "select * from orderdetail where order_id = ? ";
        orderDetailList = template.query(sql,
                new BeanPropertyRowMapper<>(OrderDetail.class),id);
    } catch (Exception e) {
            e.printStackTrace();
    } finally {
            return orderDetailList;
    }
}
//设置订单状态
public Boolean setState(int id,String state){
    int affectRows = 0;
    try {
        String sql = "update orders set state=? where id=?";
        affectRows = template.update(sql,state,id);
    } catch (Exception e) {
            e.printStackTrace();
    } finally {
            return affectRows > 0;
    }
}
//删除订单（使用事务）
public Boolean delete(int id){
    Order order = getById(id);
    List<OrderDetail> orderDetailList = getOrderDetailListById(id);
    //只有已付款状态可以删除订单，即设置为已取消，其他状态直接返回 false
    if (!"已付款".equals(order.getState())){
        return false;
    }
    //使用 txTemplate，开启事务，确保这些 SQL 语句要么全部执行完毕，要么全部不执行
    //不出现部分执行的情况
    txTemplate.execute(new TransactionCallbackWithoutResult() {
      public void doInTransactionWithoutResult (TransactionStatus status){
          try {
            //1.给用户退款：账户余额增加 （SQL 语句）
            String sqlUser = "update users set deposit=deposit+? where id=?";
            template.update(sqlUser,order.getTotalprice(),
                        order.getUser_id());
            //2.还原宠物库存：宠物库存增加
            for (OrderDetail detail : orderDetailList) {
                String sqlPet="update pets set stock=stock+? where id=?";
                template.update(sqlPet, detail.getQuantity(),
                            detail.getPet_id());
```

```
            }
            //3.删除 Order:不是真正删除数据库中的记录，而是设置订单状态为“已取消”
            String sqlOrder = " update orders set state='已取消' "
                                  +" where id = ?";
            template.update(sqlOrder,id);
        } catch (Exception e) {
            //sql 执行过程中出现异常时事务回滚，取消所有 sql 执行
            status.setRollbackOnly();
            e.printStackTrace();
        }
      }
  });
  return true;
}

//获取全部订单状态字符串列表
public List<String> getStateList(){
    List<String> stateList = new ArrayList<>();
    //订单状态为已付款、已发货、已收货、已取消
    stateList.add("已付款");
    stateList.add("已发货");
    stateList.add("已收货");
    stateList.add("已取消");
    return stateList;
}
```

程序说明：

- JDBCUtils.java 文件中添加新方法 getTransactionTemplate，获取 TransactionTemplate 对象。该对象实现了对数据库事务代码的封装，只需要将视作原子性操作的几个数据库操作放入一个方法中处理即可实现事务。为后续多个数据库表同时操作的方法提供处理对象。
- OrderDao.java 文件中新添加了成员变量 txTemplate，即 TransactionTemplate 对象。
- getListByState 方法中的 SQL 语句的排序条件为 order by createdate desc，以订单创建日期降序排列，实现最新的订单显示在最前面的效果，便于管理员操作最新订单，满足实际场景需求。
- delete 方法中需要修改数据库中 users、pets 和 orders 三张表的数据，这时需要使用 txTemplate 的 execute 方法开启事务执行多条 SQL 语句，确保数据库数据的完整性。
- 在订单下达功能模块中，add 方法也是同时操作修改了数据库中的多张表，但是没有开启事务执行多条 SQL 语句，这样的代码是有安全隐患的。当异常发生时，会造成数据库数据不完整，业务数据混乱，系统出现故障。例如，订单和订单明细在数据库中写入的代码执行完毕，继续执行用户账户余额扣除的 SQL 语句时出现系统异常，程序执行中断。这时，用户的订单在数据库中插入完成了，但是账户余额没有扣除，库存也没有减少，这样的结果会造成宠物商城的经济损失。因此 add 方

法的代码需要优化，也应采用包含数据库事务处理能力的 txTemplate 的 execute 方法。

■ 11.3.3 模型代码的测试

打开 PetStore 项目中的 OrderDaoTest.java 文件，添加六个新测试方法：getListByState、getById、getOrderDetailListById、setState、delete 与 getStateList。

源程序：OrderDaoTest.java 文件中的 getListByState 测试方法

```
@Test
void getListByState(){
    List<Order> orderList = orderDao.getListByState("已付款");
    assertEquals(false,orderList.isEmpty());//断言列表 orderList 不为空
}
```

源程序：OrderDaoTest.java 文件中的 getById 测试方法

```
@Test
void getById(){
    Order order = orderDao.getById(1);
    assertEquals(1,order.getId());//断言 order 对象 id 属性为 1
}
```

源程序：OrderDaoTest.java 文件中的 getOrderDetailListById 测试方法

```
@Test
void getOrderDetailListById(){
    List<OrderDetail> orderDetailList = orderDao.getOrderDetailListById(1);
    //断言列表 orderDetailList 不为空
    assertEquals(false,orderDetailList.isEmpty());
}
```

源程序：OrderDaoTest.java 文件中的 setState 测试方法

```
@Test
void setState(){
    boolean result = orderDao.setState(1,"已付款");
    Order order = orderDao.getById(1);
    assertEquals("已付款",order.getState());//断言 order 对象状态属性为"已发货"
}
```

源程序：OrderDaoTest.java 文件中的 delete 测试方法

```
@Test
void delete(){
    //删除订单前的信息
    Order order = orderDao.getById(1);
    double returnMoney = order.getTotalprice();
    UserDao userDao = new UserDao();
    User user = userDao.getByEmailAndPwd("tommy@qq.com","1234@qwer");
```

```
    double userMoney = user.getDeposit();
    //执行删除
    boolean result = orderDao.delete(1);
    order = orderDao.getById(1);
    user = userDao.getByEmailAndPwd("tommy@qq.com","1234@qwer");
    assertEquals(true,result);//断言 delete 方法执行结果为 true
    assertEquals("已取消",order.getState());//断言 order 对象状态属性为“已取消”
    assertEquals(userMoney+returnMoney,user.getDeposit());
     //断言用户的订单金额已返回账户余额
}
```

源程序：OrderDaoTest.java 文件中的 getStateList 测试方法

```
@Test
void getStateList(){
    List<String> stateList = orderDao.getStateList();
    assertEquals(false,stateList.isEmpty());//断言列表 stateList 不为空
    assertEquals("已付款",stateList.get(0));//断言列表 stateList 第一项为“已付款”
}
```

分别单击六个测试方法名称前的三角箭头，在弹出的快捷菜单中执行测试方法。测试的运行结果分别如图 11-19～图 11-24 所示。

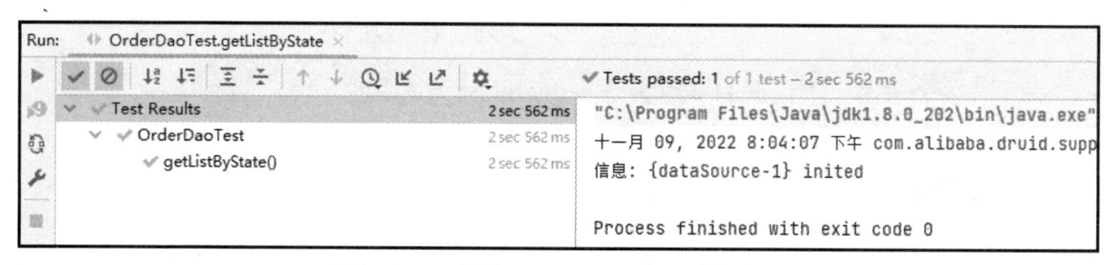

图 11-19　方法 getListByState 测试通过

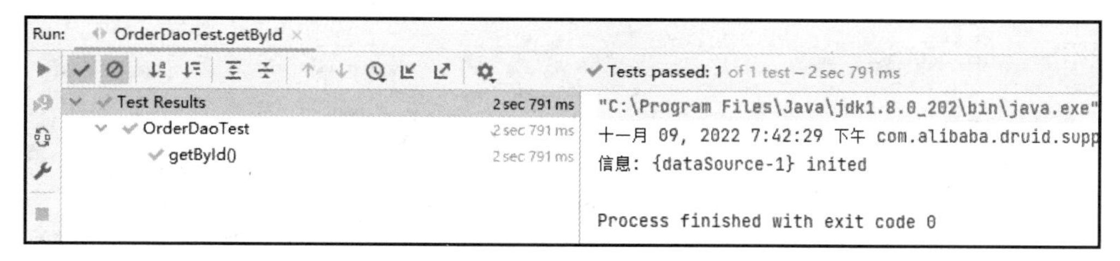

图 11-20　方法 getById 测试通过

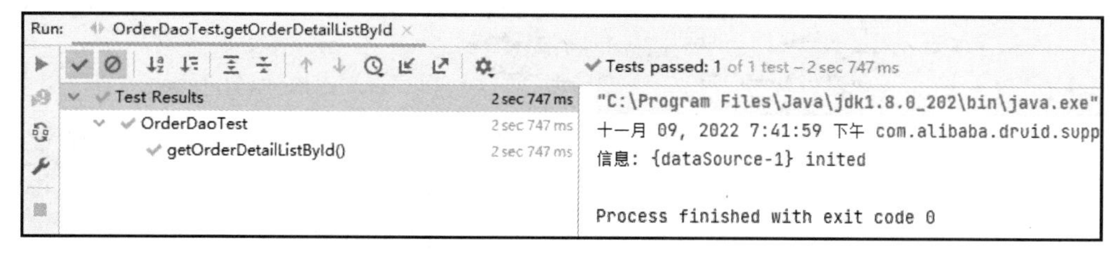

图 11-21　方法 getOrderDetailListById 测试通过

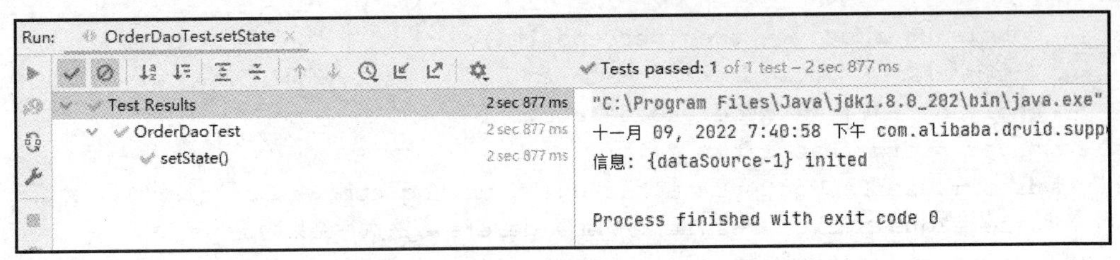

图 11-22　方法 setState 测试通过

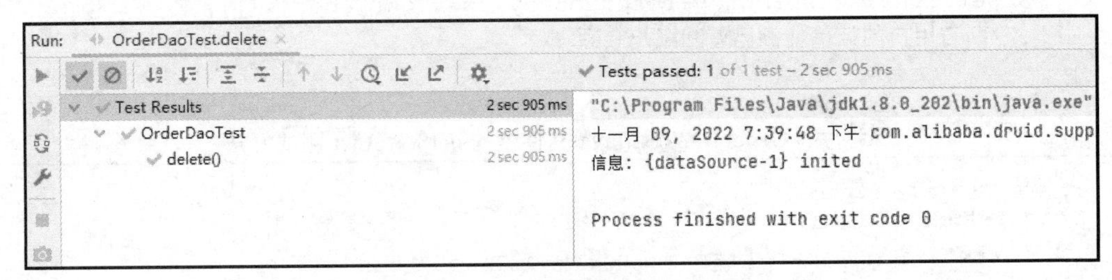

图 11-23　方法 delete 测试通过

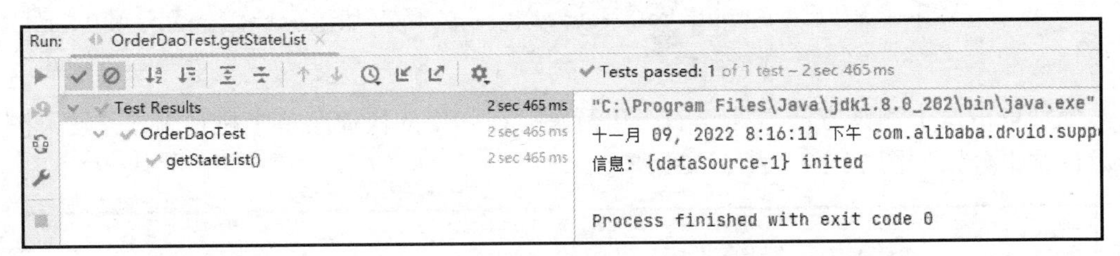

图 11-24　方法 getStateList 测试通过

■ 11.3.4　控制器代码

在 PetStore 项目中的 com.example.servlet 包上右击，在弹出的快捷菜单中选择 New→Servlet 命令，在弹出的窗口中输入 OrderListServlet，按 Enter 键创建文件并输入源代码，同理添加 EditOrderServlet。

源程序：OrderListServlet.java 文件的主要代码

```
@Override
protected void doGet(HttpServletRequest request,
     HttpServletResponse response) throws ServletException, IOException {
   //1.获取请求参数 state 订单状态：默认值为“已付款”
   String state = request.getParameter("state");
   if (state == null || "".equals(state)){
      state = "已付款";
   }
   //2.使用模型（M）中的对象执行业务方法，获取业务数据
   OrderDao orderDao = new OrderDao();
   List<Order> orderList = orderDao.getListByState(state);
   List<String> stateList = orderDao.getStateList();
   //3.将数据传递给视图（V）
   request.setAttribute("orderList",orderList);
```

```
        request.setAttribute("stateList",stateList);
        request.setAttribute("current_state",state);
        request.getRequestDispatcher("/admin/orderlist.jsp")
                .forward(request,response);
}
```

源程序：EditOrderServlet.java 文件的主要代码

```
@Override
protected void doGet(HttpServletRequest request,
        HttpServletResponse response) throws ServletException, IOException {
    //1.获取请求参数 id、type、state
    request.setCharacterEncoding("utf-8");
    String id = request.getParameter("id");
    String type = request.getParameter("type");
    String state = request.getParameter("state");
    //2.使用模型（M）中的对象执行业务方法
    OrderDao orderDao = new OrderDao();
    if ("发货".equals(type)){
        if (orderDao.setState(Integer.parseInt(id),"已发货")){
            request.setAttribute("msg","订单发货成功！");
        }else{
            request.setAttribute("msg","订单发货失败！");
        }
    }else if ("删除".equals(type)){
        if (orderDao.delete(Integer.parseInt(id))){
            request.setAttribute("msg","订单删除成功！");
        }else{
            request.setAttribute("msg","订单删除失败！");
        }
    }
    List<Order> orderList = orderDao.getListByState(state);
    List<String> stateList = orderDao.getStateList();
    //3.将数据传递给视图（V）
    request.setAttribute("orderList",orderList);
    request.setAttribute("stateList",stateList);
    request.setAttribute("current_state",state);
    request.getRequestDispatcher("/admin/orderlist.jsp")
            .forward(request,response);
}
```

程序说明：

- OrderListServlet 获取订单列表是按照订单状态条件进行查询的，订单状态有：已付款、已发货、已收货和已取消。
- EditOrderServlet 可以处理订单发货和订单删除这两种请求，通过判断参数 type 的值进行区分。

■ 11.3.5 视图代码

在 PetStore 项目中的 src\main\webapp\admin 文件夹上右击，在弹出的快捷菜单中选择 New→JSP/JSPX 命令，在弹出的窗口中输入 orderlist.jsp，按 Enter 键创建文件并输入源代码。

源程序：orderlist.jsp 文件

```
<%@ page contentType="text/html; charset=UTF-8" pageEncoding="UTF-8" %>
<%@ include file="header_admin.jsp"%>
<div class="row container">
    <%@ include file="sidebar_admin.jsp"%>
    <div class="col-9">
        <div class="card">
            <div class="card-header">
                <h6>订单管理</h6>
            </div>
            <div class="card-body">
            <div class="form-group col-12">
                <label class="col-sm-2 col-form-label">订单状态</label>
                <select class="form-control-sm col-4" id="state" name="state">
                    <c:forEach items="${stateList}" var="state">
                        <c:if test="${state == current_state}">
                          <%--与参数 current_state 相等的状态，--%>
                          <%--设置为选中状态，selected="selected"--%>
                           <option value="${state}" selected="selected">
                                   ${state}</option>
                        </c:if>
                        <c:if test="${state != current_state}">
                            <option value="${state}">${state}</option>
                        </c:if>
                    </c:forEach>
                </select>
            </div>
            <table class="table panel-body">
                <tr><th>编号</th> <th>金额</th><th>日期</th>
                      <th>收货人</th><th colspan="2"></th> </tr>
                <c:forEach items="${orderList}" var="order">
                <tr>
                    <td>${order.id}</td>
                    <td>￥<span>${order.totalprice}</span></td>
                    <td><span>${order.createdate}</span></td>
                    <td><span>${order.name}</span></td>
                    <td>
                        <c:if test="${current_state == '已付款'}">
                        <form action="${ctx}/EditOrderServlet" method="post">
```

```
                    <input type="hidden" name="id" value="${order.id}">
                    <input type="hidden" name="state"
                         value="${current_state}">
                    <input type="hidden" name="type" value="发货">
                    <input type="submit" class="btn btn-primary"
                         value="发货">
                </form>
                </c:if>
            </td>
            <td>
                <c:if test="${current_state == '已付款'}">
                <form action="${ctx}/EditOrderServlet" method="post">
                   <input type="hidden" name="id" value="${order.id}">
                   <input type="hidden" name="state"
                           value="${current_state}">
                   <input type="hidden" name="type" value="删除">
                   <input type="submit" class="btn btn-primary"
                           value="删除">
                </form>
                </c:if>
            </td>
          </tr>
          </c:forEach>
        </table>
     </div>
     <div class="card-footer text-center">
        <span class="text-danger">${msg}</span>
     </div>
   </div>
 </div>
</div>
<%@ include file="footer_admin.jsp"%>
<script type="text/javascript">
   $(document).ready(function () {
      $("#state").change(function () {
         let state = $(this).val();//select选中项的值
         //用户选择订单状态后，页面跳转并携带选中状态的值
         window.location.href = "${ctx}/OrderListServlet?state="+state;
      });
   });
</script>
```

程序说明：

- orderlist.jsp 页面中包含订单发货和订单删除功能。每个功能都是通过表单提交实现的，提交到 EditOrderServlet 的参数有订单编号（id）、订单操作类型（type）和当前页面订单状态（state），它们通过表单隐藏元素 hidden 保存数据。

- orderlist.jsp 页面中包含订单状态选择的 JavaScript 脚本，管理员选择订单状态后，页面重新请求 OrderListServlet 并携带参数订单状态（state）。

■ 11.3.6 功能测试

单击运行工具栏中的“运行”按钮 ▶，启动 Tomcat。在网站导航栏单击“请登录”超链接，使用管理员邮箱登录，选择“订单管理”页面，效果如图 11-25 所示。

订单管理

订单状态 已付款

编号	金额	日期	收货人		
6	¥230.0	2022-11-06 14:15:06.0	杰克	发货	删除
5	¥1790.0	2022-11-05 20:34:42.0	童米米	发货	删除
4	¥1790.0	2022-11-04 13:34:26.0	童米米	发货	删除

图 11-25 订单管理的效果图

单击 6 号订单的“发货”按钮，发货完成后，页面底部显示提示信息，并且 6 号订单移至已发货状态的订单列表中，效果如图 11-26 所示。

订单管理

订单状态 已付款

编号	金额	日期	收货人		
5	¥1790.0	2022-11-05 20:34:42.0	童米米	发货	删除
4	¥1790.0	2022-11-04 13:34:26.0	童米米	发货	删除
1	¥1790.0	2022-10-27 09:45:07.0	童米米	发货	删除

订单发货成功!

图 11-26 订单发货操作的效果图

选择订单状态下拉列表中的“已发货”，查看 6 号订单，效果如图 11-27 所示。

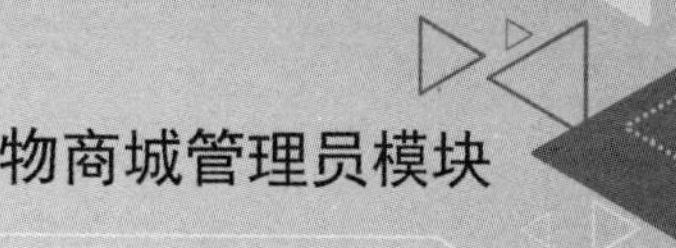

分类管理
宠物管理
订单管理
退出系统

订单管理

订单状态　已发货

编号	金额	日期	收货人
7	￥70.0	2022-11-08 08:22:35.0	杰克
6	￥230.0	2022-11-06 14:15:06.0	杰克
2	￥1790.0	2022-10-29 15:58:11.0	童米米

图 11-27　订单发货完成的效果图

订单删除功能的测试与订单发货功能的测试类似，在此不再赘述。

11.4 小结

本章主要介绍了 PetStore 项目后台管理功能：宠物分类管理、宠物管理和订单管理。分类管理功能的实现过程是典型的 MVC 开发模式：页面视图通过表单发出请求，控制器 Servlet 接收请求并调用模型中的方法处理业务，最后将数据传递给视图并展示给客户端。在宠物管理功能的实现过程中增加了图片文件上传的处理，视图页面通过 JQuery 框架的 Ajax 异步请求提交图片文件数据，在控制器 Servlet 中使用了 fileupload 第三方 jar 包对上传文件保存处理。在订单管理功能的实现过程中，引入了数据库事务处理 TransactionTemplate 对象，确保了一个业务逻辑可同时处理多个数据表的可靠性，是实际项目开发过程中必不可少的技术要求。

11.5 习题

上机操作题

（1）在 IDEA 开发工具中完成本章功能的编码与测试。

（2）订单功能完善——增加确认收货功能。

习题要求：PetStore 项目购物流程为订单下达（已付款）、订单发货（已发货）和订单确认（已收货）。目前项目中还缺少用户确认收货功能，请在我的订单功能中增加确认收货功能。

习题指导：

① 确认收货在数据库中只需要修改订单表的状态为“已收货”，相应的方法为模型 OrderDao.java 文件中的 setState 方法。

② 在项目中添加控制器 Servlet，建议名称为 ConfirmOrderServlet，该 Servlet 需要的请求参数为订单编号 id，并且只能处理状态为“已发货”的订单。参考管理员处理订单的

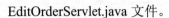

EditOrderServlet.java 文件。

③ 修改视图页面 userorder.jsp，将显示订单金额的内容修改为显示订单状态，在“订单详情”按钮右侧增加“确认收货”超链接按钮，链接地址为 ConfirmOrderServlet，并且在链接中包含请求参数的订单编号 id。

“确认收货”超链接的参考代码如下：

```
<a class="btn btn-outline-secondary float-right" href="#">确认收货</a>
```

扩展要求：若确认收货时使用超链接请求，是否存在安全方面的漏洞？当用户手工地在浏览器的地址栏输入确认收货链接请求时，是否可以把其他用户的订单状态修改为“已收货”？答案是肯定的。开发人员可以在 ConfirmOrderServlet 中增加一段代码，验证 Session 中存储的用户对象的 id 与需要处理订单对象的 user_id 是否一致，只有一致的情况下才修改订单状态。

第12章　宠物商城优化完善

本章要点：

- 会熟练在控制器 Servlet 中编写代码向视图传递多组数据。
- 会熟练在控制器 Servlet 中编写代码处理 Ajax 异步请求。
- 会熟练编写 Java 对象与 JSON 数据互相转换代码。
- 会熟练在视图页面编写 Ajax 异步请求代码，实现页面局部刷新的效果。

12.1 分类浏览宠物

项目 12-1

12.1.1　功能简介

目前只能从首页看到最新上架的 12 只宠物，这显然无法满足用户的实际需求，需要在首页增加分类浏览功能。用户单击宠物分类的名称，可以查看相应的宠物信息，结合功能需求和 MVC 开发模式，可以确定实现分类浏览宠物功能需要编写的文件，如图 12-1 所示。

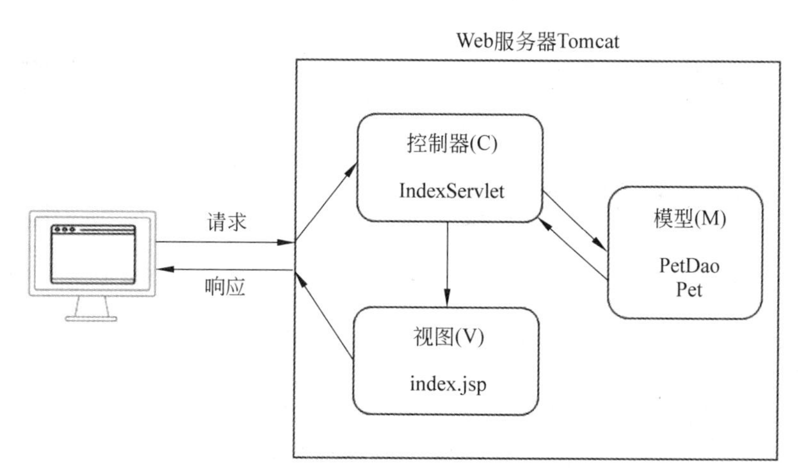

图 12-1　分类浏览宠物的 MVC 模式图

分类浏览宠物功能是在首页展示功能的基础上优化的，所以需要编写的文件与首页展示功能一致。

12.1.2 模型代码的编写

打开 PetDao.java 文件，在方法 edit 后面添加新方法 getNewListByCategoryId。

源程序：PetDao.java 文件中的新方法 getNewListByCategoryId

```
// 根据宠物分类编号获取最新上架的 12 只宠物对象列表
public List<Pet> getNewListByCategoryId(int category_id){
    List<Pet> petList = null;
    String sql = "";
    try {
        if (category_id == 0){ //  category_id == 0 无分类情况
            sql = "select * from pets order by ondate desc limit 12";
            petList = template.query(
                    sql, new BeanPropertyRowMapper<>(Pet.class));
        }else{ // category_id != 0 有分类情况
            sql = "select * from pets where category_id = ? " +
                    " order by ondate desc limit 12";
            petList = template.query(
                    sql, new BeanPropertyRowMapper<>(Pet.class),category_id);
        }
    } catch (Exception e) {
        e.printStackTrace();
    } finally {
        return petList;
    }
}
```

程序说明：

- 参数 category_id 为 0 时，表示无分类，SQL 语句中不需要加入宠物分类编号的条件。

12.1.3 模型代码的测试

打开 PetStore 项目中的 PetDaoTest.java 文件，添加新测试方法 getNewListByCategoryId。

源程序：PetDaoTest.java 文件中的 getNewListByCategoryId 测试方法

```
@Test
void getNewListByCategoryId(){
    List<Pet> petList = petDao.getNewListByCategoryId(1);
    assertEquals(false,petList.isEmpty());
    assertEquals(1,petList.get(0).getCategory_id());
```

```
        petList = petDao.getNewListByCategoryId(0);
        assertEquals(false,petList.isEmpty());
    }
```

单击测试方法名称前的三角箭头，在弹出的快捷菜单中执行测试方法。测试的运行结果如图 12-2 所示。

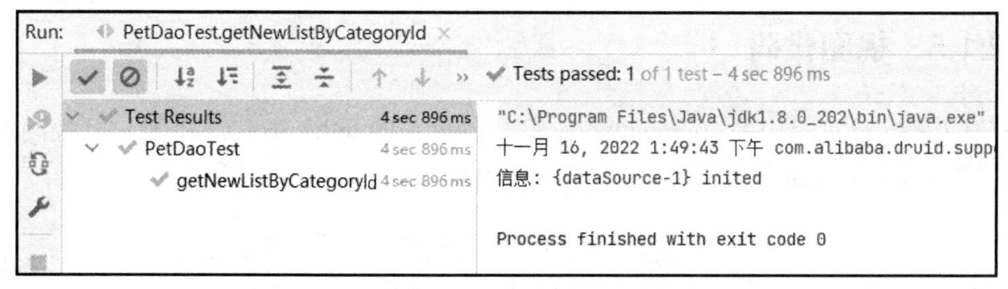

图 12-2　方法 getNewListByCategoryId 测试通过

■ 12.1.4　控制器代码

打开 PetStore 项目中的 IndexServlet.java 文件，修改 doGet 方法内容。

源程序：IndexServlet.java 文件中的主要代码

```
@Override
protected void doGet(HttpServletRequest request,
        HttpServletResponse response) throws ServletException, IOException {
    //优化代码，首页增加分类浏览功能
    //1.获取请求参数分类编号 category_id
    String category_id = request.getParameter("category_id");
    if (category_id == null){ //默认无分类，Category_id 设置为 0
        category_id = "0";
    }
    //2.使用模型（M）中的对象执行业务方法，获取业务数据
    PetDao petDao = new PetDao();
    List<Pet> petList =
            petDao.getNewListByCategoryId(Integer.parseInt(category_id));
    CategoryDao categoryDao = new CategoryDao();
    List<Category> categoryList = categoryDao.getList();
    //3.将数据传递给视图（V）并展示（请求转发，浏览器的 URL 无变化）
    request.setAttribute("petList",petList);
    request.setAttribute("categoryList",categoryList);
    request.setAttribute("current_category_id",category_id);
    request.getRequestDispatcher("/index.jsp")
            .forward(request,response);
    }
```

程序说明：

- 分类浏览宠物的 Servlet 在原有 IndexServlet 中修改完成。
- 请求参数分类编号 category_id 为空时，默认设置为 0，表示用户没有选择分类。
- 视图页面需要显示所有的分类信息以及当前用户选中的分类，所以需要额外将宠物分类对象列表 categoryList 和当前宠物分类编号 current_category_id 传递给视图。

■ 12.1.5 视图代码

打开 PetStore 项目中的 src\main\webapp 文件夹中的 index.jsp 文件，增加分类浏览宠物功能代码，新代码添加在源文件第 3 行<div class="container">的后面。

源程序：index.jsp 文件中新增的分类浏览宠物代码

```
<nav class="navbar navbar-expand-lg navbar-light bg-light mb-1">
<a class="navbar-brand" href="${ctx}/IndexServlet?category_id=0">全部分类
</a>
<div class="collapse navbar-collapse" id="navbarSupportedContent">
    <ul class="navbar-nav mr-auto">
      <c:forEach items="${categoryList}" var="category">
        <c:if test="${category.id == current_category_id}">
        <%--与参数 current_category_id 相等的分类名称,
                                    设置为选中状态,添加样式类名 active--%>
          <li class="nav-item active">
            <a class="nav-link bg-white" href=
                    "${ctx}/IndexServlet?category_id=${category.id}">
                <b>${category.name}</b></a>
          </li>
        </c:if>
        <c:if test="${category.id != current_category_id}">
          <li class="nav-item">
            <a class="btn btn-light" href=
                    "${ctx}/IndexServlet?category_id=${category.id}">
              ${category.name}</a>
          </li>
        </c:if>
      </c:forEach>
    </ul>
</div>
</nav>
```

■ 12.1.6 功能测试

单击运行工具栏中的“运行”按钮 ▶，启动 Tomcat，分类浏览首页的效果如图 12-3 所示。

图 12-3　分类浏览首页的效果图

单击界面上的“猫”分类，页面展示最新上架的分类为猫的宠物，效果如图 12-4 所示。

图 12-4　分类浏览宠物的效果图

项目 12-2

12.2 查询宠物

12.2.1 功能简介

宠物商城首页宠物浏览，为了让用户便于查找宠物，需要增加查询宠物功能。用户输入宠物名称的关键字后，系统即显示宠物名称中与关键字匹配的宠物信息，结合功能需求和 MVC 开发模式，可以确定实现查询宠物功能需要编写的文件，如图 12-5 所示。

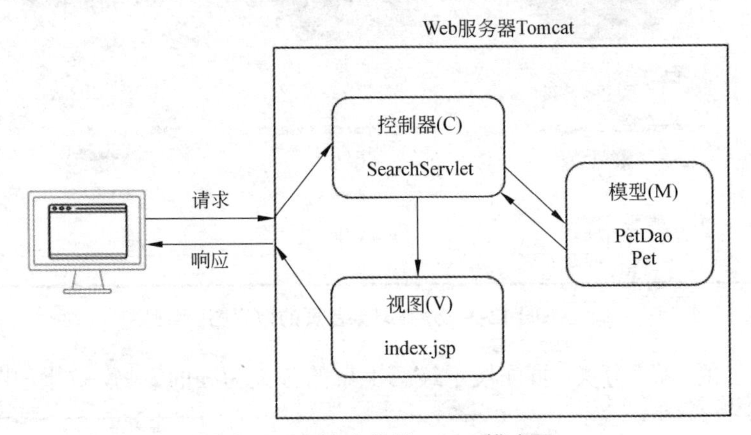

图 12-5 查询宠物的 MVC 模式图

12.2.2 模型代码的编写

打开 PetDao.java 文件，在方法 getNewListByCategoryId 后面添加新方法 getNewListByKey。

源程序：PetDao.java 文件中的新方法 getNewListByKey

```
// 根据查询关键字获取最新上架的 12 只宠物对象列表
public List<Pet> getNewListByKey(String key){
    List<Pet> petList = null;
    try {
        String sql="select * from pets where title like concat('%',?,'%') "+
                   " order by ondate desc limit 12";
        petList = template.query(
                       sql, new BeanPropertyRowMapper<>(Pet.class),key);
    } catch (Exception e) {
        e.printStackTrace();
    } finally {
        return petList;
    }
}
```

程序说明：

- SQL 语句中模糊查找的代码使用数据库脚本的 concat 函数，通过该函数拼接通配符

“%”与查询关键字。

■ 12.2.3　模型代码的测试

打开 PetStore 项目中的 PetDaoTest.java 文件，添加新测试方法 getNewListByKey。

源程序：PetDaoTest.java 文件中的 getNewListByKey 测试方法

```
@Test
void getNewListByKey(){
    List<Pet> petList = petDao.getNewListByKey("雀");
    //断言列表中宠物对象数量不为空
    assertEquals(false,petList.isEmpty());
    //断言列表中宠物对象的名称包含关键字“雀”
    for (Pet pet : petList) {
        assertEquals(true,pet.getTitle().indexOf("雀") > -1);
    }
}
```

单击测试方法名称前的三角箭头，在弹出的快捷菜单中执行测试方法。测试的运行结果如图 12-6 所示。

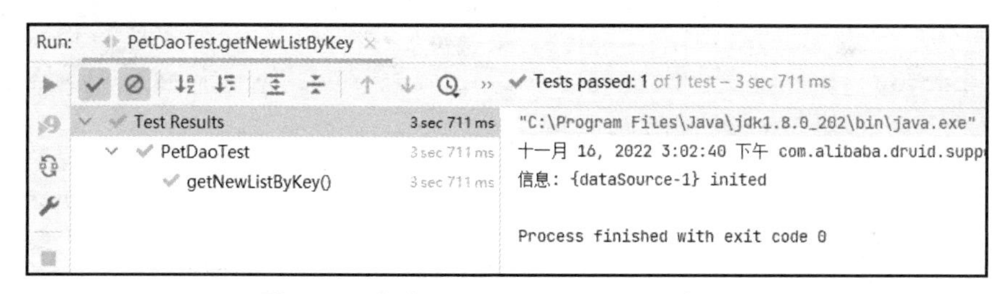

图 12-6　方法 getNewListByKey 测试通过

■ 12.2.4　控制器代码

在 PetStore 项目中的 com.example.servlet 包上右击，在弹出的快捷菜单中选择 New→Servlet 命令，在弹出的窗口中输入 SearchServlet，按 Enter 键创建文件并输入源代码。

源程序：SearchServlet.java 文件的主要代码

```
@Override
protected void doGet(HttpServletRequest request,
     HttpServletResponse response) throws ServletException, IOException {
    //1.获取请求参数查询关键字 key
    request.setCharacterEncoding("utf-8");
    String key = request.getParameter("key");
    //2.使用模型（M）中的对象执行业务方法，获取业务数据
    PetDao petDao = new PetDao();
    List<Pet> petList = petDao.getNewListByKey(key);
    CategoryDao categoryDao = new CategoryDao();
    List<Category> categoryList = categoryDao.getList();
    //3.将数据传递给视图（V）并展示（请求转发，浏览器的 URL 无变化）
```

```
request.setAttribute("petList",petList);
request.setAttribute("categoryList",categoryList);
request.getRequestDispatcher("/index.jsp")
        .forward(request,response);
}
```

程序说明：

- SearchServlet 获取宠物列表是按照宠物名称关键字进行查询的。
- SearchServlet 是将视图 index.jsp 展示给用户，而该视图中包含宠物分类信息，所以需要将宠物分类对象列表 categoryList 传递给视图。

■ 12.2.5 视图代码

打开 PetStore 项目中 src\main\webapp 文件夹中的 index.jsp 文件，增加查询宠物功能代码，新代码添加在源文件的第 23 行</ul>后面。

源程序：index.jsp 文件中新增的查询宠物代码

```
<form class="form-inline my-2 my-lg-0" action="${ctx}/SearchServlet"
          method="post" >
    <input class="form-control mr-sm-2" type="text"
           name="key" placeholder="关键字">
    <button class="btn btn-outline-primary my-2 my-sm-0" type="submit">
             查询</button>
</form>
```

■ 12.2.6 功能测试

单击运行工具栏中的“运行”按钮 ▶，启动 Tomcat，首页查询宠物页面的效果如图 12-7 所示。

图 12-7　首页查询宠物页面的效果图

在“查询”文本框中输入关键字“金”，单击“查询”按钮，页面显示符合条件的宠物信息，效果如图 12-8 所示。

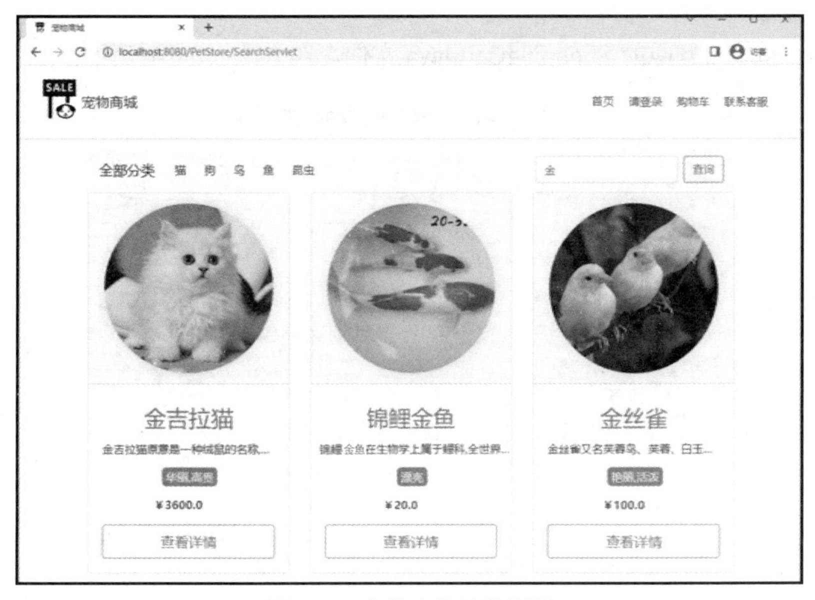

图 12-8　查询宠物的效果图

12.3 修改购物车中的宠物商品

项目 12-3

12.3.1　功能简介

用户查看购物车页面时，可以修改购物车内的宠物商品，修改后刷新购物车页面。结合功能需求和 MVC 开发模式，确定实现修改购物车宠物商品功能需要编写的文件，如图 12-9 所示。

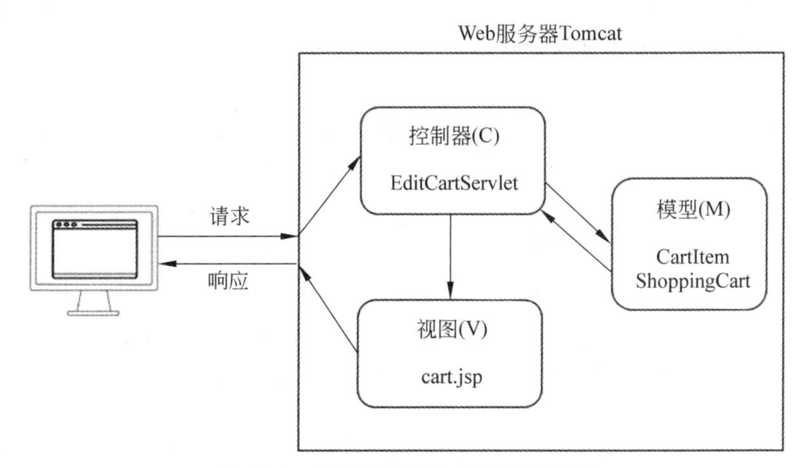

图 12-9　修改购物车的 MVC 模式图

12.3.2 模型代码的编写

打开 PetStore 项目中的 ShoppingCart.java 文件，在方法 remove 后面添加新方法 edit。

源程序：ShoppingCart.java 文件中的 edit 方法

```
//编辑购物项数量增加或者减少 1 个
public void edit(int id,String type){
    for (CartItem item: this.cartItemList) {
        if (item.getId() == id){
            if("增加".equals(type)){
                item.setQuantity(item.getQuantity()+1);
            }else{
                //数量减少到 0 时，需要从购物项列表中移除
                if (item.getQuantity() - 1 == 0){
                    this.cartItemList.remove(item);
                }else{
                    item.setQuantity(item.getQuantity()-1);
                }
            }
            break;
        }
    }
  }
```

程序说明：

- 方法 edit 支持购物项数量增加 1 或者减少 1，通过参数 type 来区分。参数 type 的值可以是“增加”或者“减少”。
- 方法 edit 的主要逻辑为遍历购物车内的购物项列表，如果匹配到 id 相同的购物项，该购物项数量增加 1 或者减少 1，当购物项数量减少到 0 时，该购物项需要从购物项列表中移除。

12.3.3 模型代码的测试

打开 PetStore 项目中的 ShoppingCartTest.java 文件，在测试方法 remove 后添加新测试方法 edit。

源程序：ShoppingCartTest.java 文件中的 edit 测试方法

```
@Test
void edit() {
    cart.add(15,2);//向购物车中添加编号 id 为 15 的宠物，数量为 2
    cart.add(10,3);//向购物车中添加编号 id 为 10 的宠物，数量为 3
    cart.add(22,1);//向购物车中添加编号 id 为 22 的宠物，数量为 1
    System.out.println("-----------初始化购物车内购物项---------");
    print();
```

```
        cart.edit(10,"增加");//向购物车中添加编号 id 为 10 的购物项，数量加 1
        assertEquals(7,cart.getTotalCount());//购物车中购物项数量为 6+1=7
        assertEquals(3,cart.getCartItemList().size());//购物车中购物项列表的长度
为 3
        System.out.println("---第 1 次调用 edit 方法  编号 id 为 10 的购物项数量加 1---");
        print();
        cart.edit(22,"减少");//向购物车中添加编号 id 为 22 的购物项，数量减 1
        assertEquals(6,cart.getTotalCount());//购物车中的购物项数量为 7-1=6
        assertEquals(2,cart.getCartItemList().size());//购物车中的购物项列表的长
度为 2
        System.out.println("---第 2 次调用 edit 方法  编号 id 为 22 的购物项数量减 1---");
        print();
    }
```

单击测试方法前面的三角箭头，执行测试方法，测试的运行结果如图 12-10 所示。

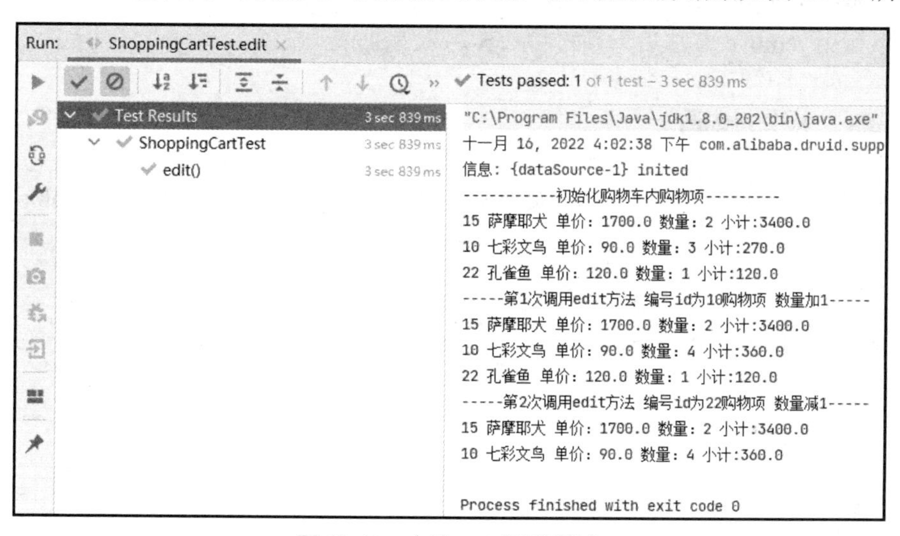

图 12-10　方法 edit 测试通过

■ 12.3.4　控制器代码

在 PetStore 项目中的 com.example.servlet 包上右击，在弹出的快捷菜单中选择 New→Servlet 命令，在弹出的窗口中输入 EditCartServlet，按 Enter 键创建文件并输入源代码。

源程序：EditCartServlet.java 文件中的主要代码

```
@Override
protected void doGet(HttpServletRequest request,
        HttpServletResponse response) throws ServletException, IOException {
    //1.获取请求参数 id、type
    request.setCharacterEncoding("utf-8");
    int id = Integer.parseInt(request.getParameter("id"));
    String type = request.getParameter("type");
    //2.1 若 Session 中存在 cart 对象，则调用其 edit 方法，响应客户端购物车视图
    if(request.getSession().getAttribute("cart") != null){
```

```
        ShoppingCart cart =
                (ShoppingCart)request.getSession().getAttribute("cart");
        cart.edit(id,type);
        response.sendRedirect(request.getContextPath() + "/cart.jsp");
    } else{//2.2 若 Session 中不存在 cart 对象，则响应客户端首页视图
        response.sendRedirect(request.getContextPath() + "/IndexServlet");
    }
}
```

程序说明：

- 获取请求参数。从 request 对象中读取请求参数购物项编号 id 和操作类型 type，这两个参数是从 cart.jsp 页面中的表单提交到 EditCartServlet 的。
- 使用模型（M）中的对象 ShoppingCart，执行业务方法 edit 将购物车中的购物项数量进行修改。
- 在本次请求处理过程中，购物车对象变量 cart 是引用 Session 中的购物车对象，所以调用 remove 方法后无须再将 cart 写入 Session。

■ 12.3.5 视图代码

打开 PetStore 项目中的 src\main\webapp 文件夹中的 cart.jsp，修改源文件<table></table>标签中的代码。

源程序：cart.jsp 文件中的代码修改部分

```
<table class="table panel-body cart">
  <thead>
    <tr>
      <th></th> <th>名称</th>  <th>价格</th>
      <th class="text-center" colspan="3">数量</th>
       <th>小计</th> <th>操作</th>
    </tr>
  </thead>
  <tbody>
    <c:forEach items="${cart.getCartItemList()}" var="cartItem">
      <tr data-id="${cartItem.id}" class="cartItemTr">
        <td><img src="${ctx}/petimg/${cartItem.photo}" width="120" ></td>
        <td>${cartItem.title}</td>
        <td><span> ¥ ${cartItem.price}</span></td>
        <td>
          <form class="form-inline mt-0" action="${ctx}/EditCartServlet"
                method="post">
            <input type="hidden" name="id" value="${cartItem.id}">
            <input type="hidden" name="type" value="增加">
            <input type="submit" class="btn btn-light" value="+">
          </form>
        </td>
        <td>
          <input type="text" class="form-control" name="quantity"
                value="${cartItem.quantity}">
```

```
            </td>
            <td>
             <form class="form-inline mt-0" action="${ctx}/EditCartServlet"
                        method="post">
               <input type="hidden" name="id" value="${cartItem.id}">
               <input type="hidden" name="type" value="减少">
               <input type="submit" class="btn btn-light" value="-">
             </form>
            </td>
           <td> <span>¥${cartItem.getSubTotal()}</span></td>
           <td><a class="text-decoration-none"
                  href="${ctx}/RemoveFromCartServlet?id=${cartItem.id}">
                  X</a>
          </td>
        </tr>
      </c:forEach>
    </tbody>
</table>
```

程序说明：

- 在购物车表格的数量单元格前后分别添加增加数量表单和减少数量表单，表单按钮上的文本用“+”和“–”符号表示。
- 表单提交到 EditCartServlet，提交参数 id 为编辑购物项的编号，参数 type 为编辑购物项的方式，它们都是以隐藏元素的方式保存数据的。

■ 12.3.6 功能测试

单击运行工具栏中的“运行”按钮 ▶，启动 Tomcat。在首页中选择宠物，查看详情，修改购买数量，单击“加入购物车”按钮，查看购物车页面，效果如图 12-11 所示。

图 12-11 购物车的效果图

单击第一个购物项“萨摩耶犬”的“增加”按钮，购物项数量增加一个后数量为 2，效果如图 12-12 所示。

图 12-12　购物项数量增加的效果图

单击第二个购物项“蝴蝶犬”的“减少”按钮，购物项数量减少一个后数量为 0，该购物项在购物车中移除，效果如图 12-13 所示。

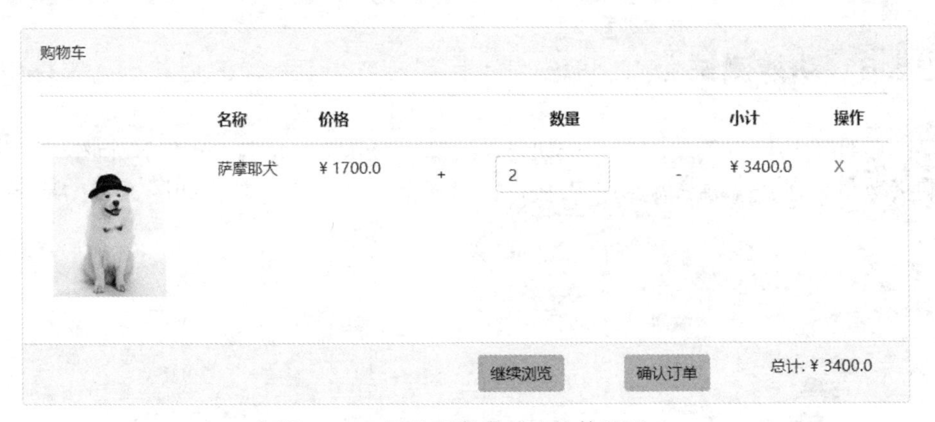

图 12-13　购物项数量减少的效果图

项目 12-4

12.4 订单详情

■ 12.4.1　功能简介

在用户中心模块我的订单功能中，用户可以查看自己所有的订单。订单的信息包括订单编号、订单金额和订单日期等信息，目前还缺少订单中的详细购物项信息。本节将增加订单详情功能，当用户单击“订单详情”按钮时，动态加载该订单的详细购物项信息。结合功能需求和MVC开发模式，确定实现订单详情功能需要编写的文件，如图12-14所示。

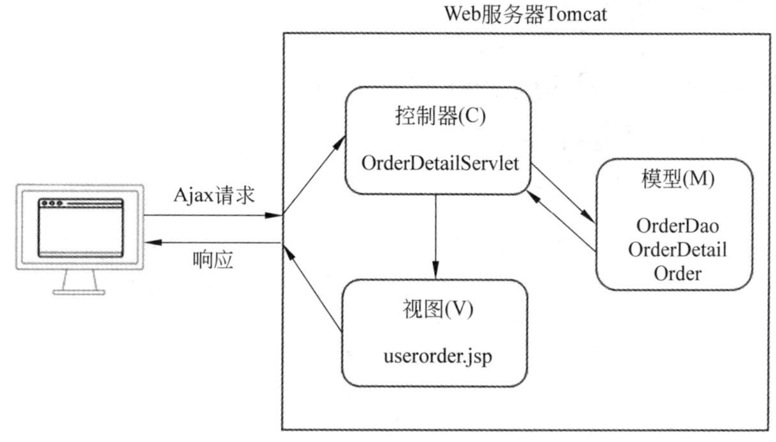

图12-14　订单详情的MVC模式图

订单详情的请求发起页面userorder.jsp，该请求是页面中JavaScript代码发起的Ajax异步请求，请求OrderDetailServlet后获得JSON格式的订单详情数据，最后通过JavaScript代码将订单详情数据在页面展示。整体流程与同步请求模式不同，页面中的数据是局部刷新，用户体验更好，只是JavaScript的代码较为复杂。

■ 12.4.2　模型代码的编写

打开PetStore项目中的OrderDao.java文件，在方法getStateList后面添加新方法getPetListById。订单详情功能需要使用的另一个方法getOrderDetailListById，在11.3.2节已经编写完成，这里不再展示。

源程序：OrderDao.java文件中的getPetListById方法

```
// 根据订单 Id 获取订单明细列表对应的宠物列表
public List<Pet> getPetListById(int id){
    List<OrderDetail> orderDetailList = getOrderDetailListById(id);
    //按照 OrderDetail 列表顺序获取对应的 Pet，并组装成 List
    List<Pet>  petlList = new ArrayList<>();
    PetDao petDao = new PetDao();
    for (int i=0; i <  orderDetailList.size(); i++){
        OrderDetail detail = orderDetailList.get(i);
         petlList.add(petDao.getById(detail.getPet_id()));
     }
    return petlList;
}
```

程序说明：

- 因为getOrderDetailListById方法返回的订单详情信息中只包含宠物编号id，没有宠物名称信息，但是订单页面中需要展示宠物名称，所以需要getPetListById方法为视图准备宠物名称数据。

12.4.3 模型代码的测试

打开 PetStore 项目中的 OrderDaoTest.java 文件，添加新测试方法 getPetListById。

源程序：OrderDaoTest.java 文件中的 getPetListById 测试方法

```
@Test
void getPetListById(){
    //获取编号 id 为 1 的订单详情列表
    List<OrderDetail> orderDetailList = orderDao.getOrderDetailListById(1);
    //获取编号 id 为 1 的订单详情列表对应的宠物列表
    List<Pet> petList = orderDao.getPetListById(1);
    for (int i=0; i<orderDetailList.size(); i++){
        //断言两个列表的宠物编号 id 是一一对应相等的
        assertEquals(orderDetailList.get(i).getPet_id(),
                        petList.get(i).getId());
    }
}
```

单击测试方法名称前的三角箭头，在弹出的快捷菜单中执行测试方法。测试的运行结果如图 12-15 所示。

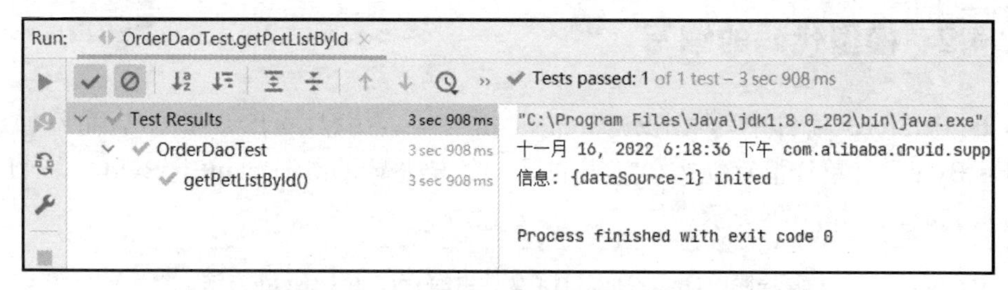

图 12-15　方法 getPetListById 测试通过

12.4.4 控制器代码

在 PetStore 项目中的 com.example.servlet 包上右击，在弹出的快捷菜单中选择 New→Servlet 命令，在弹出的窗口中输入 OrderDetailServlet，按 Enter 键创建文件并输入源代码。

源程序：OrderDetailServlet.java 文件中的主要代码

```
    @Override
    protected void doGet(HttpServletRequest request, HttpServletResponse response)
throws ServletException, IOException {
        //1.获取请求参数订单编号 id
        int id =Integer.parseInt(request.getParameter("id"));
        //2.使用模型（M）中的对象执行业务方法，获取业务数据
        OrderDao orderDao = new OrderDao();
        List<OrderDetail> orderDetailList = orderDao.getOrderDetailListById(id);
```

```
    List<Pet> petList = orderDao.getPetListById(id);
    //3.将数据转换为 JSON 格式，响应给客户端
    //3.1  Java 对象列表转换为 JSON 对象列表
    JSONArray detailJSONArray =
              JSONArray.parseArray(JSON.toJSONString(orderDetailList));
    //3.2  给每个 OrderDetail 对象增加一个 title 属性
    //因为 OrderDetail 中未包含宠物名称属性
    for (int i=0; i < detailJSONArray.size(); i++){
       JSONObject detailObj = (JSONObject)detailJSONArray.get(i);
       detailObj.put("title",petList.get(i).getTitle());
    }
    //3.3  将 JSON 对象列表转换为字符串响应给客户端
    response.setContentType("text/json;charset=UTF-8");
    response.getWriter().write(detailJSONArray.toString());
}
```

程序说明：

- 获取请求参数。从 request 对象中读取请求参数订单编号 id。
- 使用模型（M）中的对象 OrderDao，执行业务方法获取订单详情列表以及对应的宠物对象列表。
- 将订单详情列表从 Java 对象列表转换为 JSON 对象列表，并且给每个订单详情的 JSON 对象增加宠物名称属性。
- 将数据订单详情的 JSON 对象列表转换为字符串，响应给客户端。
- 因为 OrderDetailServlet 处理的是客户端发出的 Ajax 请求，返回 JSON 字符串数据，所以不需要请求转发或者重定向相关代码。
- 发出 Ajax 请求的页面在成功接收到 JSON 数据后，通常情况下执行 JavaScript 代码将数据更新到页面中，实现页面的局部刷新效果。

■ 12.4.5　视图代码

打开 PetStore 项目中 src\main\webapp 文件夹中的 userorder.jsp，在最后一行后添加获取宠物详情的 Ajax 请求代码。

源程序：userorder.jsp 文件中增加的代码

```
<script type="text/javascript">
$(document).ready(function () {
    //“订单详情”按钮单击事件，使用 JQuery 的 one 方法
    //该事件只执行一次，避免多次单击导致重复加载数据问题
    $(".btn").one("click",function () {
        let orderId = $(this).data("id"); //获取订单 id
        //获取用于显示订单详情的 table 元素
        let $detailTable = $(this).parents(".order").find("#detailTable");
        $.ajax({
            type:"post",
```

```
            url:"${ctx}/OrderDetailServlet",
            data:{id:orderId},
            //returnData 变量中保存在 Servlet 返回的数据
            success:function (returnData){
                //debugger; //用于开启浏览器 JavaScript 代码调试，调试完成后删除
                //将请求返回的 JSON 数据在页面上展示，需动态构造 tr 元素添加到 table 中
                let detailList = eval(returnData);//JSON 字符串转换为 js 对象
                for (let i=0; i<detailList.length; i++){
                    let detail = detailList[i];
                    //字符串拼接组成显示订单详情的<tr>元素
                    let $tr = "<tr><td>"+detail.title+"</td><td>"+
                            detail.price+"</td><td>"+detail.quantity+
                            "</td><td>"+detail.subtotal+"</td></tr>";
                    $detailTable.append($tr);
                }
                //显示订单详情 table，d-none 表示 display:none,移除该样式即可显示
                $detailTable.parent().removeClass("d-none");
            }
        });
    });
});
</script>
```

程序说明：

- 使用 JQuery 中的 Ajax 方法，向 OrderDetailServlet 发出异步请求，请求参数为订单编号 id。
- success 定义了当成功收到服务器端响应执行的函数，其中参数 returnData 中包含服务器端 OrderDetailServlet 输出的 JSON 字符串数据。
- 通过字符串拼接的方式，将需要显示的订单详情组成<tr>元素，并且添加到页面的<table>元素中，最后将<table>元素显示。
- 在异步请求的回调函数中，不方便动态设置调试断点，可以通过在 JavaScript 代码中添加 debugger 语句实现断点调试。

■ 12.4.6 功能测试

单击运行工具栏中的“运行”按钮 ▶，启动 Tomcat。在网站导航栏单击“请登录”超链接，登录完成后单击“用户名称”导航链接进入个人中心页面，再单击“我的订单”超链接，出现订单列表页面，效果如图 12-16 所示。

单击编号为 9 的“订单详情”按钮，页面中将呈现该订单的详情信息，效果如图 12-17 所示。

图 12-16　我的订单效果图

图 12-17　订单详情效果图

12.5 小结

本章主要介绍了对 PetStore 项目的优化完善，增加了分类浏览宠物、查询宠物、修改购物车宠物商品和显示订单详情功能。通过显示订单详情功能的实现，重点介绍了视图页面局部刷新编程方法。该方法主要步骤为：视图页面使用 JQuery 框架通过 JavaScript 代码向控制器 Servlet 发出 Ajax 请求，控制器 Servlet 接收请求并调用模型对象处理业务后响应输出 JSON 格式数据字符串，视图页面收到 JSON 数据后在页面特定位置展现数据。

12.6 习题

上机操作题

（1）在 IDEA 开发工具中完成本章功能的编码与测试。

（2）订单详情完善——添加宠物图片。

习题要求：PetStore 项目的订单详情已正常显示，但详情中缺少宠物图片。请继续完善订单详情，在订单详情中显示宠物图片。

习题指导：

① 参考 12.4.4 节的控制代码文件 OrderDetailServlet.java。该代码中完成了 JSON 格式的订单详情对象处理，给订单详情增加了宠物名称属性，可在此代码的基础上继续增加宠物图片属性，即宠物图片文件名。

② 参考 12.4.5 节视图代码文件 userorder.jsp。该代码中 JavaScript 通过 Ajax 异步请求获取 JSON 格式的订单详情数据，再通过字符串拼接组装<tr>元素添加到页面中，可以在此代码的基础上多拼装一个用于显示宠物图片的<td>元素。

图书资源支持

感谢您一直以来对清华版图书的支持和爱护。为了配合本书的使用，本书提供配套的资源，有需求的读者请扫描下方的“书圈”微信公众号二维码，在图书专区下载，也可以拨打电话或发送电子邮件咨询。

如果您在使用本书的过程中遇到了什么问题，或者有相关图书出版计划，也请您发邮件告诉我们，以便我们更好地为您服务。

我们的联系方式：

清华大学出版社计算机与信息分社网站：https://www.shuimushuhui.com/

地　　址：北京市海淀区双清路学研大厦 A 座 714

邮　　编：100084

电　　话：010-83470236　010-83470237

客服邮箱：2301891038@qq.com

QQ：2301891038（请写明您的单位和姓名）

资源下载：关注公众号“书圈”下载配套资源。

资源下载、样书申请

书圈

图书案例

清华计算机学堂

观看课程直播